全国机械行业职业教育优质规划教材（高职高专）
经全国机械职业教育教学指导委员会审定

工 程 力 学

第 4 版

主　编　刘思俊

副主编　范荣昌　王骏东　李　振

参　编　卜新民　郭红星　李荣昌　樊爱珍

　　　　张根劳　任建国　贾玉梅　张　驰

　　　　蒋静琪

主　审　屈钧利

机　械　工　业　出　版　社

本书是在普通高等教育"十一五"国家级规划教材《工程力学》的基础上修订而成的。原书被评为全国机械行业职业教育优质规划教材，经全国机械职业教育教学指导委员会审定。

　　本书内容共分为三大部分：第一～四章为静力学部分，主要研究构件的受力分析和平衡计算，重点讲解构件受力图和平衡方程的应用；第五～十二章为材料力学部分，主要研究杆件的内力和变形规律，重点讲解基本变形、强度计算及其应用；第十三～十六章为运动力学部分，主要研究构件的运动规律和动力学规律，重点讲解构件定轴转动的分析和计算。

　　本书可作为高等职业院校机械制造与自动化专业教材，也可作为机电类、近机类专业教材，还可作为相关工程技术人员的参考用书。

　　本书配套丰富，除配有《工程力学练习册》外，还配有多媒体教学课件、电子教案、模拟试卷及全部习题详解，习题详解以二维码形式列于附录部分，便于学生自学和查漏补缺。凡使用本书作为教材的教师可登录机械工业出版社教育服务网 www.cmpedu.com 注册后免费下载相关资源。咨询电话：010-88379375。

图书在版编目（CIP）数据

工程力学/刘思俊主编. —4 版. —北京：机械工业
出版社，2019.9（2023.12 重印）
全国机械行业职业教育优质规划教材. 高职高专　经
全国机械职业教育教学指导委员会审定
ISBN 978-7-111-63842-1

Ⅰ.①工…　Ⅱ.①刘…　Ⅲ.①工程力学-高等职业教育-教材　Ⅳ.①TB12

中国版本图书馆 CIP 数据核字（2019）第 212992 号

机械工业出版社（北京市百万庄大街22号　邮政编码100037）
策划编辑：刘良超　责任编辑：刘良超
责任校对：程俊巧　封面设计：陈　沛
责任印制：常天培
唐山三艺印务有限公司印刷
2023 年 12 月第 4 版·第 11 次印刷
184mm×260mm·17.5 印张·431 千字
标准书号：ISBN 978-7-111-63842-1
定价：49.80 元

电话服务　　　　　　　　　网络服务
客服电话：010-88361066　　机 工 官 网：www.cmpbook.com
　　　　　010-88379833　　机 工 官 博：weibo.com/cmp1952
　　　　　010-68326294　　金 书 网：www.golden-book.com
封底无防伪标均为盗版　　机工教育服务网：www.cmpedu.com

前　言

本书是在普通高等教育"十一五"国家级规划教材《工程力学》（以下简称原书）的基础上修订而成的。原书被评为全国机械行业职业教育优质规划教材，经全国机械职业教育教学指导委员会审定。

原书具有内容体系合理、内容简练、举例典型、符合认知规律、配套齐全、编校质量上乘等特点，已为全国百余所高职高专院校选用，并得到了普遍认同，先后入选"十五""十一五"国家级规划教材，而且是机械工业出版社精品教材之一。

党的二十大报告提出"加快实现高水平科技自立自强"，加强基础研究是实现高水平科技自立自强的迫切要求。"工程力学"作为一门基础理论课程，在工科类专业知识理论体系中占有重要地位，是工程设计、设备研发等工作的基础。为了更好地实现素质教育和培养学生应用能力，本书以"理论从简、突出应用、提高质量"为原则进行编写，主要特色如下：

1）降低课程初学门槛。针对高职生源的入学基础，对于静力学基础部分，先教会学生画一个作用力，再画二力杆受力图，循序渐进到画物体受力图，从而降低了工程力学课程的初学门槛。

2）对原书中部分偏多的理论叙述进行了删减，降低了一些课程内容的教学要求。

3）以注重基本概念应用、简便运算为原则，对全部的例题及习题进行了修订，删减了一些难度较大的例题和习题，同时在习题运算过程中采用了较为便利的工程单位换算。

4）配套资源更加丰富和完善，除配有《工程力学练习册》外，还配有多媒体教学课件、电子教案、模拟试卷及全部习题详解，有效降低了教师的负担；习题详解以二维码链接形式列出，便于学生自学和查漏补缺。

5）采用双色印刷，突出了文字和图片中的重点内容，便于学生在学习过程中做到有的放矢。

本书由刘思俊担任主编，范荣昌、王骏东、李振担任副主编，卜新民、郭红星、李荣昌、樊爱珍、张根劳、任建国、贾玉梅、张驰、蒋静琪参与编写。西安科技大学屈钧利教授审阅了本书并提出了宝贵意见，在此表示衷心的感谢。

由于编者水平有限，书中错漏之处在所难免，恳请广大读者批评指正。

编　者

二维码资源索引

章节	二维码	章节	二维码
第一章习题解答		第八章习题解答	
第二章习题解答		第九章习题解答	
第三章习题解答		第十章习题解答	
第四章习题解答		第十一章习题解答	
第五章习题解答		第十三章习题解答	
第六章习题解答		第十四章习题解答	
第七章习题解答		第十五章习题解答	

目　　录

绪　论

一、工程力学是人们对于生产工具"经久耐用、造价低廉"的要求和愿望的产物

在人类社会的发展进程中，一种最基本的要求和愿望支配着人类的社会活动和生产活动，这就是要求使用的生产工具、制造的工程机械、建造的工程结构，既要经久耐用又要造价低廉。经久耐用，是指使用的时间长久，且在使用过程中不会轻易损坏；造价低廉，是指所用的材料易于得到，用量最少，工程易于建造，生产成本低。

无论是人类社会早期使用的简单工具和搭建的简陋窝棚，还是人类社会今天发射的航天飞船和建造的摩天大厦等，都是以满足人们的这种要求和愿望而建造的。

"经久耐用、造价低廉"的要求和愿望发展了力学的基本概念和基本理论。力学的基本理论又指导人们对此种要求和愿望实现了最大限度的满足，这种由愿望到实现永无休止的循环，发展完善了力学的理论体系和研究方法。可以说，工程力学是人们"经久耐用、造价低廉"的要求和愿望的产物。

二、工程力学是研究工程构件受力、运动、变形和破坏规律的科学

力学基本理论体系的发展和完善，最终分支为专门研究物体机械运动一般规律的科学——理论力学，和专门研究工程常见构件变形、破坏一般规律的科学——材料力学，为工程技术人员提供了重要的技术基础。

工程力学仅是以理论力学和材料力学基本概念和基本理论为基本内容的学科。它的研究对象不是某一台完整的机器或建筑物，而是其构件。所谓构件，是指组成工程机械和工程结构的零部件。

怎样才能保证工程构件经久耐用呢？由于构件的破坏许多情况下都是由力引起的，所以工程力学从研究构件的受力分析开始，研究构件的运动规律以及构件的变形和破坏规律，为工程构件的设计和制造提供可靠的理论依据和实用的计算方法。也就是说，工程力学既研究工程构件机械运动的一般规律，又研究它的强度、刚度和稳定性等。

由于工程力学所涉及的工程实际问题往往比较复杂，因此工程力学在建立基本概念和基本理论时，常需抓住一些带有本质性的主要因素，忽略掉其次要因素，从而抽象出理想化的力学模型。工程力学最基本的力学模型是质点、刚体和弹性变形体。

三、学习工程力学的目的和作用

工程力学的基本理论和基本方法广泛应用于各类工程技术中，机械、建筑、冶金、煤炭、石油、化工以及航空、航天等领域都要应用到工程力学的知识，它是工程技术的重要基础课。

工程力学研究工程构件最普遍、最基本的受力、变形、破坏以及运动规律，为工科专业的后续课程，如机械原理、机械零件等技术基础课和一些专业课的学习，打下必要的基础。

工程力学实践—抽象化—推理—结论的研究方法，有利于培养观察问题的能力和辩证唯物主义的观点，有利于培养创新思维和创新精神，提高分析问题和解决问题的能力。

　　四、本书的主要内容

　　本书以突出工程构件来简化力学的系统理论，以突出工程应用性来改进力学课程教学。其大体内容有：第一章至第四章主要研究构件的静力平衡规律，着重讨论构件的静力分析和平衡方程的应用，其中对于如何建立工程构件的力学模型、如何简化约束模型、如何简化载荷作了必要的论述。第五章至第十二章主要研究工程杆件的变形和破坏规律，着重讨论杆件的强度、刚度及稳定性的计算。第十三章至第十六章主要研究工程构件的运动规律及运动与作用力的关系，着重讨论构件上一点的运动和构件的定轴转动等。为丰富教材内涵、拓宽知识面，在一些章节后增加了阅读与理解内容。

第 一 章
构件静力学基础

本章将主要介绍静力学的一些基本概念和基本公理，以及如何建立工程实际构件的力学模型。其中，对于约束及其约束模型的深刻理解和正确应用是进行构件受力分析的关键，画构件的受力图是解决构件静力学问题的重要基础，也是本章的重点。

第一节　力的基本概念和公理

一、力的基本概念

（1）定义　用手推门时，手指与门之间有了相互作用，这种作用使门产生了运动；用汽锤锻打毛坯，汽锤和毛坯间有了相互作用，毛坯的形状和尺寸发生了改变。人们在长期的生产实践活动中，经过不断观察和总结，形成了力的定义：**力是物体间相互的机械作用**。

这种作用使物体的运动状态和形状尺寸发生改变。力使物体运动状态的改变称为**力的外效应**；力使物体形状尺寸的改变称为**力的内效应**。

（2）刚体　用脚踢皮球，脚和球体之间进行了相互作用，球体的运动状态和形状尺寸同时发生了改变，力对球体的这两种效应并不是单独发生的，而是同时发生的。当研究物体的运动规律（包括平衡）时，可以忽略形状尺寸的改变对运动状态改变的影响，把物体抽象为不变形的理想化模型——刚体。这是物体抽象化的一个**最基本的力学模型**。

（3）力的三要素及表示法　力对物体的效应取决于力的三要素，即力的大小、方向和作用点。

力是一个既有大小又有方向的量，称为**力矢量**。用一个有向线段表示，线段的长度按一定的比例尺，表示力的大小；线段箭头的指向表示力的方向；线段的始端 A（图1-1）或末端 B 表示力的作用点。力的单位为牛［顿］（N）。把物体间的一个机械作用表示成有方向和大小的线段，是力学研究中对物体间机械作用的简化结果。

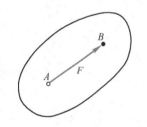

图　1-1

（4）力系与等效力系　若干个力组成的系统称为力系。若一个力系与另一个力系对物体的作用效应相同，则这两个力系互为**等效力系**。若一个力与一个力系等效，则称这个力为该**力系的合力**，而该力系中的各力称为这个**力的分力**。把各分力等效代换成合力的过程称为**力系的合成**，把合力等效代换成分力的过程称为**力的分解**。

（5）平衡与平衡力系　**平衡是指物体相对于地球的静止或匀速直线运动**。若一力系使物体处于平衡状态，则称该力系为**平衡力系**。

二、静力学基本公理

1. 二力平衡公理与二力构件

（1）二力平衡公理　作用于构件上的两个力，使构件保持平衡的必要和充分条件是：这两个力的大小相等，方向相反，作用在同一条直线上。简述为等值、反向、共线。

　　如图 1-2a 所示，粉笔盒放置在桌面上，受到地球引力场的机械作用（重力）G 和桌面的机械作用（支持力）F_N 而处于平衡状态，这两个力必等值、反向、共线。图 1-2b 所示的电灯吊在天花板上，无论初始时电灯偏向什么位置，最后平衡时必满足二力平衡条件，G 和 F_T 等值、反向、共线。

　　（2）二力构件　在二个力作用下处于平衡的构件一般称为**二力构件**。工程实际中，一些构件的自重和它所承受的载荷比较起来很小，可以忽略不计。本书中的构件若没有特别说明或没有表示出自重，则一律按不计自重处理。

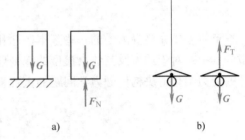

　　图 1-3a 所示托架中，杆 AB 不计自重，在 A 端和 B 端分别受到机械作用 F_A、F_B 而处于

图　1-2

平衡状态，此两力必过这两力作用点 A、B 的连线（图 1-3a）。再如图 1-3c 所示的三铰拱结构中，当不计拱片自重时，在力 F 作用下，右边拱 BC 受 F_B、F_C 作用处于平衡，这两个力必过两力作用点 B、C 的连线（图 1-3d）。

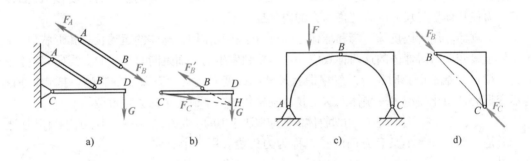

图　1-3

2. 加减平衡力系公理与力的可传性原理

　　（1）加减平衡力系公理　在一个已知力系上加上或减去一个平衡力系，不改变原力系对构件的外效应。

　　（2）力的可传性原理　作用于构件上某点的力，沿其作用线移动，不改变原力对构件的外效应。

　　图 1-4 所示的小车，在 A 点作用力 F 和在 B 点作用力 F 对小车的作用效果相同。

　　由此原理可知：**力对物体的外效应，取决于力的大小、方向、作用线**。必须指出，加减平衡力系公理和力的可传性原理只适用于刚性构件。

3. 力的平行四边形公理和三力平衡汇交原理

　　（1）力的平行四边形公理　作用于构件上同一点的两个力，可以合成为一个合力。合力作用于该点。合力的大小和方向是以该两力为邻边构成的平行四边形的对角线。如图 1-5a 所示，F_R 是 F_1、F_2 的合力。

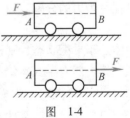

图　1-4

（2）三力平衡汇交原理　若构件在三个互不平行的力作用下处于平衡，则这三个力的作用线必共面且汇交于一点。

（3）三力构件　作用着三个力并处于平衡的构件称为三力构件。三力构件上三个力的作用线交于一点。若已知两个力的作用线，由此可以确定另一个未知力的作用线。

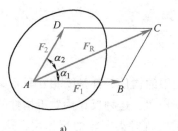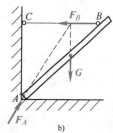

图　1-5

如图1-3b中所示的杆件 *CD*，在 *C*、*B*、*D* 三点分别受力作用处于平衡，*C* 点的力 F_C 必过 *B*、*D* 两点作用力的交点 *H*。再如图1-5b所示的杆件 *AB*，*A* 端靠在墙角，*B* 端受绳 *BC* 的拉力 F_B，所受重力场的作用用 *G* 表示，*A* 端受到的墙角的作用力 F_A 必过 *G* 和 F_B 的交点。读者可分析图1-3c中左边拱 *AB* 的受力。

4. 作用与反作用公理

两物体间的作用力与反作用力，总是大小相等，方向相反，作用线相同，分别作用在两个物体上，简述为等值、反向、共线。

该公理说明了力总是成对出现的。应用此公理时应注意它与二力平衡的两个力是不同的，作用力与反作用力分别作用在两个物体上，而二力平衡的两个力作用在一个物体上。

图1-3a、b 中，*AB* 杆 *B* 端受到的力 F_B 与 *CD* 杆 *B* 点受到的力 F_B' 就是一对作用力与反作用力。

三、基本公理的应用示例

例1-1　试分析图 1-6a 所示结构中 *AB*、*BC* 杆件的受力。

解　杆 *AB* 分别在 *A*、*B*、*D* 三点受到三个机械作用（三个力）处于平衡；杆 *BC* 分别在 *B*、*C* 两点受到两个机械作用（两个力）处于平衡。

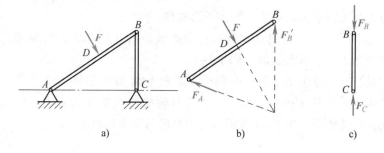

图　1-6

分别画出杆 *AB*、*BC* 的受力情况（图1-6b、c）。杆 *BC* 是二力构件，该二力必过 *B*、*C* 两点的连线，在 *B*、*C* 两点的连线上画出 F_B、F_C。杆 *AB* 是三力构件，*D* 点画出主动力 *F*，*B* 点由作用与反作用公理画出 F_B'，找出 *F*、F_B' 作用线的汇交点，画 F_A，其作用线过汇交点。

注意，在应用两力平衡公理和三力平衡汇交原理时，重点练习的是力的表示方法、作用线和作用点，对于力箭头的指向可以假定。

第二节 常见约束及其力学模型

一、约束和约束力

机械设备和工程结构中的构件，都是既相互联系又相互制约的。若甲构件对乙构件有作用，则会受到乙构件的反作用，这种反作用对甲构件的运动起到了限制作用。例如，火车轮对铁轨进行作用，就受到铁轨对火车轮的反作用，这种反作用限制了车轮只能沿其轨道运动。门与合页相互联系，合页对门的运动起到了限制作用。这种限制物体运动的周围物体称为**约束**。

物体受的力可以分为主动力和约束力。能够促使物体产生运动或运动趋势的力称为**主动力**，这类力有重力和一些作用载荷。主动力通常都是已知的。当物体沿某一个方向的运动受到约束限制时，约束对物体就有一个反作用力，这个限制物体运动或运动趋势的反作用力称为**约束力**。约束力的方向与它所限制物体的运动或运动趋势的方向相反，其大小和方向一般随主动力的大小和作用线的不同而改变，是一个未知力。

二、常见约束的力学模型

工程实际中，构件间相互连接的形式是多种多样的。把一构件与其他构件的连接形式，按其限制构件运动的特性抽象为理想化的力学模型，称为**约束模型**。

常见约束的约束模型为**柔体、光滑面、光滑铰链和固定端**。值得注意的是，工程实际中的约束与约束模型有些比较相近，有些差异很大。必须善于观察，正确认识约束模型及其应用意义。

下面主要讨论柔体、光滑面、光滑铰链这三类约束模型的约束特性及其约束力的方向和表示符号。对于固定端约束将在第三、第四章介绍。

1. 柔体约束

由绳索、链、带等柔性物形成的约束都可以简化为柔体约束模型。这类约束只承受拉力，不承受压力。**约束力沿柔体中线，背离受力物体**。

图 1-7a 所示起重机吊起重物时，重物通过钢丝绳悬吊在挂钩上。钢绳 AC、BC 对重物的约束力沿钢丝绳的中线，背离物体（图 1-7b）。

必须指出的是，若柔体包络了轮子一部分，如图 1-8a 所示的链传动或带传动等，通常把包络在轮上的柔体看作轮子的一部分，从柔体与轮的切点处解除柔体。**约束力作用于切点，沿柔体中线，背离轮子**。图 1-8b 所示为传动带的约束力的画法。

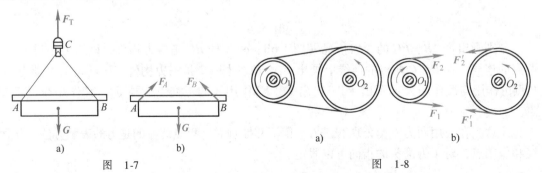

图 1-7　　　　　　　　　　　图 1-8

2. 光滑面约束

物体相互作用的接触面，并不是完全光滑的，为研究问题方便，暂忽略不计接触面间的摩擦，并不计接触面间的变形，把物体的接触面看成是完全光滑的刚性接触面，简称为光滑面约束。

光滑面约束只限制了物体沿接触面公法线方向的运动，所以其**约束力沿接触面公法线，指向受力物体**。

如图 1-9a 所示，重为 G 的圆柱形工件放在 V 形槽内，在 A、B 两点与槽面机械作用，其约束力沿接触面公法线指向工件。

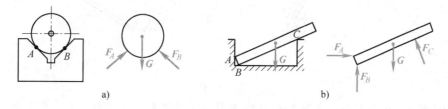

图　1-9

如图 1-9b 所示，重为 G 的工件 AB 放入凹槽内，在 A、B、C 点处分别与槽壁机械作用，其约束力沿接触面公法线指向工件。

3. 铰链约束

如图 1-10a 所示，用圆柱销钉连接的两构件称为**铰链**。对于具有这种特性的连接方式，忽略不计其变形和摩擦，就得到理想化的约束模型——刚性光滑铰链。铰链约束通常用图 1-10b 所示的平面简图表示。

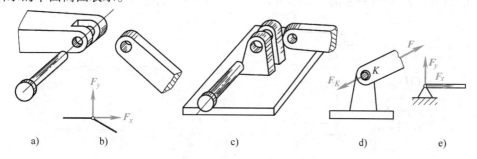

图　1-10

（1）中间铰　铰链约束通常也称为**中间铰链**，它只限制了构件销孔端的相对移动，而不限制构件绕销孔的相对转动。

（2）固定铰支座　把圆柱销连接的两构件中的一个固定起来，称为**固定铰支座**，如图 1-10c 所示，它限制了构件销孔端的随意移动，而不限制构件绕圆柱销的转动。

图 1-10d 所示的柱销与销孔在构件主动力作用下，是两个圆柱光滑面在 K 点的点接触，其约束力必沿接触面 K 点的公法线过铰链的中心。由于主动力的作用方向不同，构件销钉的接触点 K 就不同，所以约束力的方向一般不能确定，通常用两个正交分力 F_x、F_y 表示（图 1-10b、e）。但是，当中间铰或固定铰支座约束的是二力构件时，其约束力满足二力平衡条件，沿两约束力作用点的连线，方向是确定的。

综上所述，**中间铰和固定铰支座，当约束的不是二力构件时，约束力方向不确定，用正交分力表示；当约束的是二力构件时，约束力方向确定，沿两约束力作用点的连线。

如图1-11a所示结构，杆 AB 中点作用力 F，杆件 AB、BC 不计自重。杆 BC 在 B 端受到中间铰约束，在 C 端受到固定铰支座约束，是二力构件，故该二力必过 B、C 两点的连线（图1-11b）。

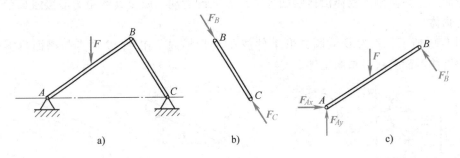

图 1-11

杆 AB 在 A、B 两点受力并受主动力 F 作用，处于平衡，是三力构件。力 F 的方向已确定，杆 AB 在 B 点受到 BC 杆 B 端的反作用力 F_B'，方向也确定。A 端固定铰支座的约束力必过 F 和 F_B' 的交点（图1-11c）。为了便于分析计算，当中间铰或固定铰支座约束的是三力构件时，无论其约束力是否确定，都用正交分力表示。

（3）活动铰支座　如图1-12a所示，若在固定铰支座的下边安装上滚珠，则称为**活动铰支座**。活动铰支座只限制构件沿支承面法线方向的运动，所以**活动铰支座的约束力，垂直于支承面，指向构件**。图1-12b为活动铰支座的几种力学简图及约束力画法。

图1-13a所示杆件 AB 在主动力 F 作用下，其 A、B 两端铰支座的约束力如图1-13b所示。

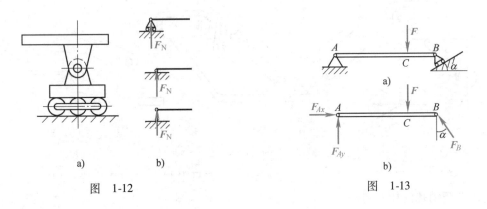

图　1-12　　　　　　　　　　图　1-13

第三节　构件的受力图

一、构件的平面力学简图

对工程构件进行受力分析，必须学会简化工程结构或构件。把真实的工程结构或构件简化成能进行分析计算的平面图形，称为**构件的平面力学简图**。本书中的构件结构图多数属于平面力学简图。作力学简图首先要在结构或构件上选择合适的简化平面，画出其轮廓线（若为杆件，可用其轴线代替），然后按约束特性把约束简化为约束模型，再简化结构上的作用载荷，即得到结构或构件的平面力学简图。

二、解除约束取分离体

在力学简图中把构件与它周围的构件分开，单独画出这个构件的简图的过程，称为解除约束取分离体。

三、受力图

在分离出来的构件简图上，按已知条件画上主动力（已知力）；按不同约束模型的约束力方向及表示符号画出全部约束力（未知力），即得到构件的受力图。

综上所述，画受力图的步骤是：①确定研究对象。②解除约束取分离体。③在分离体上画出全部的主动力和约束力。

例1-2　图1-14a所示重为G的球体A，用绳子BC系在墙壁上，画球体A的受力图。

解　确定球体A为研究对象，取分离体（图1-14b），在球体分离体的简图上画出主动力和约束力。

球体在A点受主动力G作用；在B点受柔体约束，约束力沿柔体中线背离球体，用F_B表示；在D点受光滑面约束，约束力沿接触面D点的公法线，指向球体，用F_D表示。

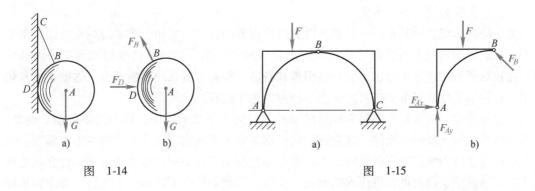

图　1-14　　　　　　　　　　图　1-15

例1-3　图1-15a所示的三铰拱桥，由左、右两半拱铰接而成，画左半拱AB的受力图。

解　确定左半拱AB为研究对象取分离体（图1-15b），在分离体上画出主动力F和约束力。

左半拱B端受右半拱BC的作用，由于BC受两力作用处于平衡，所以BC对左半拱B点的作用力F_B沿B、C两点的连线。左半拱A端受固定铰支座约束，可用正交分力F_{Ax}、F_{Ay}表示（图1-15b）。若铰链约束的是三力构件时，一般不用三力平衡汇交表示铰链约束力。

例1-4　图1-16a所示为活塞连杆机构结构简图，试画活塞B的受力图。

解　以活塞B为研究对象取分离体（图1-16b）。在分离体上画出主动力F；缸筒壁对活塞B的约束视为光滑面，约束力F_N沿法线指向活塞B。连杆AB在A、B两点受铰链约束处于平衡，是二力构件，两力过A、B两点的连线。因此连杆AB对活塞B的约束力F_B沿A、B的连线指向B销。

例1-5　图1-17a所示为凸轮机构结构简图，试画导杆AB的受力图。

解　以导杆AB为研究对象取分离体（图1-17b）。导杆自重不计，凸轮对导杆的作用力F_E沿接触面公法线指向导杆；F_E和主动力F使导杆倾斜，与滑道B、D点相接触产生了机械作用，故有光滑面约束力F_B、F_D，沿B、D两点处的公法线指向导杆。

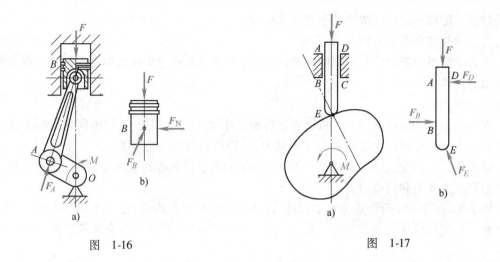

图　1-16　　　　　　　　　　　图　1-17

阅读与理解

一、抽象化方法与力学模型

力学的基本概念和基本理论，都是以对自然现象的直接观察和生产实践的经验作为出发点的。从观察和实验中所获得的感性认识上升到理性认识，必须抓住事物和现象的内部联系，在被观察到的现象中**抽出最主要的因素和特征，而撇开其余次要的因素。这就是抽象化方法**。这种抽象化的思维方法贯穿于力学研究的整个过程。

通过抽象化，使我们能够建立物质对象的一些初步近似的模型，称为**力学模型**。例如，撇开物体的变形，就得到刚体，这是我们研究物体静平衡和物体运动时的基本力学模型。当问题在所建立的力学模型下解决后，重新考虑那些在初步近似中忽略掉的因素，建立起更接近于真实的模型，以便进行更深入的研究。例如，当我们研究了物体的平衡后，考虑到物体的变形性，再建立起弹性变形体的力学模型，进而研究弹性变形体的平衡，使我们能够解决刚体平衡理论所不能解决的问题。再如，当我们研究物体接触面对物体的限制作用时，先不计接触面间的摩擦，把接触面看作完全光滑的接触面。当物体受力平衡问题得到解决后，重新考虑起初被忽略掉的摩擦力，深化了对摩擦的平衡问题和运动问题的研究。这种由简到繁、由粗到精的研究方法，是一切科学研究所不可缺少的。

通过抽象化把人们长期从直接观察、实验以及生产活动中获得的经验和认识到的个别特殊规律加以分析、综合、归纳，将使我们能够找出事物的普遍规律性，从而建立起一些最基本的公理（或定律、原理），作为整个力学的基本概念和基本理论。

二、关于力的抽象化概念

在中学物理学中，我们已经有了力的确切定义：物体间的相互机械作用称为力。这种作用效应，取决于力的大小、方向和作用点，并用一个有方向的线段表示这个力。这样定义一个力，有助于建立力的初步概念。

就力的定义来说，其中包含了运用抽象化方法的过程。因为物体间相互的机械作用必须通过相互接触面来实现。因此，力的作用有其大小、方向和接触面。为了使研究问题简便，可以忽略不计物体接触面的面积，就得到了在一个点上的机械作用，即作用于一点的力，一般称为集中力。若物体接触面的面积不能忽略，就得到了在该接触面上的分布力。

综上所述，把物体的机械作用表示成作用于一点上有方向和大小的有向线段，是对物体机械作用的抽象化结果。

三、静力学中的几个基本力学模型

静力学中，广泛地采取了抽象化的方法，建立起一系列有用的基本力学模型。由于这些基本力学模型与我们所能观察到的工程实例有较大的差异，因此对于这些基本力学模型的正确认识和深刻理解，往往是学习工程力学课程的关键。静力学中的几个基本力学模型如下。

（1）刚体　力对物体的作用效应，使物体的运动状态和形状尺寸同时发生了改变。例如用脚踢皮球，球体产生了变形同时球飞了出去。当研究球体的运动状态（包括平衡）时，可以忽略不计其形状尺寸的改变对运动状态改变的影响，而把物体抽象为不变形的理想模型——刚体。同样，在研究工程构件的受力分析及平衡时，往往忽略不计其变形，把工程构件看成是受力不变形的刚性构件。

（2）二力杆　对于所研究的工程构件，当其自重与所承受的载荷比较很小时，通常忽略不计；在构件的简化平面内重力无投影。二力杆在两个力作用下保持平衡，这两力必过该两力作用点的连线。

（3）刚性光滑接触面　这是物体抽象化的一种约束模型。工程构件接触面间并不是完全光滑的，为使研究问题简便，可以不考虑接触面间摩擦的影响，同时不计接触面间的变形。认为接触面是刚性的且是完全光滑的，得到光滑接触面的约束模型。

（4）刚性光滑铰链　这是物体抽象化的另一种约束模型。对于工程构件间的连接方式，根据其限制构件运动的特性和实际情况进行简化，不计变形和摩擦，把其限制作用抽象化，得到固定铰支座、活动铰支座和中间铰的力学模型。例如图 1-18 所示平面简单桁架结点的连接方式，图 1-18a 为铆接、图 1-18b 为焊接、图 1-18c 为螺栓连接，当研究桁架的静力平衡时，这三种连接方式都可简化为铰链。

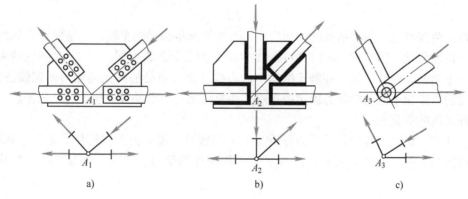

a)　　　　　　　　　　　b)　　　　　　　　　　　c)

图　1-18

（5）构件的平面简图　这也是工程构件抽象化的力学模型。它是综合了选择合适的简化平面，画其轮廓线作平面简图（若是杆件可用其轴线代替），然后按约束模型简化其约束，再简化其作用载荷，而得到构件的平面简图。

图 1-19a 是门的示意图，当研究其受力后的平衡问题时，可在门扇所在的平面进行投影（图 1-19b）。门框不动，为固定面，A 处的合页限制了门 A 点的随意移动，但并不完全限制

门绕 A 点的转动，可简化为固定铰支座。B 处的合页可简化为
活动铰支座（对于 B 处约束的简化过程要满足静定结构的要
求，详见第三章阅读与理解）。若研究门关闭后的平衡问题，
可在垂直于轴线的平面内投影（图 1-19c），门轴限制了门 AB 边
的随意移动，不限制其绕门轴转动，简化为固定铰支座；门框限
制了门 CD 边的运动，简化为活动铰支座。

再如，图 1-20a 所示的起吊机轮轴，A、B 为轴承，C 为
齿轮，D 为起吊机鼓轮。若研究其平衡问题，可在 xy 平面和
xz 平面分别进行投影。在 xy 平面，轴承 A 限制了轴 A 点的随
意移动，并不完全限制轴绕 A 点的转动，简化为固定铰支座；
轴承 B 限制了轴 B 点的随意移动，并不完全限制轴绕 B 点的
转动，可简化为活动铰支座（图 1-20b）。在 xz 平面，因轴线
限制着轴、轮的随意移动而不限制其转动，故轴线的投影点
简化为固定铰支座（图 1-20c）。

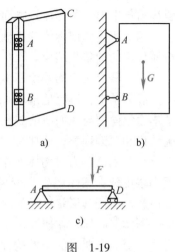

图 1-19

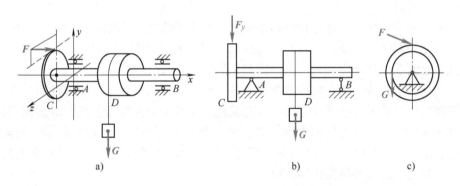

图 1-20

从以上两例可见，建立结构的平面简图，一是要选取合适的平面，二是要对实际约束按
其特性进行抽象化。图 1-19 和图 1-20 中 A、B 两处的实际约束相同，但 A、B 两处约束的约
束模型并不相同，也就是说，**在静定结构中，当构件上一点处的约束简化为固定铰支座时，
另一点处的约束就不能再简化为固定铰支座，而只能简化为活动铰支座。**这是依据静定结构
的要求而采用的简化方法。

综上所述，研究工程构件的静力分析及平衡问题时，需要把工程构件简化为平面简图，
即建立静定结构的平面力学模型。这是研究工程构件的受力、运动、变形和破坏规律的基
础。

小　结

一、力的概念

力是物体间相互的机械作用，力的外效应是使物体的运动状态发生改变。力的三要素
为：大小、方向和作用点。力是矢量。

刚体是我们研究物体受力及平衡问题时，物体抽象化的最基本的力学模型。

二、静力学公理

静力学公理阐明了力的基本性质。二力平衡公理是最简单的力系平衡条件。加减平衡力系公理是力系等效代换和简化的基本基础。力的平行四边形法则是力系合成和分解的基本法则。作用与反作用公理揭示了力的存在形式和传递方式。

二力构件是受两个力作用处于平衡的构件。正确分析和判断结构中的二力构件，是进行构件受力分析的基础。

三、三类常见约束的约束模型

（1）柔体约束　只承受拉力，不承受压力。约束力沿柔体的中线背离受力物体。

（2）光滑面约束　限制物体沿接触面法线方向的运动，不限制物体沿接触面平行方向运动。约束力沿接触面公法线，指向物体。

（3）光滑铰链约束

1）中间铰和固定铰支座。限制了构件在铰处的相对移动，不限制构件绕铰的转动。约束力的方向不确定，通常用两个正交的分力来表示。若中间铰或固定铰支座约束的是二力构件，则其约束力的方向是确定的。

2）活动铰支座。限制了构件沿支承面法线方向的运动，不限制构件沿支承面平行方向的运动。约束力沿支承面法线，一般按指向构件画出。

四、构件的平面力学简图

其是综合了为构件选择合适的简化平面，画其轮廓线作其简图（若是杆件可用其轴线代替），然后按约束特性把约束简化为约束模型，再简化构件上的作用载荷，所得到的平面图形。正确理解构件的平面力学简图，是研究工程力学的重要基础。学会建立结构或构件的平面力学模型，是解决工程实际问题的关键。

五、构件的受力图

确定研究对象取分离体，在分离体上画出全部的主动力和约束力，然后检查是否多画或漏画。

思　考　题

1-1　力是物体间相互的机械作用，一个力可用一个有向线段表示。一个机械作用用几个有向线段表示？相互机械作用用几个有向线段表示？

1-2　何谓平衡力系、等效力系？何谓力系的合成、力系的分解？

1-3　"合力一定比分力大"，这种说法对否？为什么？

1-4　图1-21a所示支架，能否将作用于支架杆 AB 上的力 F，沿其作用线移到杆 BC？为什么？

1-5　图1-22a所示的曲杆，能否在其上 A、B 两点作用力使曲杆处于平衡？图1-22b所示构件，已知

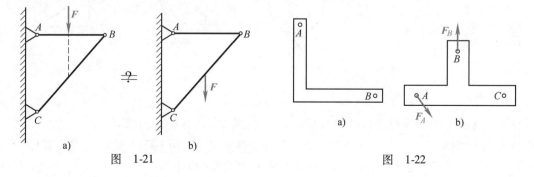

图　1-21　　　　　　　　图　1-22

A、B 点的作用力，能否在 C 点上作用力使构件处于平衡？

1-6 指出图 1-23 所示的结构中哪些构件是二力构件？哪些构件是三力构件？其约束力的方向能否确定？

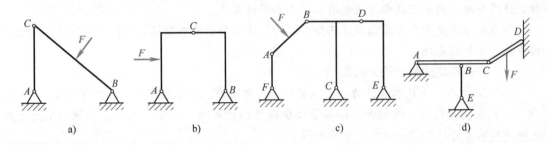

图 1-23

习 题

1-1 分析图 1-24 中各物体的受力图画得是否正确？若有错误请改正。

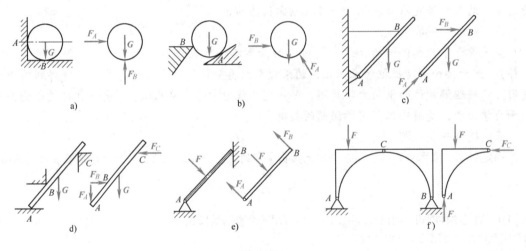

图 1-24

1-2 分别画出图 1-25 中标有字母 A、AB 或 ABC 物体的受力图。

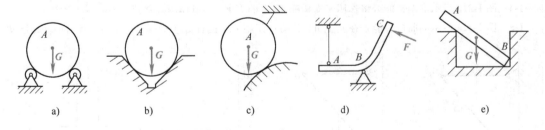

图 1-25

1-3 分别画出图 1-26a 结构中 ABCD 和 1-26b、c、d 结构中 ACB 杆件的受力图。

1-4 分别画出图 1-27a 中 A 轮和 B 轮、图 1-27b 中 C 球和 AB 杆、图 1-27c 中棘轮 O、图 1-27d 中压板 COB、图 1-27e 中钢管 O 和 AC 杆、图 1-27f 中 AB 杆和 AC 杆的受力图。

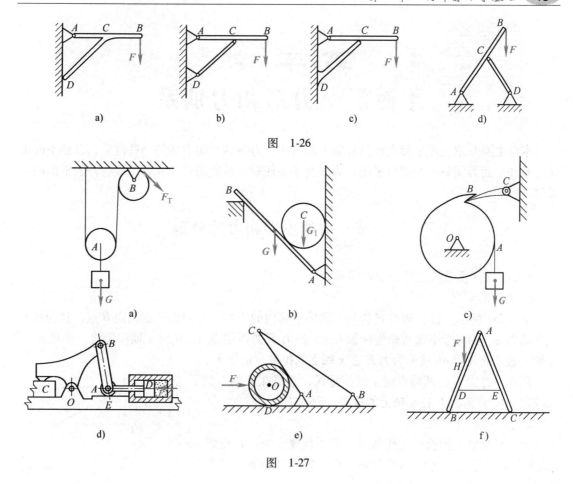

图　1-26

图　1-27

第 二 章
平面汇交力系和力偶系

本章主要介绍力在平面直角坐标轴上的投影、力矩和平面力偶的一些性质，以及平面汇交力系和平面力偶系的合成与平衡。为研究平面任意力系的简化和求解工程构件的平衡问题提供基础。

第一节　力的投影和力的分解

一、力在平面直角坐标轴上的投影

1. 投影的定义

如图 2-1 所示，设已知力 F 作用于物体平面内的 A 点，方向由 A 点指向 B 点，且与水平线夹角为 α。相对于平面直角坐标轴 Oxy，过力 F 的两端点 A、B 向 x 轴作垂线，垂足 a、b 在轴上截下的线段 ab 就称为**力 F 在 x 轴上的投影**，记作 F_x。

同理，过力 F 的两端点向 y 轴作垂线，垂足在 y 轴上截下的线段 a_1b_1 称为**力 F 在 y 轴上的投影**，记作 F_y。

2. 投影的正负规定

力在坐标轴上的投影是代数量，其正负规定为：若投影 ab（或 a_1b_1）的指向与坐标轴正方向一致，则力在该轴上的投影为正，反之为负。

若已知力 F 与 x 轴的夹角为 α，则力 F 在 x 轴、y 轴的投影表示为

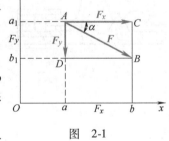

图　2-1

$$F_x = \pm F\cos\alpha \atop F_y = \pm F\sin\alpha \Bigg\} \qquad (2\text{-}1)$$

3. 已知投影求作用力

由已知力求投影的方法可推知，若已知一个力的两个正交投影 F_x、F_y，则这个力 F 的大小和方向为

$$F = \sqrt{F_x^2 + F_y^2}, \quad \tan\alpha = \left| \frac{F_y}{F_x} \right| \qquad (2\text{-}2)$$

式中，α 表示力 F 与 x 轴所夹的锐角。

二、力沿坐标轴方向正交分解

由力的平行四边形公理可知，作用于一点的两个力可以合成为一个合力。反过来，围绕一个力作平行四边形，可以把一个力分解为两个力。若分解的两个分力相互垂直，则称为**正交分解**。如图 2-1 所示，过力 F 的两端作坐标轴的平行线，平行线相交点构成的矩形 $ACBD$ 的两边 AC 和 AD，就是力 F 沿 x 轴、y 轴的两个正交分力，记作 F_x 和 F_y。由图可见，正交分力的大小等于力沿其正交坐标轴投影的绝对值，即

$$|\boldsymbol{F}_x| = F\cos\alpha = |F_x|, \quad |\boldsymbol{F}_y| = F\sin\alpha = |F_y| \tag{2-3}$$

必须指出，分力是力矢量，而投影是代数量。若分力的指向与坐标轴同向，则投影为正，反之为负。分力的作用点在原力作用点上，而投影与力的作用点位置无关。

力沿坐标轴方向正交分解符合矢量分解的法则。学会力的分解方法，对于正确理解和掌握矢量分解的法则有所帮助，也为以后各章节，如合力矩定理、空间力系以及运动学、动力学等内容的学习打下了基础。

三、合力投影定理

由力的平行四边形公理可知，作用于物体平面内一点的两个力可以合成为一个力，其合力符合矢量加法法则，如图 2-2 所示。

在力作用平面建立平面直角坐标系 Oxy，合力 $\boldsymbol{F}_R$ 和分力 $\boldsymbol{F}_1$、$\boldsymbol{F}_2$ 在 x 轴的投影分别为 $F_{Rx} = ad$，$F_{1x} = ab$，$F_{2x} = ac$。由图可见，$ac = bd$，$ad = ab + bd$，所以

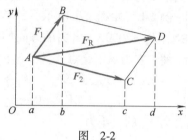

图　2-2

$$F_{Rx} = ad = ab + bd = F_{1x} + F_{2x}$$

同理
$$F_{Ry} = F_{1y} + F_{2y}$$

若物体平面上一点作用着 n 个力 $\boldsymbol{F}_1$，$\boldsymbol{F}_2$，$\cdots$，$\boldsymbol{F}_n$，按两个力合成的平行四边形法则依次类推，从而得出力系的合力 $\boldsymbol{F}_R$，则其合力的投影

$$\left.\begin{array}{l} F_{Rx} = F_{1x} + F_{2x} + \cdots + F_{nx} = \Sigma F_x \\ F_{Ry} = F_{1y} + F_{2y} + \cdots + F_{ny} = \Sigma F_y \end{array}\right\} \tag{2-4}$$

式（2-4）表明，**力系合力在某一轴上的投影等于各分力在同一轴上投影的代数和**。此即为**合力投影定理**。式中的 ΣF_x 是求和式 $\sum\limits_{i=1}^{n} F_{ix}$ 的简便表示法，本书中的求和式均采用这种简便表示法。

第二节　平面汇交力系的合成与平衡

工程实际中，作用于构件上的力系有各种不同的类型。若按力系中各力的作用线是否在同一平面内来分，力系可以分为平面力系和空间力系；若按力系中各力的作用线是否相交于一点或平行来分，力系可以分为汇交力系、力偶系、平行力系和任意力系。作用于同一平面内各力的作用线交于一点的力系称为**平面汇交力系**。

一、平面汇交力系的合成

若刚体平面内作用力 $\boldsymbol{F}_1$，$\boldsymbol{F}_2$，$\cdots$，$\boldsymbol{F}_n$ 的作用线交于一点，无论各力的作用点是否在汇交点上，依据力的可传性原理，可以将各力沿其作用线移动到汇交点，得到作用于一点的汇交力系。由前述可知，平面汇交力系总可以合成为一个合力，其合力在坐标轴上的投影等于各分力投影的代数和，即 $F_{Rx} = \Sigma F_x$，$F_{Ry} = \Sigma F_y$。其合力 $\boldsymbol{F}_R$ 的大小和方向分别为

$$F_R = \sqrt{(\Sigma F_x)^2 + (\Sigma F_y)^2}, \ \tan\alpha = \left|\frac{\Sigma F_y}{\Sigma F_x}\right| \tag{2-5}$$

式中，α 为合力 $\boldsymbol{F}_R$ 与 x 轴所夹的锐角。

二、平面汇交力系平衡方程及其应用

平面汇交力系平衡的必要与充分条件是力系的合力为零。由式（2-5）可得

$$F_R = \sqrt{(\Sigma F_x)^2 + (\Sigma F_y)^2} = 0$$

即

$$\left.\begin{array}{l} \Sigma F_x = 0 \\ \Sigma F_y = 0 \end{array}\right\} \tag{2-6}$$

式（2-6）表示平面汇交力系平衡的必要与充分条件是力系中各力在两个坐标轴上投影的代数和均为零。此式亦称为**平面汇交力系平衡方程**。应用平衡方程时，由于坐标轴是可以任意选取的，因而可列出无数个平衡方程，但是其独立的平衡方程只有两个。因此对于一个平面汇交力系，只能求解出两个未知量。

例2-1 如图2-3所示，吊钩受三根钢丝绳的拉力作用，已知各力大小为 $F_1 = F_2 = 732\mathrm{N}$，$F_3 = 2000\mathrm{N}$，各力的方向如图所示，求此三力的合力 $\boldsymbol{F}_R$ 的大小和方向。

解 在力系汇交点 A 建立坐标系 Axy，合力 $\boldsymbol{F}_R$ 在两坐标轴上的投影分别为

$$F_{Rx} = \Sigma F_x = F_1 + 0 - F_3\cos30° = (732 - 1732)\mathrm{N} = -1000\mathrm{N}$$

$$F_{Ry} = \Sigma F_y = 0 - F_2 - F_3\sin30° = (0 - 732 - 1000)\mathrm{N} = -1732\mathrm{N}$$

则合力 $\boldsymbol{F}_R$ 的大小为

$$F_R = \sqrt{(\Sigma F_x)^2 + (\Sigma F_y)^2} = \sqrt{(-1000)^2 + (-1732)^2}\ \mathrm{N} = 2000\mathrm{N}$$

由于 F_{Rx}、F_{Ry} 均为负，则合力指向左下方（图2-3b），合力与 x 轴所夹的锐角 α 为

$$\alpha = \arctan\left|\frac{F_{Ry}}{F_{Rx}}\right| = \arctan\left|\frac{-1732}{-1000}\right| = 60°$$

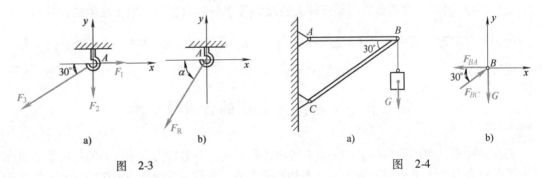

图 2-3　　　　　　　　　　　　　　图 2-4

例2-2 图2-4a所示支架由杆 AB、BC 组成，A、B、C 处均为光滑铰链，在铰 B 上悬挂重物 $G = 5\mathrm{kN}$，杆件自重不计，试求杆件 AB、BC 所受的力。

解 1）受力分析。由于杆件 AB、BC 的自重不计，且杆两端均为铰链约束，故均为二力杆件，杆件两端受力必沿杆件的轴线。根据作用与反作用关系，两杆的 B 端对于销 B 有反作用力 $\boldsymbol{F}_{BA}$，$\boldsymbol{F}_{BC}$，销 B 同时受重物 G 的作用。

2）确定研究对象。以销 B 为研究对象，取分离体，画受力图（图2-4b）。

3）建立坐标系，列平衡方程求解

$$\Sigma F_y = 0 \qquad\qquad\qquad F_{BC}\sin30° - G = 0$$

$$F_{BC} = 2G = 10\mathrm{kN}$$

$$\Sigma F_x = 0 \qquad\qquad\qquad -F_{BA} + F_{BC}\cos30° = 0$$

$$F_{BA} = F_{BC}\cos30° = 8.66\text{kN}$$

例2-3 图2-5 所示重为 **G** 的球体放在倾角为 30° 的光滑斜面上，并用绳 AB 系住，AB 与斜面平行，试求绳 AB 的拉力 F_A 及球体对斜面的压力 F_C。

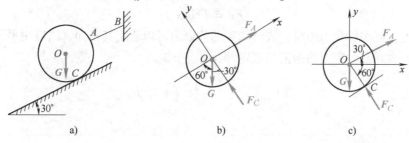

图 2-5

解 1）以球体为研究对象，取分离体并画受力图（图2-5b）。

2）沿斜面建立坐标系 Oxy，列平衡方程式求得

$$\Sigma F_x = 0 \qquad\qquad F_A - G\sin30° = 0$$
$$F_A = G\sin30° = G/2$$
$$\Sigma F_y = 0 \qquad\qquad F_C - G\cos30° = 0$$
$$F_C = G\cos30° = \sqrt{3}G/2$$

3）若选取图2-5c 所示的坐标系，列平衡方程得

$$\Sigma F_x = 0 \qquad\qquad F_A\cos30° - F_C\sin30° = 0$$
$$\Sigma F_y = 0 \qquad\qquad F_A\sin30° + F_C\cos30° - G = 0$$

联立求解方程组得

$$F_A = G/2 \qquad F_C = \sqrt{3}G/2$$

由此可见，列平衡方程求解力系平衡问题时，坐标轴应尽量选在与未知力垂直的方向上，这样可以列一个方程式解出一个未知力，避免了求解联立方程组，使计算简便。

例2-4 图2-6 所示连杆机构由杆 AB、BC、AD 组成，A、B、C、D 点均为铰链。若机构在图示位置平衡时，已知角 α 和作用于铰 A 的力 **F**，试求维持机构平衡时铰 B 上的作用力 F_1。

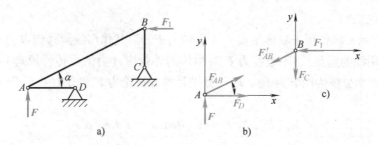

图 2-6

解 1）受力分析。连杆 AB、BC、AD 不计自重，均受两端铰链约束，是二力杆件。

2）分别画两销钉 A、B 的受力图（图2-6b、c），建立坐标系，列平衡方程。

对于销 A $\qquad \Sigma F_y = 0 \qquad\qquad F_{AB}\sin\alpha + F = 0$

$$F_{AB} = -F/\sin\alpha$$

对于销 B　$\Sigma F_x = 0$　　$-F_{AB}\cos\alpha - F_1 = 0$　（注：$F_{AB} = F'_{AB}$）

$$F_1 = -F_{AB}\cos\alpha$$

代入上式得

$$F_1 = F\cot\alpha$$

由此可见，画构件受力图时，铰链约束的约束力可以假定其指向，当应用平衡方程解出其为负值时，表示其约束力的指向与假定相反。

第三节　力矩和力偶

一、力对点之矩

从生产实践活动中人们认识到，力不仅能使物体产生移动，还能使物体产生转动。例如用扳手拧螺母，扳手连同螺母一起绕螺母的中心线转动。其转动效应的大小不仅与作用力的大小和方向有关，而且与力作用线到螺母中心线的相对位置有关。工程中把**力使物体产生转动效应的量度**称为**力矩**。用图 2-7 所示扳手及受力在螺母中心线的垂直平面上的投影，来说明平面上力对点之矩。平面上螺母中线的投影点 O 称为**矩心**，力作用线到矩心 O 点的距离 d 称为**力臂**，力使扳手绕 O 点的转动效应取决于**力 F 的大小与力臂 d 的乘积**及力矩的转向。力对 O 点之矩记作 $M_O(F)$，即

$$M_O(F) = \pm Fd \tag{2-7}$$

力对点之矩是一个代数量，其正负规定为：力使物体绕矩心有逆时针转动效应时，力矩为正，反之为负。力矩的单位是 N·m。

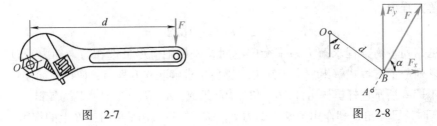

图 2-7　　　　　　　　　　　　　图 2-8

二、合力矩定理

如图 2-8 所示，将作用于物体平面上 A 点的力 F，沿其作用线滑移到 B 点（B 点为矩心 O 点到力 F 作用线的垂足），不改变力 F 对物体的外效应（力的可传性原理）。在 B 点将 F 沿坐标轴方向正交分解为两分力 F_x、F_y。分别计算并讨论力 F 和分力 F_x、F_y 对 O 点力矩的关系。

$$M_O(F_x) = F\cos\alpha \cdot d\cos\alpha = Fd\cos^2\alpha$$
$$M_O(F_y) = F\sin\alpha \cdot d\sin\alpha = Fd\sin^2\alpha$$
$$M_O(F) = Fd = M_O(F_x) + M_O(F_y)$$

上式表明，**合力对某点的力矩等于力系中各分力对同点力矩的代数和**。该定理不仅适用于正交分解的两个分力系，对任何有合力的力系均成立。若力系有 n 个力作用，则

$$M_O(F_R) = M_O(F_1) + M_O(F_2) + \cdots + M_O(F_n) = \Sigma M_O(F) \tag{2-8}$$

式（2-8）即为**合力矩定理**。

求平面力对某点的力矩，一般采用以下两种方法：

（1）用力和力臂的乘积求力矩 这种方法的关键是确定力臂 d。需要注意的是，力臂 d 是矩心到力作用线的距离，即力臂一定要垂直于力的作用线。

（2）用合力矩定理求力矩 工程实际中，有时力臂 d 的几何关系较复杂，不易确定，可将作用力正交分解为两个分力，然后应用合力矩定理求原力对矩心的力矩。

例 2-5 图 2-9a 所示的构件 ABC，A 端为铰链支座约束，在 C 点作用力 F，已知力 F 的方向角为 α，$AB = l$，$BC = h$，求力 F 对 A 点的力矩。

解 1）由于力臂 d 的几何关系比较复杂，不易确定，宜采用合力矩定理求力矩。

$$M_A(F) = M_A(F_x) + M_A(F_y)$$
$$= F\cos\alpha \cdot h - F\sin\alpha \cdot l = F(h\cos\alpha - l\sin\alpha)$$

2）用力和力臂的乘积求力矩。在图上过 A 点作力 F 作用线的垂线交于 a 点，找出力臂 d。过 B 点作力线的平行线与力臂延长线交于 b 点，则

$$M_A(F) = -Fd = -F(Ab - ab)$$
$$= -F(l\sin\alpha - h\cos\alpha) = F(h\cos\alpha - l\sin\alpha)$$

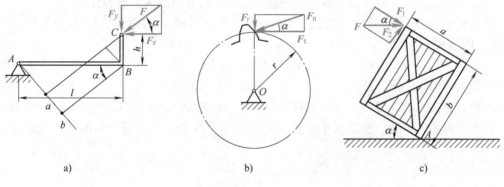

a)   b)   c)

图 2-9

例 2-6 图 2-9b、c 所示圆柱直齿轮和货箱，已知齿面法向压力 $F_n = 1000\text{N}$，压力角 $\alpha = 20°$，分度圆半径 $r = 60\text{mm}$。已知货箱的作用力 F，尺寸 a、b 和夹角 α，试求齿面法向压力 F_n 对轴心 O 的力矩和货箱作用力 F 对支点 A 的力矩。

解 1）齿轮压力 F_n 的力臂没有直接给出，可将法向压力正交分解为圆周力 F_τ 和径向力 F_r。应用合力矩定理得

$$M_O(F_n) = M_O(F_\tau) + M_O(F_r)$$
$$= F_n\cos\alpha \times r + F_n\sin\alpha \times 0$$
$$= 1000 \times \cos20° \times 0.06\text{N} \cdot \text{m} = 56.4\text{N} \cdot \text{m}$$

2）货箱作用力 F 的力臂没有直接给出，可将其作用力沿货箱长宽方向分解为 F_1、F_2。应用合力矩定理得

$$M_A(F) = M_A(F_1) + M_A(F_2)$$
$$= -F\cos\alpha \, b - F\sin\alpha \, a = -F(b\cos\alpha + a\sin\alpha)$$

三、力偶及其性质

1. 力偶的定义

在生产实践中，作用力矩可以使物体产生转动效应。另外，经常还可以见到使物体产生

转动的例子，如图 2-10a、b 所示，司机用双手转动转向盘，钳工用双手转动绞杠丝锥攻螺纹。力学研究中，把使物体产生转动效应的**一对大小相等、方向相反、作用线平行的两个力称为力偶**。通常把力偶表示在其作用平面内（图 2-10c）。

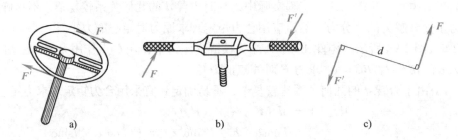

图　2-10

力偶是一个基本的力学量，并具有一些独特的性质，它既不平衡，也不能合成为一个合力，只能使物体产生转动效应。力偶中两个力作用线所决定的平面称为**力偶的作用平面**，两力作用线之间的距离 d 称为**力偶臂**，力偶使物体转动的方向称为**力偶的转向**。

力偶对物体的转动效应，取决于力偶中的力与力偶臂的乘积，称为**力偶矩**，记作 $M(\mathbf{F}, \mathbf{F}')$ 或 M，即

$$M(\mathbf{F}, \mathbf{F}') = \pm Fd \tag{2-9}$$

力偶矩和力矩一样，是代数量，其正负号表示力偶的转向。通常规定，力偶逆时针转向时，力偶矩为正，反之为负。力偶矩的单位是 N·m 或 kN·m。力偶矩的大小、转向和作用平面称为**力偶的三要素**。三要素中的任何一个发生了改变，力偶对物体的转动效应就会改变。

2. 力偶的性质

力偶具有以下一些性质：

1）**力偶无合力，在坐标轴上的投影之和为零。力偶不能与一个力等效，也不能用一个力来平衡，力偶只能用力偶来平衡。**

力偶无合力，可见它对物体的效应与一个力对物体的效应是不相同的。一个力对物体有移动和转动两种效应；而一个力偶对物体只有转动效应，没有移动效应。因此，力与力偶不能相互替代，也不能相互平衡。可以将力和力偶看做构成力系的两种基本要素。

2）**力偶对其作用平面内任一点的力矩，恒等于其力偶矩，而与矩心的位置无关。**

图 2-11 所示一力偶 $M(\mathbf{F}, \mathbf{F}') = Fd$，对平面任意点 O 的力矩，用组成力偶的两个力分别对 O 点力矩的代数和度量，记作 $M_O(\mathbf{F}, \mathbf{F}')$，即

$$M_O(\mathbf{F}, \mathbf{F}') = F(d + x) - F'x = Fd = M(\mathbf{F}, \mathbf{F}')$$

以上推证表明：力偶对物体平面上任意点 O 的力矩，等于其力偶矩，与矩心到力作用线的距离 x 无关，即与矩心的位置无关。

3）**力偶可在其作用平面内任意搬移，而不改变它对物体的转动外效应。**

4）**只要保持力偶矩的大小和力偶的转向不变，就可以同时改变力偶中力的大小和力臂的长短，而不会改变力偶对物体的转动外效应。**

图　2-11

值得注意的是，性质3）、4）仅适用于刚体，不适用于变形体。

由力偶的性质可见，力偶对物体的转动效应完全取决于其力偶矩的大小、转向和作用平面。因此表示平面力偶时，可以不表明力偶在平面上的具体位置以及组成力偶的力和力偶臂的值，而用一带箭头的弧线表示，并标出偶矩的值即可。图2-12所示是力偶的几种等效代换表示法。

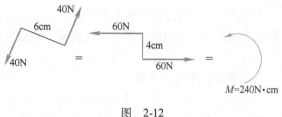

图　2-12

四、力线平移定理

由力的可传性原理知，作用于物体上的力可沿其作用线在物体内移动，而不改变其对物体的外效应。现在的问题是，能否在不改变作用外效应的前提下，将力平行移动到物体的任意点呢？

图2-13描述了力向作用线外任一点的平行移动的过程。欲将作用于物体上 A 点的力 F 平行移动到物体内任一点 O，可在 O 点加上一对平衡力 F'、F''，并使 $F' = F'' = F$。F 和 F'' 为一等值、反向、不共线的平行力，组成了一个力偶，称为**附加力偶**，其力偶矩为

$$M(F, F'') = \pm Fd = M_O(F)$$

此式表示，附加力偶矩等于原力 F 对平移点 O 的力矩。于是作用于平移点的平移力 F' 和附加力偶 M 的共同作用就与作用于 A 点的力 F 等效。

由此可以得出：**作用于物体上的力，可平移到物体上的任一点，但必须附加一力偶，其附加力偶矩等于原力对平移点的力矩。**此即为力线平移定理。

如图2-14所示，钳工用绞杠丝锥攻螺纹时，如果用单手操作，则在绞杠手柄上作用力 F。将力 F 平移到绞杠中心时，必须附加一力偶 M 才能使绞杠转动。平移后的 F' 会使丝锥杆变形甚至折断。如果用双手操作，两手的作用力若保持等值、反向和平行，则平移到绞杠中心上的两平移力相互抵消，绞杠只产生转动。所以，用绞杠丝锥攻螺纹时，要求双手操作且均匀用力。

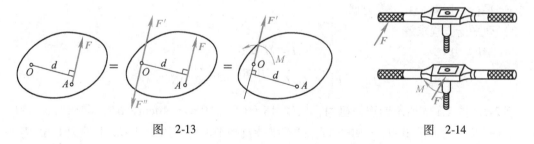

图　2-13　　　　　　　　　　图　2-14

第四节　平面力偶系的合成与平衡

作用于物体上同一平面内的若干个力偶，称为**平面力偶系**。

一、平面力偶系的合成

从前述力偶的性质可知，力偶对物体只产生转动效应，且转动效应的大小完全取决于力偶矩的大小和转向。当物体内某一平面内受若干个力偶共同作用时，也只能使物体产生转动效

应。可以证明，其力偶系对物体的转动效应的大小等于各力偶转动效应的总和，即**平面力偶系总可以合成为一个合力偶，其合力偶矩等于各分力偶矩的代数和**。合力偶矩用 M_R 表示为

$$M_R = M_1 + M_2 + \cdots + M_n = \sum M \tag{2-10}$$

二、平面力偶系的平衡

要使平面力偶系平衡，其合力偶矩必等于零。由此可知，平面力偶系平衡的必要与充分条件是：**力偶系中各分力偶矩的代数和等于零**，即

$$\sum M = 0 \tag{2-11}$$

例 2-7 图 2-15 所示多孔钻床在气缸盖上钻四个直径相同的圆孔，每个钻头作用于工件的切削力构成一个力偶，且各力偶矩的大小 $M_1 = M_2 = M_3 = M_4 = 15 \text{N} \cdot \text{m}$，转向如图所示。试求钻床作用于气缸盖上的合力偶矩 M_R。

解 取气缸盖为研究对象，作用于其上的各力偶矩大小相等、转向相同且在同一平面内，因此合力偶矩为

$$M_R = M_1 + M_2 + M_3 + M_4 = (-15) \times 4 \text{N} \cdot \text{m} = -60 \text{N} \cdot \text{m}$$

例 2-8 图 2-16a 所示梁 AB 上作用一力偶，其力偶矩 $M = 100 \text{N} \cdot \text{m}$，梁长 $l = 5 \text{m}$，不计梁的自重，求 A、B 两支座的约束力。

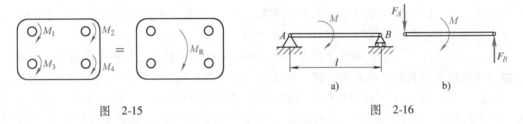

图 2-15　　　　　　　　图 2-16

解 1）取梁 AB 为研究对象，分析并画受力图（图 2-16b）。

梁 AB 的 B 端为活动铰支座，约束力沿支承面公法线指向受力物体。由力偶性质知，力偶只能与力偶平衡，因此 $\boldsymbol{F}_B$ 必和 A 端约束力 $\boldsymbol{F}_A$ 组成一力偶与 M 平衡，所以 A 端约束力 $\boldsymbol{F}_A$ 必与 $\boldsymbol{F}_B$ 平行、反向，并组成力偶。

2）列平衡方程求解

$$\sum M = 0 \qquad\qquad F_B l - M = 0$$

$$F_A = F_B = M/l = \frac{100 \text{N} \cdot \text{m}}{5 \text{m}} = 20 \text{N}$$

例 2-9 图 2-17a 所示四连杆机构，已知 $AB /\!/ CD$，$AB = l = 40 \text{cm}$，$BC = 60 \text{cm}$，$\alpha = 30°$，作用于杆 AB 上的力偶矩 $M_1 = 60 \text{N} \cdot \text{m}$，试求维持机构平衡时作用于杆 CD 上的力偶矩 M_2 应为多少。

解 1）受力分析。杆件 BC 两端铰链连接，不计自重，是二力杆。

2）分别取杆 AB、CD 为研究对象，取分离体画受力图（图 2-17b、c）。杆 AB、CD 作用力偶，只能用力偶平衡。分别列平衡方程得

对杆 AB　$\sum M_A = 0$　　　　$F_{BC} \cos 30° \cdot l - M_1 = 0$

$$F_{BC} \cos 30° = M_1/l = 60 \text{N}/0.4 = 150 \text{N}$$

对杆 CD　$\sum M_D = 0$　　　　$-F_{BC} \cos 30° \cdot CD + M_2 = 0$

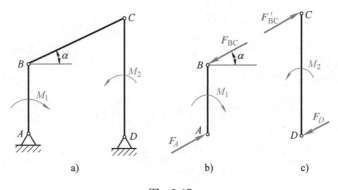

图　2-17

$$M_2 = F_{BC}\cos30° \cdot CD = 150 \times 0.7\text{N} \cdot \text{m} = 105\text{N} \cdot \text{m}$$

阅读与理解

一、用节点法求解简单平面桁架

由若干个杆件彼此在两端连接而组成的结构称为**桁架**。各杆件处于同一平面内的桁架称为**平面桁架**。桁架中各杆件彼此连接的地方称为桁架的**节点**。工程实际中的屋架、铁架桥梁、输变电铁塔、高层建筑的框架等，都是桁架结构的工程实例。

为了简化桁架的受力分析和计算，工程中采用以下假设：

1）**各杆件的自重不计，载荷作用于节点上。**

2）**各杆件两端为光滑铰链连接。**

这些假设为平面静定桁架建立了理想化的力学模型，保证了桁架中各杆件为二力杆，且各杆件受力沿杆轴线方向。在工程实际中，尽管一般桁架结构采用铆接或焊接等，但依据上述假设建立的力学模型所得出的计算结果，可基本满足工程实际的需要。

桁架中各杆件受力的计算方法，有节点法和截面法。这里只对节点法作以简介。

由于桁架的载荷作用于节点，桁架中杆件受力也作用于节点，故桁架各节点承受平面汇交力系作用而处于平衡。可以逐个取节点为研究对象，解出各杆的受力。这种方法称为**节点法**。因平面汇交力系只有两个独立平衡方程，所以求解时应从只有两个未知力的节点开始。解题中，各杆的受力均假定为拉力状态，即其指向背离节点，求得的力为正值，表明杆件受拉，反之为受压。

例 2-10　已知图 2-18 所示平面桁架的载荷 $G = 10\text{kN}$，$\alpha = 30°$，试求各杆件所受的力。

解　1）分别取各节点为研究对象，画其受力图，并建立相应的坐标系（图 2-18b）。

2）逐个取节点，列平衡方程求解。

对 A 点　$\sum F_y = 0$　　　　　　　　$F_1\sin30° - G = 0$

$$F_1 = G/\sin30° = 2G = 20\text{kN}$$

$\sum F_x = 0$　　　　　　　　$-F_1\cos30° - F_2 = 0$

$$F_2 = -F_1\cos30° = -20 \times \frac{\sqrt{3}}{2}\text{kN} = -17.3\text{kN}$$

对 B 点　$\sum F_x = 0$　　　　　　　　$F_2' - F_6 = 0$

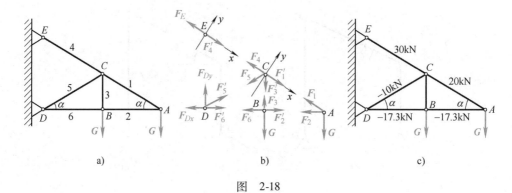

图 2-18

$$F_6 = F_2' = -17.3\text{kN}$$

$$\sum F_y = 0 \qquad F_3 - G = 0$$

$$F_3 = G = 10\text{kN}$$

对 C 点 $\quad \sum F_y = 0 \qquad -F_5\cos30° - F_3'\cos30° = 0$

$$F_5 = -F_3' = -10\text{kN}$$

$$\sum F_x = 0 \qquad F_1' - F_4 + F_3'\cos60° - F_5\cos60° = 0$$

$$F_4 = \left[20 + 10\cos60° - (-10)\cos60°\right]\text{kN} = 30\text{kN}$$

最后，可取图 2-18c 的形式来表示计算结果。

二、关于力学基本要素的一元论与二元论

在力学的研究中，随着人们对于力和力偶认识的不断深入，关于力学基本要素的学术争论也随之出现。争论的焦点围绕着力系构成的最基本要素而展开，曾经出现过一元论和二元论之说。

一元论的基本观点认为：把物体间的相互作用抽象为有大小、方向和作用点的作用力，物体产生的一切机械运动，都是由力引起的。力是力学研究中最基本且惟一的要素。力不仅可以使物体产生移动效应，同时还能使物体产生转动效应。尽管力偶有其独特的性质，但只能使物体产生转动效应，也属于力对物体产生效应的范畴之内。力偶仅是由两个力构成的一种特殊的力系。

二元论的基本观点认为：物体所作的任何运动，都可以看成是一个移动和一个转动的合成。一个力对物体有移动和转动两种效应；而一个力偶对物体只有转动效应，没有移动效应。可见力偶对物体的效应与一个力对物体的效应是不相同的。力偶无合力且在坐标轴上的投影为零，力与力偶不能相互替代，也不能相互平衡。因此，力和力偶是力学研究中两种彼此相互独立的最基本要素。

一元论与二元论的学术之争，推动和发展了力学的基本概念和基本理论。随着力学基本理论体系的发展和完善，力和力偶作为力学的两个基本要素的观点逐步被人们所接受。

三、力矩是力偶矩的替代运算

力矩是力对物体产生转动效应的量度。力偶矩是力偶对物体产生转动效应的量度。那么力矩的转动效应与力偶矩转动效应有什么区别与联系呢？

由力线平移定理可知，作用于物体平面任意点的力，向其作用线外任一点平移，得到一个平移力和一个附加力偶，附加力偶矩等于原力对平移点的力矩。可以设想，力对其作用平面上任意点的力矩，也就是将力向平面任意点平移后的附加力偶矩。因此，力矩的大小与矩心的位置有关，而力偶对平面任意点的转动效应等于其力偶矩，与矩心的位置无关。

对于不受固定约束作用的自由物体来说，若力的作用线不通过物体的质心，将会使物体的质心产生移动并绕质心转动。力线平移定理提供了分析这一规律的途径。如图 2-19a 所示，用球拍击打乒乓球，若击打力 F 的作用线偏离球体质心 C，可将 F 力向球体质心平移，得到一平移力 F' 和一附加力偶 M，平移力 F' 和重力 G 使球质心作抛物线运动，附加力偶 M 使球体绕其质心产生了旋转运动。其中平移力 $F' = F$，附加力偶矩 $M = Fd = M_C(F)$，式中下标 C 表示质心。

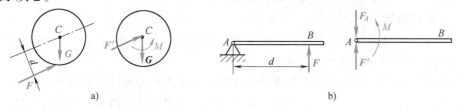

图 2-19

对于有固定转动中心的约束物体来说，若力作用线不通过转动中心，物体会产生转动。图 2-19b 所示为门在垂直于轴线平面的投影简图。门轴一端 A 为固定铰链约束，作用 F 力后，门将绕轴转动。将力 F 向门轴 A 端平移，得到一平移力 $F' = F$ 和一附加力偶 $M = Fd = M_A(F)$，平移力 F' 与约束力 F_A 平衡抵消，附加力偶矩 M 使门产生转动。

还可以这样分析门的转动，不作用力时，A 端铰链在该平面内无约束力。作用主动力 F 后，A 端铰链将产生与主动力大小相等、方向相反、作用线平行的反作用力 F_A，并和主动力构成力偶 M，其力偶矩 $M(F, F_A) = Fd$，使门产生了转动。一般用力矩 $M_A(F) = Fd$ 来替代力偶矩的计算。

由此可知，应用力线平移定理所附加的力偶就是主动力与约束力构成的力偶。以上分析表明：一个力能使物体产生移动和转动两种效应。物体的转动效应实质上都是由力偶引起的，力矩仅是力偶矩的替代运算。

小 结

一、力的投影和分解

（1）力的投影 沿力 F 的两端向坐标轴作垂线，垂足 a、b 在轴上截下的线段 ab 就称为**力在坐标轴上的投影**，记作 F_x。投影是代数量，有正负之分。

（2）力的正交分解 过力 F 的两端作坐标轴的平行线，平行线相交点构成的矩形的两边，是力 F 沿坐标轴的两个正交分力，记作 F_x 和 F_y，正交分力的大小等于力在同轴上投影的绝对值

$$|F_x| = F\cos\alpha = |F_x| , \quad |F_y| = F\sin\alpha = |F_y|$$

必须指出，分力是力矢量，而投影是代数量；当分力的指向与坐标轴同向时，投影为正，反之为负。

（3）合力投影定理 合力在某一轴上的投影等于各分力在同轴上投影的代数和。

二、平面汇交力系的合成与平衡

（1）合成 平面汇交力系总可以合成为一个合力。其合力 F_R 的大小和方向分别为

$$F_R = \sqrt{(\Sigma F_x)^2 + (\Sigma F_y)^2}, \quad \tan\alpha = \left| \frac{\Sigma F_y}{\Sigma F_x} \right|$$

（2）平衡方程 平面汇交力系平衡的必要与充分条件是力系的合力为零。也就是，力系中各分力在坐标轴上投影的代数和为零。

$$\left. \begin{aligned} \Sigma F_x = 0 \\ \Sigma F_y = 0 \end{aligned} \right\}$$

这是一组两个独立的平衡方程，只能求解出两个未知量。应用平衡方程解题时，坐标轴应尽量选在与未知力垂直的方向上，这样能使计算简便。

三、力矩和力偶

（1）力矩 力使物体产生转动效应的量度称为力矩。力使物体绕 O 点的转动效应取决于力 F 的大小与力臂 d 的乘积及转向。

（2）合力矩定理 力系合力对某点的力矩等于力系各分力对同点力矩的代数和。

（3）力偶及其性质 一对大小相等、方向相反、作用线平行的两个力称为力偶。力偶矩的大小、转向和作用平面称为力偶的三要素。

1）力偶无合力，在坐标轴上的投影之和为零。力偶不能与一个力等效，也不能用一个力来平衡，力偶只能用力偶来平衡。

2）力偶对其作用平面内任一点的力矩，恒等于其力偶矩，而与矩心的位置无关。

3）力偶可在其作用平面内任意搬移，而不改变它对物体的转动外效应。

4）只要保持力偶矩的大小和力偶的转向不变，可以同时改变力偶中力的大小和力臂的长短，而不会改变力偶对物体的转动外效应。

（4）力线平移定理 作用于物体上的力，可平移到物体上的任一点，但必须附加一力偶，其附加力偶矩等于原力对平移点的力矩。此即为力线平移定理。

四、平面力偶系的合成与平衡

平面力偶系总可以合成为一个合力偶，其合力偶矩等于各分力偶矩的代数和。

平面力偶系平衡的必要与充分条件是：力偶系中各分力偶矩的代数和等于零。

思 考 题

2-1 图 2-20 所示力 F 相对于两个不同的坐标系，试分析力 F 在此两个坐标系中的投影有什么不同，分力有什么不同。

2-2 图 2-21 所示两物体平面分别作用一汇交力系，且各力都不等于零，图 2-21a 中的 F_1 与 F_2 共线。试判断两个力系能否平衡。

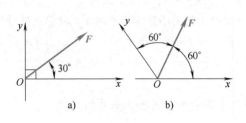

图 2-20

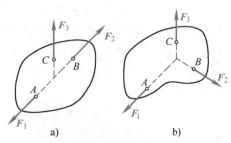

图 2-21

2-3 如图 2-22 所示，用三种方式悬挂重为 G 的日光灯，悬挂点 A、B 与重心左右对称，若吊灯绳不计自重，试回答：_____图是平面汇交力系；_____图的吊绳受到的拉力最大；_____图的吊绳受到的拉力最小。

2-4 如图 2-23 所示，能否将作用于 AB 杆上的力偶搬移到 BC 杆上？为什么？

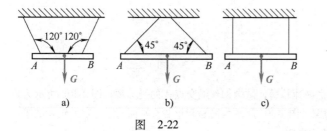

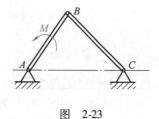

图 2-22

图 2-23

2-5 图 2-24 所示起吊机鼓轮受力偶 M 和 F 力作用处于平衡，轮的状态表明_____。

    A. 力偶只能用力偶来平衡　　　　B. 力偶可以用一个力平衡

    C. 力偶可用力对某点的力矩平衡　　D. 一定条件下，力偶可用一个力平衡

2-6 图 2-25 为圆轮受力的两种情况，试分析这两种受力情况对圆轮的作用效果是否相同，为什么？

图 2-24

图 2-25

习　题

2-1 图 2-26 所示三力共拉一碾子，已知 $F_1 = 2\text{kN}$，$F_2 = 2\sqrt{3}\text{kN}$，$F_3 = 3\text{kN}$，试求此力系合力的大小和方向。

2-2 图 2-27 所示铆接薄钢板在孔 A、B、C 三点受力作用，已知 $F_1 = 200\text{N}$，$F_2 = 100\text{N}$，$F_3 = 100\text{N}$。试求此汇交力系的合力。

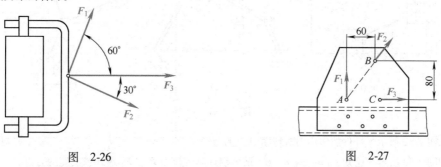

图 2-26

图 2-27

2-3 画图 2-28 所示各支架中 A 销的受力图，并求各支架中 AB、AC 杆件所受的力。

2-4 图 2-29 所示圆柱形工件放在 V 形槽内，已知压板的夹紧力 $F = 400\text{N}$，试求圆柱形工件对 V 形槽的压力。

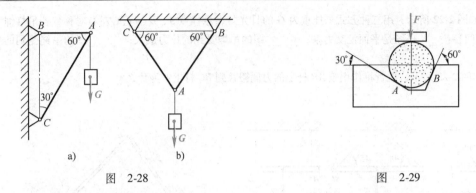

图 2-28   图 2-29

2-5 图 2-30a 所示为起重机吊起重为 G 的减速箱盖，试画钢丝绳交点 A 的受力图；图 2-30b 所示为拔桩机的平面简图，画钢丝绳交点 B、D 的受力图；图 2-30c 所示为简易起重装置平面简图，定滑轮 A 的半径较小，其尺寸可忽略不计，试画结构中 A 铰的受力图。

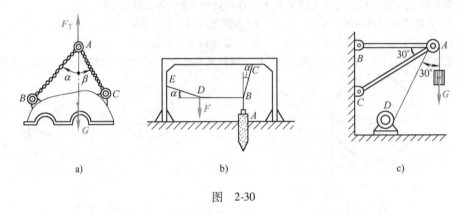

图 2-30

2-6 指出图 2-31 所示各结构中的二力构件，并分别画图 2-31a 夹具装置中的 A 滑块、B 滑块，图 2-31b 连杆机构中的 B 铰链、C 铰链，图 2-31c 夹具机构中的 C 铰链、B 轮的受力图。

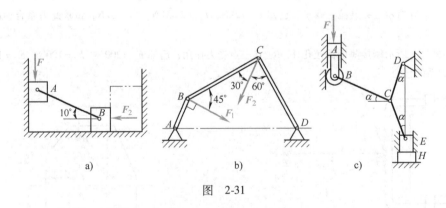

图 2-31

2-7 求图 2-32 所示各杆件的作用力对杆端 O 点的力矩。

2-8 如图 2-33 所示，已知 r、a、b、α、β，试分别计算带拉力 F_1、F_2 对 A 铰支座的力矩。

2-9 如图 2-34 所示，用铣床铣一底盘平面，设铣刀端面有八个刀刃，每个刀刃的切削力 $F = 400$N，且作用于刀刃的中点，刀盘外径 $D = 160$mm，内径 $d = 80$mm，底盘用两螺栓 A、B 卡在工作台上，$AB = l = 560$mm，试求 A、B 两螺栓所受的力。

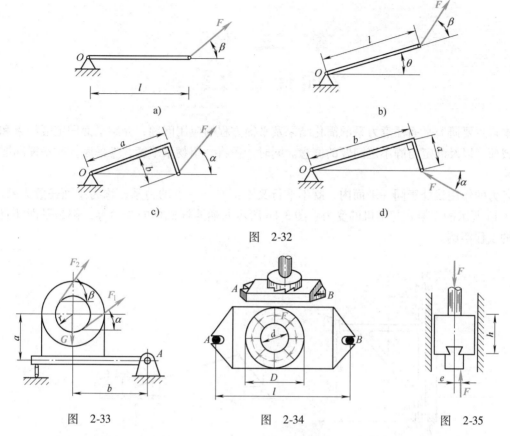

图 2-32

图 2-33　　　　图 2-34　　　　图 2-35

2-10 如图 2-35 所示，由于锻锤受到工件的反作用力有偏心，则会使锻锤发生偏斜。这将在导轨上产生很大的压力，从而加速导轨的磨损并影响锻件的精度。已知锻打力 $F=100\text{kN}$，偏心距 $e=2\text{cm}$，锻锤高度 $h=20\text{mm}$。试求锻锤偏斜对导轨两侧的压力。

2-11 指出图 2-36 所示各结构中的二力杆，并分别画出图 2-36a 中 AB 杆，图 2-36b 中 OA 杆、O_1B 杆，图 2-36c 中 B 滑块、曲柄 OA 的受力图。

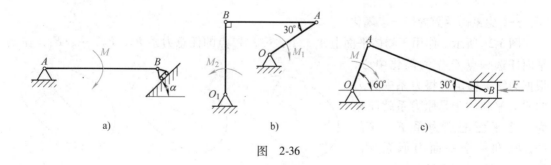

图 2-36

第三章
平面任意力系

本章主要研究平面任意力系的简化结果及平衡方程的应用问题，介绍平面固定端约束和均布载荷，以及静定与静不定问题的概念。同时，还将介绍物系平衡，考虑摩擦时平衡问题的解法。

各力的作用线处于同一平面内，既不平行又不汇交于一点的力系，称为**平面任意力系**。如图 3-1a 所示的支架式起吊机的受力，图 3-1b 所示曲柄连杆机构的受力等，都是平面任意力系的工程实例。

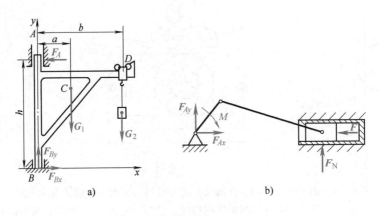

图　3-1

第一节　平面任意力系的简化

一、力系向平面内任一点简化

图 3-2a 所示，作用于物体平面上 A_1，A_2，…，A_n 点的任意力系 F_1，F_2，…，F_n，在该平面任选一点 O 作为**简化中心**，根据力线平移定理将力系中各力向 O 点平移，于是原力系就简化为一个平面汇交力系 F_1'，F_2'，…，F_n' 和一个平面力偶系 M_1，M_2，…，M_n（图 3-2b）。

1. 力系的主矢 F_R'

平移力 F_1'，F_2'，…，F_n' 组成

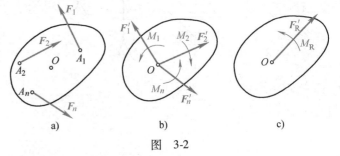

图　3-2

的平面汇交力系的合力 F_R，称为**平面任意力系的主矢**。由平面汇交力系合成可知，主矢 F_R' 等于各分力的矢量和，作用在简化中心上（图 3-2c）。主矢 F_R' 的大小和方向为

$$F_R' = \sqrt{(\Sigma F_x')^2 + (\Sigma F_y')^2} = \sqrt{(\Sigma F_x)^2 + (\Sigma F_y)^2}$$

$$\tan\alpha = \left| \frac{\Sigma F_y}{\Sigma F_x} \right|$$
(3-1)

2. 力系的主矩 M_R

附加力偶 M_1，M_2，…，M_n 组成的平面力偶系的合力偶矩 M_R，称为**平面任意力系的主矩**。由平面力偶系的合成可知，主矩等于各附加力偶矩的代数和。由于每一附加力偶矩等于原力对简化中心的力矩，所以主矩等于各分力对简化中心力矩的代数和，作用在力系所在的平面上（图 3-2c），即

$$M_R = \Sigma M = \Sigma M_O(\boldsymbol{F})$$
(3-2)

综上所述，**平面任意力系向平面内任一点简化，得到一主矢 F_R' 和一主矩 M_R，主矢的大小等于原力系中各分力投影代数和的平方和再开方，作用在简化中心上，其大小和方向与简化中心的选取无关。主矩等于原力系各分力对简化中心力矩的代数和，其值一般与简化中心的选取有关。**

二、简化结果的讨论

平面任意力系向平面内任一点简化，得到一主矢和一主矩，但这并不是力系简化的最终结果，因此有必要对主矢和主矩予以讨论。

（1）$F_R' \neq 0$，$M_R \neq 0$ 由力线平移定理的逆过程可推知，主矢 F_R' 和主矩 M_R 也可以合成为一个力 F_R，这个力就是**任意力系的合力**。所以，力系简化的最终结果是力系的合力 F_R，且大小和方向与主矢 F_R' 相同，其作用线与主矢 F_R' 的作用线平行，并且二者距离 $d = M_R/F_R'$。

（2）$F_R' \neq 0$，$M_R = 0$ 此时，力系的简化中心正好选在了力系合力 F_R 的作用线上，主矩等于零，则主矢 F_R' 就是力系的合力 F_R，作用线通过简化中心。

（3）$F_R' = 0$，$M_R \neq 0$ 此时，表明力系与一个力偶系等效，原力系为一平面力偶系，在这种情况下，主矩的大小与简化中心的选取无关。

（4）$F_R' = 0$，$M_R = 0$ 表明原力系简化后得到的汇交力系和力偶系均处于平衡状态，所以原力系为平衡力系。

例 3-1 图 3-3 所示的正方形平面板的边长为 $4a$，其上 A、O、B、C 点作用力分别为：$F_1 = F$，$F_2 = 2\sqrt{2}F$，$F_3 = 2F$，$F_4 = 3F$。求作用于板上该力系的合力 F_R。

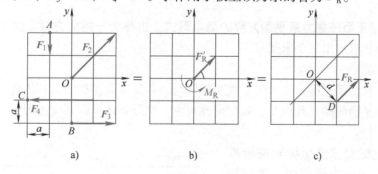

图 3-3

解 1）选 O 点为简化中心，建立图 3-3a 所示坐标系，求力系的主矢和主矩。

$$\Sigma F_x = F_{1x} + F_{2x} + F_{3x} + F_{4x} = 0 + 2F + 2F - 3F = F$$

$$\Sigma F_y = F_{1y} + F_{2y} + F_{3y} + F_{4y} = -F + 2F + 0 + 0 = F$$

主矢的大小

$$F_R' = \sqrt{(\Sigma F_x)^2 + (\Sigma F_y)^2} = \sqrt{F^2 + F^2} = \sqrt{2}F$$

主矢的方向

$$\tan\alpha = \left|\frac{\Sigma F_y}{\Sigma F_x}\right| = \frac{F}{F} = 1, \quad \alpha = 45°$$

主矩的大小

$$M_R = \Sigma M_O(\boldsymbol{F}) = F_1 a + F_3 \times 2a - F_4 a = Fa + 4Fa - 3Fa = 2Fa$$

主矩的转向沿逆时针方向。

力系向 O 点简化的结果如图 3-3b 所示。

2）由于 $F_R' \neq 0$，所以力系可合成一合力 F_R，即

$$F_R = F_R' = \sqrt{2}F$$

合力 F_R 的作用线到 O 点的距离 d 为

$$d = M_R/F_R' = 2Fa/(\sqrt{2}F) = \sqrt{2}a$$

如图 3-3c 所示，力的合力 F_R 的作用线通过 D 点。

第二节　平面任意力系的平衡方程及其应用

一、平衡条件和平衡方程

由上节的讨论可知，当平面任意力系简化的主矢和主矩均为零时，则力系处于平衡。同理，若力系是平衡力系，则该力系向平面任一点简化的主矢和主矩必然为零。因此，平面任意力系平衡的必要与充分条件为：$F_R' = 0$，$M_R = 0$，即

$$F_R' = \sqrt{(\Sigma F_x)^2 + (\Sigma F_y)^2} = 0, \quad M_R = \Sigma M_O(\boldsymbol{F}) = 0$$

由此可得，平面任意力系的平衡方程为

$$\left.\begin{array}{l} \Sigma F_x = 0 \\ \Sigma F_y = 0 \\ \Sigma M_O(\boldsymbol{F}) = 0 \end{array}\right\} \tag{3-3}$$

式（3-3）是**平面任意力系平衡方程的基本形式**，也称为**一矩式方程**。这是一组三个独立的方程，故只能求解出三个未知量。

二、平衡方程的应用

应用平面任意力系平衡方程求解工程实际问题，首先要为工程结构和构件选择合适的简化平面，画出其平面简图；其次是，确定研究对象，取分离体，画其受力图；然后，列平衡方程求解。

列平衡方程时要注意坐标轴的选取和矩心的选择。为使求解简便，坐标轴一般选在与未知力垂直的方向上，矩心可选在未知力作用点（或交点）上。

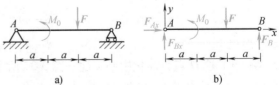

图 3-4

例 3-2　图 3-4a 所示简支梁 AB，已

知梁上作用集中力 F 和集中力偶 $M_0 = Fa$，试求梁 AB 的约束力。

解 1）选 AB 为研究对象，取分离体，画受力图（图 3-4b）。

2）建立坐标系 xAy，坐标轴与未知力垂直，矩心可选在未知力 F_{Ax}、F_{Ay} 的交点 A 上，列平衡方程解得

$$\Sigma M_A(F) = 0 \qquad F_B \times 3a - F \times 2a + M_0 = 0$$

$$F_B = \frac{2Fa - Fa}{3a} = \frac{F}{3}$$

$$\Sigma F_x = 0 \qquad F_{Ax} = 0$$

$$\Sigma F_y = 0 \qquad F_{Ay} + F_B - F = 0$$

$$F_{Ay} = -F_B + F = \frac{2F}{3}$$

例3-3 图 3-5a 所示为简易起吊机的平面力学简图。已知横梁 AB 的自重 $G_1 = 4\text{kN}$，起吊重量 $G_2 = 20\text{kN}$，AB 的长度 $l = 2\text{m}$，电葫芦距 A 端距离 $x = 1.5\text{m}$，斜拉杆 CD 的倾角 $\alpha = 30°$。试求 CD 杆的拉力和 A 端固定铰支座的约束力。

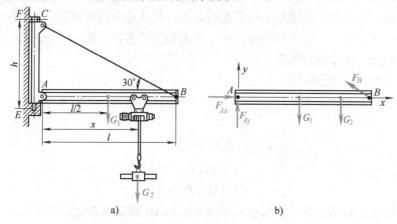

图 3-5

解 1）以横梁 AB 为研究对象，取分离体，画受力图（图 3-5b）。

2）将 A 端约束力正交分解，坐标轴选在 A 端约束力的方向上（图 3-5b），矩心选在 A 端约束力的交点上，列平衡方程求解得

$$\Sigma M_A(F) = 0 \qquad F_B \sin 30° \, l - G_2 x - G_1 \frac{l}{2} = 0$$

$$F_B = \frac{2G_2 x}{l} + G_1 = 34\text{kN}$$

$$\Sigma F_x = 0 \qquad F_{Ax} - F_B \cos 30° = 0$$

$$F_{Ax} = F_B \cos 30° = 29.44\text{kN}$$

$$\Sigma F_y = 0 \qquad F_{Ay} - G_1 - G_2 + F_B \sin 30° = 0$$

$$F_{Ay} = G_1 + G_2 - F_B \sin 30° = 7\text{kN}$$

例3-4 图 3-6a 所示为高炉加料小车的平面简图。小车由钢索牵引沿倾角为 α 的轨道匀速上升，已知小车的重量 G 和尺寸 a、b、h、α，不计小车和轨道之间的摩擦，试求钢索拉力 F_T 和轨道对小车的约束力。

解 1）以小车为研究对象，取分离体，画受力图（图3-6b）。

2）沿斜面方向建立坐标系 Cxy，坐标轴与未知力垂直。本例未知力无交点，矩心可选在未知力 $\boldsymbol{F}_A$ 或 $\boldsymbol{F}_B$ 的作用点上，列平衡方程解得

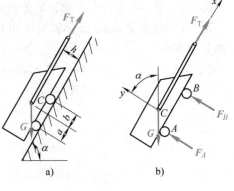

$$\sum F_x = 0 \qquad F_T - G\sin\alpha = 0$$

$$F_T = G\sin\alpha$$

$$\sum M_A(\boldsymbol{F}) = 0$$

$$F_B(a+b) - F_T h + G\sin\alpha \cdot h - G\cos\alpha \cdot a = 0$$

$$F_B = \frac{Ga\cos\alpha}{a+b}$$

$$\sum F_y = 0 \qquad F_A + F_B - G\cos\alpha = 0$$

$$F_A = G\cos\alpha - \frac{Ga\cos\alpha}{a+b} = \frac{Gb\cos\alpha}{a+b}$$

图 3-6

由以上例题可以看出，列平衡方程求平面力系平衡问题时，与列投影方程或力矩方程的先后次序无关。在选取了合适的坐标系和矩心后，要注意分析所要列出的投影方程或力矩方程中包含几个未知力。一般先列出包含有一个未知力的方程，解出一个未知力，从而避免了求解联立方程组，使求解过程简便。

三、平衡方程的其他形式

平面任意力系的平衡方程除了基本形式的一矩式方程外，还有其他两种形式。

1. 二矩式方程

$$\left.\begin{array}{l} \sum F_x = 0 \\ \sum M_A(\boldsymbol{F}) = 0 \\ \sum M_B(\boldsymbol{F}) = 0 \end{array}\right\} \tag{3-4}$$

应用二矩式方程时，所选坐标轴 x 不能与矩心 AB 的连线垂直。

2. 三矩式方程

$$\left.\begin{array}{l} \sum M_A(\boldsymbol{F}) = 0 \\ \sum M_B(\boldsymbol{F}) = 0 \\ \sum M_C(\boldsymbol{F}) = 0 \end{array}\right\} \tag{3-5}$$

应用三矩式方程时，所选矩心 A、B、C 三点不能在同一条直线上。

例如，图3-5b所示的简易起吊机横梁 AB 的受力图，应用三矩式方程选取 A、B、C 三点为矩心，列平衡方程求得

$$\sum M_A(\boldsymbol{F}) = 0 \qquad F_T\sin30° \, l - G_2 x - G_1 \frac{l}{2} = 0$$

$$F_T = \frac{2G_2 x}{l} + G_1 = 34\text{kN}$$

$$\sum M_B(\boldsymbol{F}) = 0 \qquad -F_{Ay} l + G_1 \frac{l}{2} + G_2(l-x) = 0$$

$$F_{Ay} = \frac{G_1}{2} + \frac{G_2(l-x)}{l} = 7\text{kN}$$

$$\sum M_C(\pmb{F}) = 0 \qquad F_{Ax}l\tan 30° - G_1\frac{l}{2} - G_2 x = 0$$

$$F_{Ax} = \frac{G_1 l/2 + G_2 x}{l\tan 30°} = 29.44\text{kN}$$

第三节　固定端约束和均布载荷

一、平面固定端约束

在第一章介绍了常见的三类基本约束模型，工程中还有一类常见的基本约束模型。如图3-7a 所示的外伸阳台插入墙体部分受到的限制作用、车刀固定于刀架部分受到的限制作用（图3-7b）、电线杆埋入地下部分受到的限制作用（图3-7c），以及立柱牢固地浇铸进基础部分受到的限制作用等，这些限制作用的共同点是构件一端被固定，既不允许构件固定端的随意移动，又不允许构件绕其固定端随意转动。将这些工程实例简化的平面力学模型，称为**平面固定端约束**，图3-7d 所示。

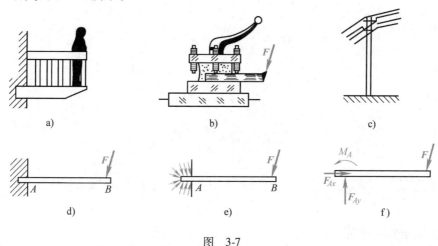

图　3-7

平面固定端约束的约束力比较复杂，若把这些约束力组成的平面任意力系（图3-7e）向固定端 A 简化，得到一主矢 $\pmb{F}_A$ 和一主矩 M_A。一般情况下，$\pmb{F}_A$ 的方向是未知的，常用两个正交分力 $\pmb{F}_{Ax}$、$\pmb{F}_{Ay}$ 表示。因此，平面固定端约束就有两个约束力 $\pmb{F}_{Ax}$、$\pmb{F}_{Ay}$ 和一个约束力偶矩 M_A（图3-7f）。$\pmb{F}_{Ax}$、$\pmb{F}_{Ay}$ 限制了构件 A 端的随意移动，而约束力偶矩 M_A 则限制了构件 A 端的随意转动。

二、均布载荷

载荷集度为常量的分布载荷，称为**均布载荷**。这里只讨论在构件某一段长度上均匀分布的载荷。其载荷集度 q 是每单位长度上作用力的大小，其单位是 N/m。均布载荷的简化结果为一合力，常用 F_R 表示。合力 $\pmb{F}_R$ 的大小等于均布载荷集度 q 与其分布长度 l 的乘积，即 $F_R = ql$。合力 $\pmb{F}_R$ 的作用点在其分布长度的中点上，方向与 q 方向一致。

由合力矩定理可知，均布载荷对平面上任意点 O 的力矩等于均布载荷的合力 $\pmb{F}_R$ 与矩心 O 到合力作用线距离 x 的乘积，即 $M_O(\pmb{F}_R) = qlx$。

例3-5　图 3-8a 所示为悬臂梁的平面力学简图。已知梁长为 l，CB 段作用均布载荷 q，

在 C 点作用集中力 $F = ql$，B 端作用力偶 $M_0 = ql^2$，求梁固定端 A 的约束力。

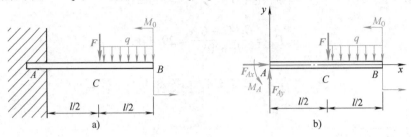

图 3-8

解 1）取梁 AB 为研究对象，画受力图（图3-8b）。A 端为固定端约束，有两约束力 F_{Ax}、F_{Ay} 和一约束力偶矩 M_A。

2）建立坐标 Axy，列平衡方程

$\sum M_A(F) = 0$

$$M_A + M_0 - F \times \frac{l}{2} - \frac{ql}{2} \times \frac{3l}{2} = 0$$

$$M_A = \frac{ql^2}{2} + \frac{3ql^2}{4} - ql^2 = \frac{ql^2}{4}$$

$\sum F_x = 0 \qquad\qquad F_{Ax} = 0$

$\sum F_y = 0 \qquad\qquad F_{Ay} - F - \frac{ql}{2} = 0$

$$F_{Ay} = ql + \frac{ql}{2} = \frac{3ql}{2}$$

第四节　静定与静不定问题的概念　物体系统的平衡问题

一、静定与静不定问题的概念

由前述平面任意力系的平衡可知，若构件在平面任意力系作用下处于平衡，则无论采用何种形式的平衡方程，都只有三个独立的方程，解出三个未知量。而平面汇交力系和平行力系只有二个独立的方程，平面力偶系只有一个独立的方程。

强调每种力系独立平衡方程的数目，对解题是很重要的。当力系中未知量的数目少于或等于独立平衡方程数目时，则全部未知量可由独立平衡方程解出，这类问题称为**静定问题**；当力系中未知量的数目多于独立平衡方程数目时，则全部未知量不能完全由独立平衡方程解出，这类问题称为**静不定问题**。

用静力学平衡方程求解构件的平衡问题，应先判断问题是否静定，这样至少可以避免盲目求解。对于静不定问题的解法，将在第五章予以讨论。

二、物体系统的平衡问题

工程机械和结构都是由若干个构件通过一定约束连接组成的系统，称为**物体系统**，简称为**物系**。求解物系的平衡问题时，不仅要考虑系统以外物体对系统的作用力，同时还要分析系统内部各构件之间的作用力。系统外物体对系统的作用力，称为**物系外力**；系统内部各构件之间的相互作用力，称为**物系内力**。物系外力与物系内力是个相对的概念，当研究整个物系平衡时，由于内力总是成对出现、相互抵消，因此可以不予考虑。当研究系统中某一构件或部分构件的平衡时，系统中其他构件对它们的作用力就成为这一构件或这部分构件的外力，必须予以考虑。

若整个物系处于平衡，那么组成物系的各个构件也处于平衡。因此在求解时，既可以选整个系统为研究对象，也可以选单个构件或部分构件为研究对象。对于所选的每一种研究对象，一般情况下（平面任意力系）可列出三个独立的平衡方程。分别取物系中 n 个构件为研究对象，最多可列 $3n$ 个独立的平衡方程，解出 $3n$ 个未知量。若所取研究对象中有平面汇交力系（或平行力系、力偶系）时，独立平衡方程的数目将相应地减少。现举例说明物系平衡问题的解法。

例 3-6 图 3-9a 所示为三铰拱桥平面力学简图。已知在其上作用均布载荷 q，跨长为 $2l$，跨高为 h。试分别求固定铰支座 A、B 的约束力和 C 铰所受的力。

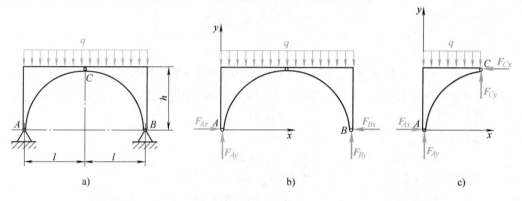

图 3-9

解 1）取三铰拱整体为研究对象，画其受力图（图 3-9b）。列平衡方程

$$\sum M_A(\boldsymbol{F}) = 0 \qquad F_{By} \times 2l - 2ql \cdot l = 0$$
$$F_{By} = ql$$

$$\sum M_B(\boldsymbol{F}) = 0 \qquad -F_{Ay} \times 2l + 2ql \cdot l = 0$$
$$F_{Ay} = ql$$

$$\sum F_x = 0 \qquad F_{Ax} - F_{Bx} = 0$$
$$F_{Ax} = F_{Bx}$$

2）取左半拱 AC 为研究对象，画受力图（图 3-9c），建立坐标系，列平衡方程

$$\sum M_C(\boldsymbol{F}) = 0 \qquad F_{Ax}h - F_{Ay}l + ql\frac{l}{2} = 0$$

$$F_{Ax} = F_{Bx} = \frac{ql^2}{2h}$$

$$\sum F_x = 0 \qquad -F_{Cx} + F_{Ax} = 0$$

$$F_{Cx} = F_{Ax} = \frac{ql^2}{2h}$$

$$\sum F_y = 0 \qquad F_{Cy} + F_{Ay} - ql = 0$$
$$F_{Cy} = -F_{Ay} + ql = 0$$

例 3-7 图 3-10a 所示为一静定组合梁的平面力学简图，由杆 AB 和杆 BC 用中间铰 B 连

接，A 端为活动铰支座约束，C 端为固定端约束。已知梁上作用均布载荷 $q = 15\text{kN/m}$，力偶 $M = 20\text{kN} \cdot \text{m}$，求 A、C 端的约束力和 B 铰所受的力。

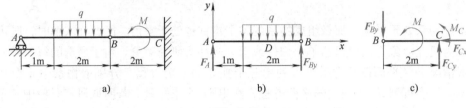

图 3-10

解 1）取杆 AB 为研究对象，AB 上作用均布载荷 q，按平行力系画受力图（图 3-10b），即 B 铰的约束力方向确定，与 F_A 和 q 平行。建立坐标系，列平衡方程

$$\sum M_A(F) = 0 \qquad\qquad 3F_{By} - 2q \times 2\text{m} = 0$$

$$F_{By} = \frac{4 \times 15}{3}\text{kN} = 20\text{kN}$$

$$\sum F_y = 0 \qquad\qquad F_A + F_{By} - 2\text{m} \times q = 0$$

$$F_A = -F_{By} + 2\text{m} \times q = (-20 + 30)\ \text{kN} = 10\text{kN}$$

2）取杆 BC 为研究对象，画受力图（图 3-10c），列平衡方程

$$\sum F_x = 0 \qquad\qquad F_{Cx} = 0$$

$$\sum F_y = 0 \qquad\qquad F_{Cy} - F_{By} = 0$$

$$F_{Cy} = F_{By} = 20\text{kN}$$

$$\sum M_C(F) = 0 \qquad\qquad M_C + 2F_{By} + M = 0$$

$$M_C = -2\text{m} \times F_{By} - M = (-2 \times 20 - 20)\ \text{kN} \cdot \text{m} = -60\text{kN} \cdot \text{m}$$

负号表示 C 端约束力偶矩的实际转向与图示相反。

第五节　摩擦的概念与考虑摩擦时构件的平衡问题

在前面研究物体平衡问题时，总是假定物体的接触面是完全光滑的，将摩擦忽略不计。实际上，完全光滑的接触面并不存在。工程中，当一些构件的接触面比较光滑且具有良好的润滑条件，摩擦很小不起主要作用时，为使问题简化可不计摩擦。但在许多工程问题中，摩擦对构件的平衡和运动起着主要作用，因此必须考虑。例如，制动器靠摩擦制动、带轮靠摩擦传递动力、车床卡盘靠摩擦夹固工件等，都是摩擦有用的一面。摩擦也有其有害的一面，它会带来阻力、消耗能量、加剧磨损、缩短机器寿命等。因此，研究摩擦是为了掌握摩擦的一般规律，利用其有用的一面，而限制或消除其有害的一面。

按物体接触面间发生的相对运动形式，摩擦可分为滑动摩擦和滚动摩擦；按两物体接触面是否存在相对运动，可分为静摩擦和动摩擦；按接触面间是否有润滑，分为干摩擦和湿摩擦。本节主要介绍静滑动摩擦及考虑摩擦时物体的平衡问题。

一、滑动摩擦的概念

两物体接触面间产生相对滑动或具有相对滑动趋势时，接触面间就存在阻碍物体相对滑动或相对滑动趋势的力，这种力称为**滑动摩擦力**。滑动摩擦力作用于接触面的公切面上，并与相对滑动或相对滑动趋势的方向相反。

只有滑动趋势而无相对滑动时的摩擦，称为**静滑动摩擦**，简称**静摩擦**；接触面间产生了相对滑动时的摩擦，称为**动滑动摩擦**，简称**动摩擦**。

1. 静滑动摩擦

物体接触面间产生滑动摩擦的规律，可通过图 3-11 所示的实验说明。

当用一个较小的力 F_T 去拉重为 G 的物体时，物体将保持平衡。由平衡方程知，接触面间的摩擦力 F_f 与主动力 F_T 大小相等。

当 F_T 逐渐增大，F_f 也随之增加。此时 F_f 似有约束力的性质，随主动力的变化而变化。所不同的是，当 F_f 随 F_T 增加到某一临界最大值 F_fmax（称为**临界摩擦力**）

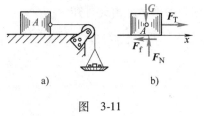

图　3-11

时，就不会再增加；若继续增加 F_T，则物体将开始滑动。因此，静摩擦力有介于零到临界最大值之间的取值范围，即 $0 \le F_\mathrm{f} \le F_\mathrm{fmax}$。

大量实验表明，临界摩擦力的大小与物体接触面间的正压力成正比，即

$$F_\mathrm{fmax} = \mu_\mathrm{s} F_\mathrm{N} \tag{3-6}$$

式中，F_N 为接触面间的正压力；μ_s 为静滑动摩擦因数，简称**静摩擦因数**，它的大小与两物体接触面间的材料及表面情况（表面粗糙度、干湿度、温度等）有关。常用材料的静摩擦因数 μ_s 可从一般工程手册中查得。式（3-6）称为**库仑定律**或**静摩擦定律**。

摩擦定律给我们指出了利用和减小摩擦的途径，即可从影响摩擦力的摩擦因数与正压力入手。例如，一般车辆以后轮为驱动轮，故设计时应使重心靠近后轮，以增加后轮的正压力。车胎压出各种纹路，是为了增加摩擦因数，提高车轮与路面的附着能力。带传动中，用张紧轮或 V 带增加正压力以增加摩擦力；通过减小接触表面粗糙度、加入润滑剂来减小摩擦因数以减小摩擦力等，都是合理利用静滑动摩擦的工程实例。

由上述可知，静摩擦力也是一种被动且未知的约束力。其基本性质用以下三要素表示。

1）大小：在平衡状态时 $0 \le F_\mathrm{f} \le F_\mathrm{fmax}$，由平衡方程确定；在临界状态下 $F_\mathrm{f} = F_\mathrm{fmax} = \mu_\mathrm{s} F_\mathrm{N}$。

2）方向：始终与相对滑动趋势的方向相反，并沿接触面作用点的切向，不能随意假定。

3）作用点：在接触面（或接触点）摩擦力的合力作用点上。

2. 动滑动摩擦

继续上述实验，当主动力 F_T 超过 F_fmax 时，物体开始加速滑动，此时物体受到的摩擦阻力已由静摩擦力转化为动摩擦力 F_f'。

大量实验表明，动摩擦力 F_f' 的大小与接触面间的正压力 F_N 成正比，即

$$F_\mathrm{f}' = \mu F_\mathrm{N} \tag{3-7}$$

式中，μ 为动摩擦因数。它是与材料和表面情况有关的常数，一般 μ 值小于 μ_s 值。

动摩擦力与静摩擦力相比，有两个显著的不同点：①动摩擦力一般小于临界静摩擦力，这说明维持一个物体的运动要比使一个物体由静止进入运动容易些。②静摩擦力的大小要由与主动力有关的平衡方程来确定；而动摩擦力的大小则与主动力的大小无关，只要相对运动存在，它就是一个常值。

二、摩擦角与自锁现象

在考虑静摩擦研究物体的平衡时，物体接触面受到正压力 F_N 和静摩擦力 F_f 的共同作

用，若将此两力合成，其合力 F_R 就代表了物体接触面对物体的全部约束作用，故 F_R 称为**全约束力**。

全约束力 F_R 与接触面法线的夹角为 φ，如图 3-12a 所示。显然，全约束力 F_R 与法线的夹角 φ 随静摩擦力的增加而增大，当静摩擦力达到最大值时，夹角 φ 也达到最大值 φ_m，φ_m 称为**摩擦角**。由此可知

$$\tan\varphi_m = \frac{F_{fmax}}{F_N} = \frac{\mu_s F_N}{F_N} = \mu_s \tag{3-8}$$

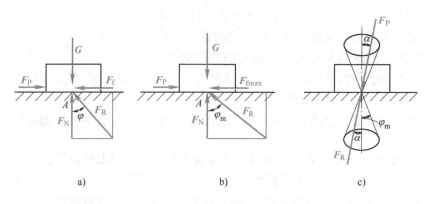

图 3-12

式（3-8）表示**摩擦角的正切值等于摩擦因数**。摩擦角表示全约束力与法线间的最大夹角。若物体与支承面的静摩擦因数在各个方向都相同，则这个范围在空间就形成一个锥体，称为**摩擦锥**，如图 3-12c 所示。若主动力的合力 F_P 作用在锥体范围内，则约束面必产生一个与之等值、反向且共线的全约束力 F_R 与之平衡。无论怎样增加力 F_P，物体总能保持平衡。全约束力的作用线不会超出摩擦锥的这种现象称为**自锁**。由上述可见，自锁的条件应为

$$\varphi \leqslant \varphi_m \tag{3-9}$$

自锁条件常可用来设计某些结构和夹具，例如砖块相对于砖夹不相对下滑、脚套钩在电线杆上不自行下滑等都是自锁现象。而在另外一些情况下，则要设法避免自锁现象的发生，例如，变速器中滑移齿轮的拨动不允许发生自锁，否则变速器就无法工作。

三、考虑摩擦时构件的平衡问题

求解考虑摩擦时构件的平衡问题，与不考虑摩擦时构件的平衡大体相同。不同的是在画受力图时要画出摩擦力，并要注意摩擦力的方向与滑动趋势的方向相反，不能随意假定摩擦力的方向。

由于静摩擦力也是一个未知量，求解时除列出平衡方程外，还需列出补充方程 $F_f \leqslant \mu_s F_N$，所得结果必然是一个范围值。在临界状态，补充方程 $F_f = F_{fmax} = \mu_s F_N$，故所得结果也将是平衡范围的极限值。

例 3-8 图 3-13a 所示为重 G 的物块放在倾角为 α 的斜面上，物块与斜面间的静摩擦因数为 μ_s，且 $\tan\alpha > \mu_s$。求维持物块静止时水平推力 F 的取值范围。

解 要使物块维持在斜面上静止，力 F 既不能太大，也不能太小。若力 F 过大，则物块将向上滑动；若力 F 过小，则物块将向下滑动，因此，F 的数值必须在某一范围内。

1）先考虑物块处于下滑趋势的临界状态，即力 F 为最小值 F_{min}，且刚好维持物块不致

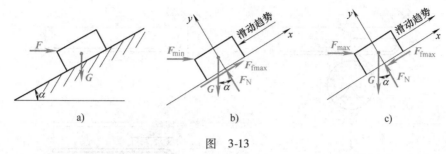

图　3-13

下滑的临界平衡。画其受力图（图 3-13b）。沿斜面方向建立坐标系，列平衡方程及补充方程为

$$\Sigma F_x = 0 \qquad F_{min}\cos\alpha - G\sin\alpha + F_{fmax} = 0$$
$$\Sigma F_y = 0 \qquad F_N - F_{min}\sin\alpha - G\cos\alpha = 0$$
$$F_{fmax} = \mu_s F_N$$

解得

$$F_{min} = \frac{\sin\alpha - \mu_s\cos\alpha}{\cos\alpha + \mu_s\sin\alpha}G$$

2）然后考虑物块处于上滑趋势的临界状态，即力 F 为最大值 F_{max} 且刚好维持物块不致上滑的临界平衡。画其受力图（图 3-13c），列平衡方程及补充方程为

$$\Sigma F_x = 0 \qquad F_{max}\cos\alpha - G\sin\alpha - F_{fmax} = 0$$
$$\Sigma F_y = 0 \qquad F_N - F_{max}\sin\alpha - G\cos\alpha = 0$$
$$F_{fmax} = \mu_s F_N$$

解得

$$F_{max} = \frac{\sin\alpha + \mu_s\cos\alpha}{\cos\alpha - \mu_s\sin\alpha}G$$

所以，使物块在斜面上处于静止时的水平推力 F 的取值范围为

$$\frac{\sin\alpha - \mu_s\cos\alpha}{\cos\alpha + \mu_s\sin\alpha}G \leqslant F \leqslant \frac{\sin\alpha + \mu_s\cos\alpha}{\cos\alpha - \mu_s\sin\alpha}G$$

例 3-9　图 3-14a 所示为一制动装置的平面力学简图。已知作用于鼓轮 O 上的转矩为 M，鼓轮与制动片间的静摩擦因数为 μ_s，轮径为 r，制动臂尺寸为 a、b、c。试求维持制动静止所需的最小力 F。

解　1）分别取制动臂 AB 和鼓轮 O 为研究对象，画其受力图（图 3-14b、c）。

2）由于所求力 F 的最小值，故摩擦处于临界状态，对于鼓轮（图 3-14c），列平衡方程

$$\Sigma M_O(\boldsymbol{F}) = 0 \qquad M - F_f r = 0$$

得

$$F_f = \frac{M}{r}$$

列补充方程 $F_f = \mu_s F_N$，所以

$$F_N = \frac{M}{r\mu_s}$$

对于制动臂（图 3-14b），列平衡方程

$$\Sigma M_A(\boldsymbol{F}) = 0 \qquad -Fb + F_N a - F_f c = 0$$

得

$$F = \frac{F_N a - F_f c}{b} = \frac{M}{rb\mu_s}(a - \mu_s c)$$

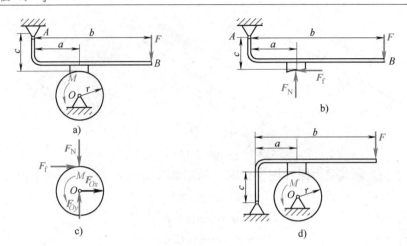

图 3-14

若采用图 3-14d 所示的制动装置，同理可解得其维持制动静止所需的最小力 F 为

$$F = \frac{F_N a + F_f c}{b} = \frac{M}{rb\mu_s} \left(a + \mu_s c \right)$$

由此可见，图 3-14a 的制动装置比图 3-14d 的装置省力，且当 $a \leqslant \mu_s c$ 时，图 3-14a 的制动装置处于自锁状态，因此装置的结构较合理。

四、滚动摩擦简介

由经验可知，当搬动重物时，若在重物底下垫上轴辊，比放在地面上推动要省力得多。这说明用滚动代替滑动所受到的阻力要小得多。车辆用车轮、机器中用滚动轴承代替滑动轴承，就是这个道理。

滚动比滑动省力的原因，可以用图 3-15a 所示车轮在地面上的滚动来分析。将一重为 G 的车轮放在地面上，沿水平方向在轮心施加一微小力 F，此时在轮与地面接触处就会产生一静摩擦阻力 F_f，以阻止车轮的滑动趋势。由图 3-15a 可见，主动力 F 与静滑动摩擦力 F_f 组成一个力偶，其力偶矩为 Fr，它将驱使车轮产生滚动趋势。若力 F 不大，虽然转动趋势存在，但转动并不发生。这说明还存在一阻碍转动的力偶矩，称为**滚动摩擦力偶矩**，简称为**滚阻力偶矩**。

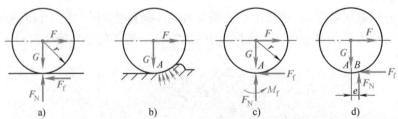

图 3-15

实际上在车轮重力作用下，车轮与地面都会产生变形。变形后，车轮受到地面的约束力，其分布如图 3-15b 所示。将这些约束力向 A 点简化，可得法向约束力 F_N（正压力）、切向约束力 F_f（滑动摩擦力）及滚阻力偶矩 M_f，如图 3-15c 所示。当力 F 逐渐增加时，滚动趋势增加，滚阻力偶矩 M_f 也随之增大。当 M_f 随主动力 F 增大到某一极限值 M_{fmax} 时，再增加力 F，车轮就开始滚动了。由此可知，滚阻力偶矩也有一个介于零到最大值的取值范围，

即 $0 \leqslant M_f \leqslant M_{fmax}$。

实验表明，最大滚阻力偶矩与法向力成正比，即

$$M_{fmax} = \delta F_N \tag{3-10}$$

式（3-10）称为**滚动摩擦定律**。式中，δ 是一个有长度单位的系数，可视为实际接触面法向反力与刚性理想接触点的偏离距 e 的最大值（图 3-15d），称为**滚动摩擦因数**。其数值取决于两接触物表面材料的性质及表面状况。

分析图 3-15 所示车轮的滑动条件为 $F > \mu_s F_N$，故 $F > \mu_s G$。车轮的滚动条件为 $Fr > M_{fmax}$，故 $F > (\delta/r)G$。由于 $(\delta/r) < \mu_s$，所以使车轮滚动比滑动更容易些。

当车轮在支承面上作纯滚动时，在接触点处也一定产生一静摩擦力 F_f，但它并未达到最大值，也不是动摩擦力，其值在静力学问题中要由平衡方程求解，在动力学问题中要由动力学方程求解。

阅读与理解

一、静定结构中约束的简化

在一静定结构中如何抽象约束模型，是作构件简图的关键，也是人们常感到困难而无法下手之处。例如，图 3-16a 所示的火车轮轴，图中的载荷已得到简化。由于静定结构的未知量的个数要少于或等于独立平衡方程的个数，因此对于轮轴首先要确定是静定问题，还是静不定问题。从铁轨对于轮轴的约束性能分析，铁轨限制了两车轮的上下移动，两轮有两个未知力。铁轨同时也限制了车轮的左右移动，且当车轮向左侧偏倾时，左轨限制其向左侧的偏倾；当车轮向右侧偏倾时，右轨限制其向右侧的偏倾。也就是说，两轨中某一时刻仅有一铁轨限制车轮向该侧的偏倾，有一个未知力。由此分析可知，轮轴有三个未知量。把对轮轴作用的力系看做平面任意力系，就可以解出这三个未知力，所以，火车轮轴是静定构件。其轮轴的约束简化如图 3-16b 所示。

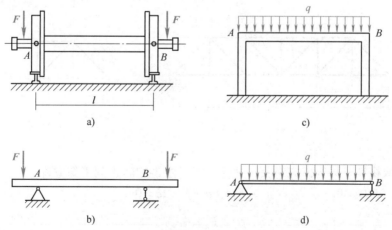

图 3-16

A、B 两轮的实际约束相同，其约束模型为什么又不相同呢？这是因为两轨在车轮向一侧偏倾的某一时刻，仅有一轨起到限制作用，把这一约束限制用 A 处的固定铰支座就能完全表示出来，此时 B 轮处铁轨只限制车轮的上、下移动，不限制车轮的偏倾，故将 B 处的约

束限制作用简化为活动铰支座。若将 B 处也简化为固定铰支座，则轮轴的未知量的个数达到四个，这样就把一个静定问题变为一个静不定问题，使问题得不到求解。

又如，图 3-16c 所示的楼房大梁，梁上载荷可简化为均布载荷。大梁支撑在两侧立柱 A、B 上，且与两侧立柱用钢筋绑结混凝土浇筑连接。立柱限制了大梁两端的上下移动，有两个约束力，但立柱并不完全限制大梁左右方向的微小移动。这是因为立柱具有一定的高度，对于大梁的热胀冷缩的微小变形限制作用很小，可忽略不计。因此，把两侧立柱对大梁左右方向的约束用一个未知力表示，共有三个未知量。所以，楼房大梁也是静定结构，其约束简化如图 3-16d 所示。

同理，在第一章阅读理解中，对于门的上下两合页的约束简化和传动轴轴承约束的简化，都是因为它们的结构是静定的。

从以上分析可见，简化约束时，要依据工程的实际情况进行分析。对于静定结构或构件来说，当其构件的一处简化为固定铰支座时，另一处就只能简化为活动铰支座（或光滑面）。

在工程实际中，建立结构或构件的力学模型，是工程设计的重要内容，其中约束的简化非常重要。力学模型的正确与否，需要经受实践的检验。若所建模型下的计算结果不能满足工程的实际需要，还须对模型作进一步的修正。一个合理有用的力学模型，往往需要不断地修正才能完成。

二、用截面法求解简单平面桁架

假想地用一个截面将桁架截开，分为两部分，取其中一部分为研究对象，在截开处画出杆件所受的力。分离体部分上作用平面任意力系，处于平衡，可列出一组三个独立的方程，求解出三个未知量。这种假想地应用截面截开桁架列平衡方程求解的方法，称为**截面法**。

应用截面法时应注意：所选截面要能将桁架截分为两部分，不能有一根杆件相连；每次应用截面法，所截开的杆件不得超过三根。

例 3-10 图 3-17 所示为一桥梁桁架的平面力学简图，已知 F、a 和 $\alpha = 45°$。试求 1、2、3 杆所受的力。

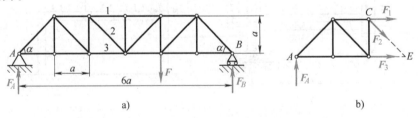

a)   b)

图 3-17

解 1）取桁架整体为研究对象，画受力图（图 3-17a），列平衡方程

$$\sum M_B(\boldsymbol{F}) = 0 \qquad -F_A \times 6a + F \times 2a = 0$$

得

$$F_A = \frac{F}{3}$$

2）用截面将桁架杆 1、2、3 截开，取左半部分为研究对象，画出分离体的受力图（图 3-17b），列平衡方程

$$\sum M_C(\boldsymbol{F}) = 0 \qquad F_3 a - F_A \times 2a = 0$$

$$F_3 = 2F_A = \frac{2F}{3}$$

$$\Sigma F_y = 0 \qquad\qquad -F_2\cos45° + F_A = 0$$

$$F_2 = \frac{F_A}{\cos45°} = \frac{\sqrt{2}F}{3}$$

$$\Sigma F_x = 0 \qquad\qquad F_1 + F_2\sin45° + F_3 = 0$$

$$F_1 = -\left(F_2\sin45° + F_3\right) = -\left(\frac{\sqrt{2}F}{3}\times\frac{\sqrt{2}}{2} + \frac{2F}{3}\right) = -F$$

负号表示杆件受压。

三、摩擦自锁原理的工程应用实例

1. 摩擦因数的测定

图 3-18a 所示为测定摩擦因数装置的平面力学简图。用两种材料分别做成斜面和滑块，将滑块放在斜面上，逐渐增大斜面倾角 α，直至滑块处于临界状态（将要滑动而未滑动时）。此时，接触面的全约束力 F_R 达到最大值 F_{Rmax}，并与滑块重量 G 满足两力平衡，如图 3-18b 所示。此时斜面的倾角 α 等于摩擦角 φ_m，摩擦角 φ_m 的正切值等于静摩擦因数 μ_s。若测定出此时斜面倾角 α，即得

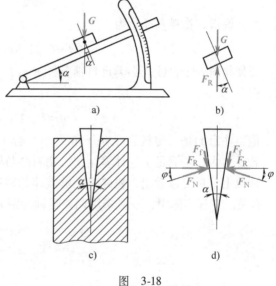

$$\mu_s = \tan\varphi_m = \tan\alpha$$

2. 楔块的自锁

图 3-18c 所示楔块被楔入物体中，楔块左右两侧面受到法向约束力 F_N 和静摩擦力 F_f 的共同作用，其全约束力为 F_R。

图　3-18

不计楔块自重，两侧面全约束力构成二力平衡。要使楔块处于自锁而不轻易从物体中退出，其全约束力与法线之夹角 φ 一定小于或等于摩擦角 φ_m，即 $\varphi = \alpha/2 \leq \varphi_m$。因此，楔块的自锁条件为

$$\alpha \leq 2\varphi_m$$

可见，楔块能否很好地处于自锁而不会从被楔物中退出，取决于其尖削度和静摩擦因数。木工师傅为使木楔不从家具中退出来，将木楔涂胶后打入，增大了接触面的摩擦角，可以有效地保证木楔处于自锁状态。

3. 辊式粉碎机的自锁

图 3-19a 所示为辊式粉碎机的平面结构简图。物料落入两辊之间，两辊转动与物料产生相对运动，当物料与辊的接触面处于自锁，两辊会把物料带入较狭窄的辊间，将物料压缩破碎。现分析一下物料的自锁现象。

取物料为研究对象，画其受力图（图 3-19b），物料落入辊间，与辊子有相对滑动趋势，两侧接触面就有摩擦力。不计物料自重，物料两侧面的全约束力 F_{RA}、F_{RB} 构成二力平衡。

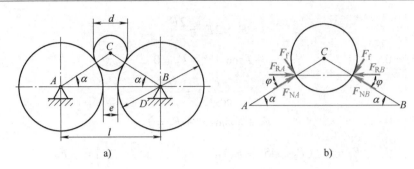

图　3-19

由图 3-19a 所示的几何关系知，全约束力与法线的夹角为

$$\tan\varphi = \tan\alpha = \frac{\sqrt{[(D+d)/2]^2 - (l/2)^2}}{l/2} = \frac{\sqrt{(D+d)^2 - l^2}}{l}$$

由此解得，物料直径 d 为

$$d = l\sqrt{1 + \tan^2\varphi} - D$$

要使物料处于自锁，必满足自锁条件 $\varphi \leqslant \varphi_{\mathrm{m}}$，即 $\tan\varphi \leqslant \tan\varphi_{\mathrm{m}} = \mu_{\mathrm{s}}$。将自锁条件代入上式，得

$$d \leqslant l\sqrt{1 + \mu_{\mathrm{s}}^2} - D$$

值得注意的是，物料直径 d 不能太小，若小于或等于两辊的间距 e，就起不到破碎作用。若 d 太大，不满足上述计算结果，物料会与辊子产相对滑动，在辊间向上跳动。

从以上分析可以看出，粉碎机能够破碎的物料直径与摩擦因数 μ_{s}、辊子直径 D、辊轴间距 l 有关。工程实际中，一般采用调整辊轴间距 l，对不同大小的物料进行加工粉碎。

小　结

一、平面任意力系的简化

1. 简化结果

主矢 $F_{\mathrm{R}}' = \sqrt{(\Sigma F_x)^2 + (\Sigma F_y)^2}$，作用在简化中心上，其大小和方向与简化中心的选择无关。

主矩 $M_{\mathrm{R}} = \Sigma M_O(\boldsymbol{F})$，与简化中心的选择有关。

2. 简化结果的讨论

$F_{\mathrm{R}}' \neq 0$，$M_R \neq 0$，合力 $F_{\mathrm{R}} = F_{\mathrm{R}}'$，合力 F_{R} 的作用线与简化中心的距离 $d = |M_{\mathrm{R}}/F_{\mathrm{R}}'|$。

$F_{\mathrm{R}}' \neq 0$，$M_R = 0$，合力 $F_{\mathrm{R}} = F_{\mathrm{R}}'$，合力作用线通过简化中心。

$F_{\mathrm{R}}' = 0$，$M_R \neq 0$，合力偶矩与简化中心无关。

$F_{\mathrm{R}}' = 0$，$M_R = 0$，平衡力系。

二、平衡方程

$$\text{一矩式} \quad \left.\begin{array}{l} \Sigma F_x = 0 \\ \Sigma F_y = 0 \\ \Sigma M_O(\boldsymbol{F}) = 0 \end{array}\right\}, \quad \text{二矩式} \quad \left.\begin{array}{l} \Sigma F_x = 0 \\ \Sigma M_A(\boldsymbol{F}) = 0 \\ \Sigma M_B(\boldsymbol{F}) = 0 \end{array}\right\}, \quad \text{三矩式} \quad \left.\begin{array}{l} \Sigma M_A(\boldsymbol{F}) = 0 \\ \Sigma M_B(\boldsymbol{F}) = 0 \\ \Sigma M_C(\boldsymbol{F}) = 0 \end{array}\right\}$$

二矩式方程中 A、B 两点的连线不能与投影轴垂直，三矩式方程中 A、B、C 三点不在一条直线上。

三、物体系统的平衡问题

1. 静定与静不定的概念

力系中未知量的数目少于或等于独立平衡方程数目的问题称为静定问题。力系中未知量的数目多于独立平衡方程数目时的问题称为静不定问题。

2. 物系平衡问题解法

整个物系处于平衡，组成物系的各个构件也都处于平衡。可以选整个系统为研究对象，也可以选单个构件或部分构件为研究对象。

四、考虑摩擦时构件的平衡问题

1. 静滑动摩擦力

大小：在平衡状态时，$0 \leqslant F_f \leqslant F_{fmax}$，由平衡方程确定。在临界状态下 $F_f = F_{fmax} = \mu_s F_N$。

方向：始终与相对滑动趋势的方向相反，并沿接触面作用点的切向，不能随意假定。

作用点：在接触面（或接触点）摩擦力的合力作用点上。

2. 动滑动摩擦力

$$F_f' = \mu F_N$$

3. 摩擦角与自锁

当静摩擦力达到最大值时，最大全约束力 F_R 与法线的夹角 φ_m 称为摩擦角，且摩擦角的正切值等于摩擦因数，即 $\tan\varphi_m = \mu_s$。当作用于物体的主动力满足一定的几何条件时，无论怎样增加主动力 F_Q，物体总能保持平衡的现象称为自锁。自锁的条件为 $\varphi \leqslant \varphi_m$。

4. 滚动摩擦

滚阻力偶矩 $0 < M_f \leqslant M_{fmax}$，最大滚阻力偶矩 $M_{fmax} = \delta F_N$。

5. 考虑摩擦时构件平衡问题的解法

1）选研究对象，画受力图，并根据滑动趋势画出摩擦力。要注意摩擦力的方向与滑动趋势的方向相反。

2）列平衡方程，并列出补充方程 $F_f \leqslant \mu_s F_N$ 或临界状态补充方程 $F_f = F_{fmax} = \mu_s F_N$ 求解。

思 考 题

3-1 图 3-20 所示的铰车臂互成 120°，三臂上 A、B、C 三点作用力均为 F，且 $OA = OB = OC$，试分析此三力向铰盘中心 O 点的简化结果。

3-2 如图 3-21 所示，物体平面 A、B、C 三点各作用力 F，三点构成一等边三角形。试分析物体是否处于平衡状态。

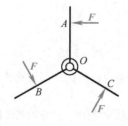

图 3-20

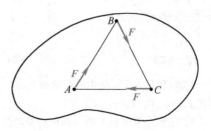

图 3-21

3-3 取分离体画受力图时，_____力的指向可以假定，_____力的指向不能假定。

A. 光滑面约束力　B. 柔体约束力　C. 铰链约束力　D. 活动铰支座约束力　E. 固定端约束力

F. 固定端约束力偶矩　G. 正压力　H. 摩擦力

3-4 列平衡方程求解平面任意力系时，坐标轴选在_____的方向上，使投影方程简便；矩心应选在_____点上，使力矩方程简便。

A. 与已知力垂直　B. 与未知力垂直　C. 与未知力平行　D. 任意　E. 已知力作用点

F. 未知力作用点　G. 两未知力交点　H. 任意点

3-5 试解释应用二矩式方程时，为什么要附加两矩心 A、B 连线不能与投影轴垂直，应用三矩式方程时，为什么要附加三矩心 A、B、C 三点不能在一条直线上。

3-6 试判断图 3-22 所示结构中哪些是静定问题，哪些是静不定问题。

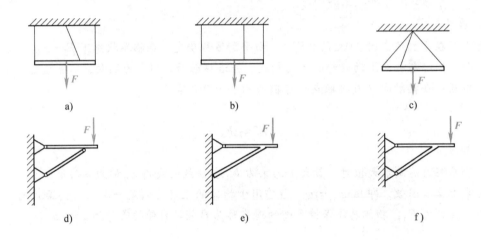

图　3-22

3-7 摩擦力是否一定是阻力？试分析图 3-23 所示的坦克行驶时地面对履带的摩擦力方向。当坦克制动时，摩擦力的方向是否改变？

3-8 图 3-24 所示重为 G 的物块受 F 力作用靠在墙壁上平衡，若物块与墙间的摩擦因数为 μ_s，则物块受到墙壁的摩擦力 F_f 为_____。

A. $F_f = \mu_s F$　　B. $F_f = \mu_s G$　　C. $F_f = G$

3-9 图 3-25a、b 所示物块重为 G，与地面间的摩擦因数为 μ_s。欲使物块向右滑动，图 3-25c 与 3-25d 中哪种施力方法省力？若要最省力，α 角应为多大？

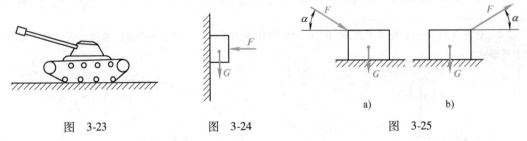

图　3-23　　　　　图　3-24　　　　　图　3-25

3-10 图 3-26a 所示人字架结构放在地面上，A、C 两处的摩擦因数分别为 μ_{s1}、μ_{s2}，设结构处于临界平衡，是否存在 $F_{fA} = \mu_{s1} G$，$F_{fC} = \mu_{s2} G$？

3-11 图 3-27b 所示平带和 V 带，两传动带的张紧力 F 相同，摩擦因数 μ_s 相同，试分析两带传动中最大摩擦力的比值与 α 角的关系。

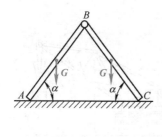

图 3-26

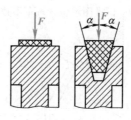

图 3-27

习 题

3-1 图 3-28 所示边长为 $2a$ 的正方形薄板，在板平面内作用 $M = Fa$，A、B、C 三点分别作用力 F_1、F_2、F_3，且 $F_1 = F_2 = F$，$F_3 = \sqrt{2}F$，试求该力系的合力。

3-2 已知图 3-29 所示支架受载荷 G 和 $M = Ga$ 作用，杆件自重不计，试分别求两支架 A 端的约束力及 CD 杆所受的力。

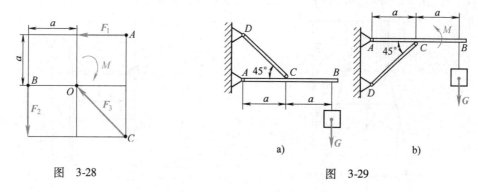

图 3-28

图 3-29

3-3 如图 3-30 所示，已知 F、a，且 $M = Fa$，试求各梁的支座约束力。

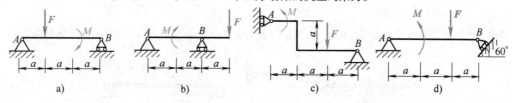

图 3-30

3-4 如图 3-31 所示，已知 q、a，且 $F = qa$，$M = qa^2$，试求各梁的支座约束力。

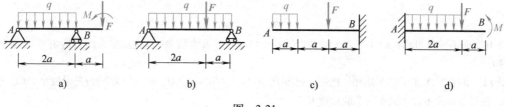

图 3-31

3-5 图 3-32 所示为制动系统的踏板装置。若 $F_N = 1700\text{N}$，$a = 380\text{mm}$，$b = 50\text{mm}$，$\alpha = 60°$，求驾驶员作用于踏板的制动力 F。

3-6 图 3-33 所示为汽车起重机平面简图。已知车重 $G_Q = 26$kN，臂重 $G = 4.5$kN，起重机旋转及固定部分的重量 $G_W = 31$kN。试求图示位置汽车不致翻倒的最大起重量 G_P。

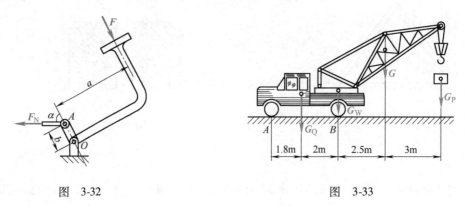

图 3-32   图 3-33

3-7 如图 3-34 所示，自重 $G = 160$kN 的水塔固定在钢架上，A 为固定铰链支座，B 为活动铰链支座，若水塔左侧面受风压为均布载荷 $q = 16$kN/m，为保证水塔平衡，试求钢架 A、B 的最小间距。

3-8 已知图 3-35 所示结构中的 F、a，试求结构中 A、B 的约束力。

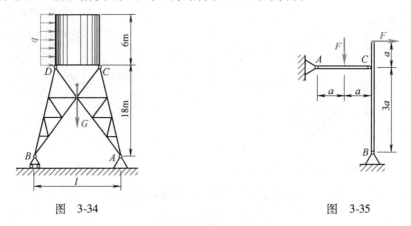

图 3-34   图 3-35

3-9 图 3-36 所示各组合梁，已知 q、a，且 $F = qa$，$M = qa^2$。试求各梁 A、B、C、D 处的约束力。

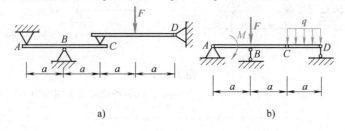

a)   b)

图 3-36

3-10 曲柄连杆机构在图 3-37 所示位置时，$F = 400$N，试求曲柄 OA 上应加多大的力偶矩 M 才能使机构平衡。

3-11 如图 3-38 所示汽车地秤，已知砝码重 P，$OA = l$，$OB = a$，O、B、C、D 均为光滑铰链，CD 为二力杆，各部分自重不计。试求汽车的称重 G。

3-12 图 3-39 所示各结构，画图 a 中整体、AB、BC 的受力图；画图 b 中整体、球体、AB 杆的受力图；画图 c 中整体（B、C 两处不计摩擦）、AB、AC 的受力图；画图 d 中横杆 DEH、竖杆 ADB、斜杆 AEC 的受力图。

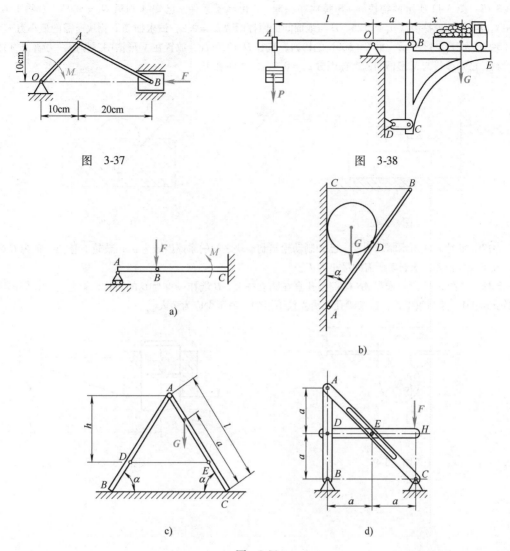

图　3-37

图　3-38

图　3-39

3-13　如图 3-40 所示，物块重 $G=100\mathrm{N}$，斜面倾角 $\alpha=30°$，物块与斜面间的摩擦因数 $\mu_\mathrm{s}=0.38$，求图 a 中物块处于静止还是下滑。若要使物块上滑，求图 b 所示作用于物块的力 F 至少应为多大。

3-14　如图 3-41 所示，重 G 的梯子 AB 一端靠在铅垂的墙壁上，另一端放在水平面上，A 端摩擦不计，B 端摩擦因数为 μ_s，试求维持梯子不致滑倒的最小角 $\alpha_{\min}$。

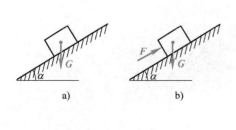

图　3-40

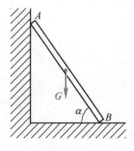

图　3-41

3-15 图 3-42 所示两物块 A、B 叠放在一起，A 由绳子系住。已知 A 物重 $G_A = 500\text{N}$，B 物重 $G_B = 1000\text{N}$，AB 间的摩擦因数 $\mu_1 = 0.25$，B 与地面间的摩擦因数 $\mu_2 = 0.2$，试求抽动 B 物块所需的最小力 $F_{\min}$。

3-16 如图 3-43 所示，重 $G = 800\text{N}$ 的棒料，直径 $D = 250\text{mm}$，放置在 V 形槽中，作用一力偶 M 才能转动棒料，已知棒料与 V 形槽间的摩擦因数 $\mu_s = 0.2$，求力偶矩 M。

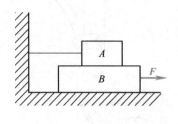

图 3-42

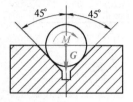

图 3-43

3-17 如图 3-44 所示制动装置，已知制动轮与制动块之间的摩擦因数为 μ_s，鼓轮上悬挂一重为 G 的重物，几何尺寸如图，求制动所需的最小力 F。

3-18 如图 3-45 所示横梁 AB 端部圆孔套在圆立柱上，B 端挂一重为 G 的重物，梁孔与立柱间的摩擦因数 $\mu_s = 0.1$，梁自重不计，试求梁孔不沿立柱下滑的 a 值至少应为多大。

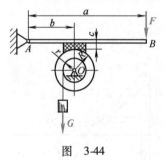

图 3-44

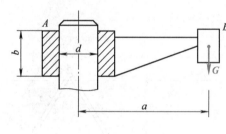

图 3-45

第四章
空间力系和重力

在工程实际中，经常遇到物体所受力的作用线并不在同一平面内，而是空间分布的，如图4-1所示传动轴的受力，这些力所构成的力系即为空间力系。在起重设备、绞车、高压输电线塔和飞机起落架等结构中，都采用空间结构。设计这些结构时，需进行空间力系的平衡计算。

与平面力系一样，空间力系又可分为空间汇交力系、空间平行力系及空间任意力系。本章将讨论力在空间直角坐标轴上的投影、力对轴之矩的概念与运算，以及空间力系平衡问题的求解方法，并用空间平行力系导出重心的概念及求重心的方法。

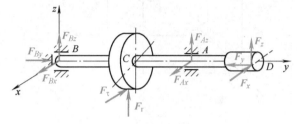

图 4-1

第一节 力的投影和力对轴之矩

一、力在空间直角坐标轴上的投影

1. 一次投影法

设空间直角坐标系的三个坐标轴如图4-2所示，已知力 F 与三坐标轴的夹角分别为 α、β、γ，则力 F 在三个轴上的投影等于力的大小乘以该夹角的余弦，即

$$\left.\begin{array}{l} F_x = F\cos\alpha \\ F_y = F\cos\beta \\ F_z = F\cos\gamma \end{array}\right\} \tag{4-1}$$

式中，α、β、γ 分别为力 F 与 x、y、z 轴所夹的锐角。

2. 二次投影法

如图4-3所示，若已知力 F 与 z 轴的夹角为 γ，力 F 与 z 轴所确定的平面与 x 轴的夹角为 φ，可先将力 F 在 Oxy 平面上投影，然后再向 x，y 轴进行投影。则力在三个坐标轴上的投影分别为

$$\left.\begin{array}{l} F_x = F\sin\gamma\cos\varphi \\ F_y = F\sin\gamma\sin\varphi \\ F_z = F\cos\gamma \end{array}\right\} \tag{4-2}$$

反过来，若已知力在三个坐标轴上的投影 F_x、F_y、F_z，也可求出力的大小和方向，即

$$
\left.\begin{aligned}
F &= \sqrt{F_x^2 + F_y^2 + F_z^2} \\
\cos\alpha = \frac{F_x}{F},\ \cos\beta &= \frac{F_y}{F},\ \cos\gamma = \frac{F_z}{F}
\end{aligned}\right\} \qquad (4\text{-}3)
$$

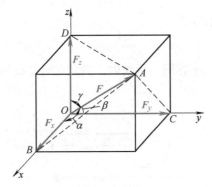

图 4-2

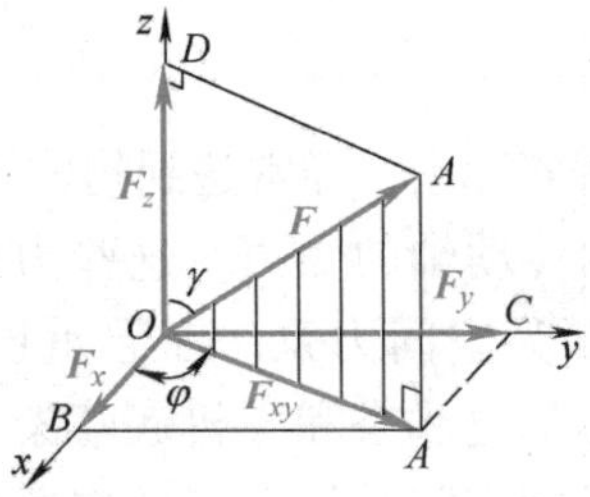

图 4-3

例 4-1 已知斜齿圆柱齿轮上 A 点受到另一齿轮对它作用的啮合力 $\boldsymbol{F}_n$，$\boldsymbol{F}_n$ 沿齿廓在接触处的公法线作用，且垂直于过 A 点齿面的切面，如图 4-4a 所示。α 为压力角，β 为斜齿轮的螺旋角。试计算圆周力 $\boldsymbol{F}_\tau$、径向力 $\boldsymbol{F}_r$、轴向力 $\boldsymbol{F}_a$ 的大小。

解 建立图 4-4a 所示直角坐标系 $Axyz$，先将啮合力 $\boldsymbol{F}_n$ 向平面 Axy 投影得 $\boldsymbol{F}_{xy}$，其大小为

$$F_{xy} = F_n\cos\alpha$$

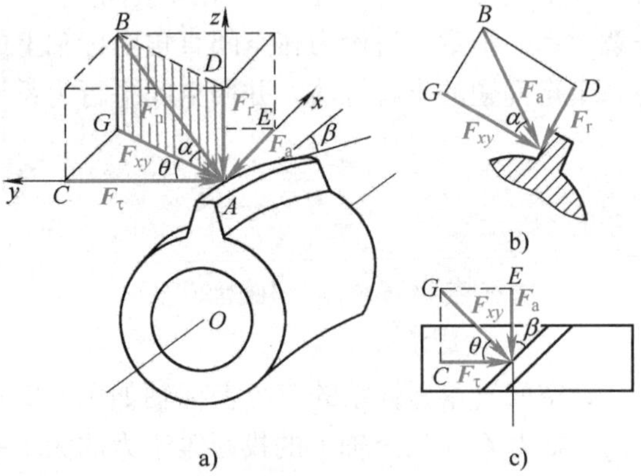

图 4-4

向 z 轴投影得径向力

$$F_r = F_n\sin\alpha$$

然后再将 F_{xy} 向 x、y 轴上投影，如图 4-4c 所示。因 $\theta=\beta$，得

圆周力 $$F_\tau = F_{xy}\cos\beta = F_n\cos\alpha\cos\beta$$

轴向力 $$F_a = F_{xy}\sin\beta = F_n\cos\alpha\sin\beta$$

二、力对轴之矩

在工程实际中，经常遇到构件绕定轴转动的情况，为了度量力对绕定轴转动构件的作用效果，引入力对轴之矩的概念。

以推门为例，如图 4-5 所示，门上作用力 $\boldsymbol{F}$，使其绕固定轴 z 转动。现将力 $\boldsymbol{F}$ 分解为平行于 z 轴的分力 $\boldsymbol{F}_z$ 和垂直于 z 轴的分力 $\boldsymbol{F}_{xy}$（此分力的大小即为力 $\boldsymbol{F}$ 在垂直于 z 轴的平面 A 上的投影）。由经验可知，分力 $\boldsymbol{F}_z$ 不能使静止的门绕 z 轴转动，所以分力 $\boldsymbol{F}_z$ 对 z 轴之矩为零；只有分力 $\boldsymbol{F}_{xy}$ 才能使静止的门绕 z 轴转动，即 $\boldsymbol{F}_{xy}$ 对 z 轴之矩就是力 $\boldsymbol{F}$ 对 z 轴之矩。现用符号 $M_z(\boldsymbol{F})$ 表示力 $\boldsymbol{F}$ 对 z 轴之矩，点 O 为平面 xy 与 z 轴的交点，d 为点 O 到力 $\boldsymbol{F}_{xy}$ 作用线的距离。因此力 F 对 z 轴之矩为

$$M_z(\boldsymbol{F}) = M_O(\boldsymbol{F}_{xy}) = \pm F_{xy}d \qquad (4\text{-}4)$$

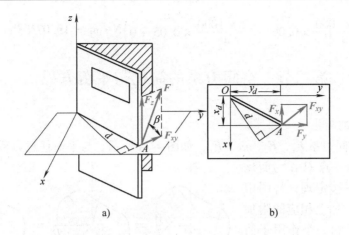

图 4-5

式（4-4）表明：力对轴之矩等于这个力在垂直于该轴的平面上的投影对该轴与平面交点之矩。力对轴之矩是力使物体绕该轴转动效应的度量，是一个代数量。其正负号可按以下方法确定：从 z 轴正端来看，若力矩沿逆时针，规定为正，反之为负。也可按右手法则来确定其正负号：伸出右手，手心对着轴线，四指沿力的作用线再弯曲握轴，若姆指与轴同向，则力矩为正，反之为负。

力对轴之矩等于零的情况是：①当力与轴相交时（此时 $d = 0$）；②当力与轴平行时（此时 $|F_{xy}| = 0$）。

三、合力矩定理

如一空间力系由 F_1，F_2，$\cdots$，F_n 组成，其合力为 F_R，则可证明合力 F_R 对某轴之矩等于各分力对同一轴之矩的代数和，即

$$M_z(F_R) = \sum M_z(F) \qquad (4\text{-}5)$$

例 4-2 图 4-6 所示托架 OC 套在轴 z 上，在 C 点作用一力 $F = 1000\text{N}$，图中 C 点在 Oxy 面内。试分别求力 F 对 x、y、z 轴之矩。

解 应用二次投影法，求得各分力的大小为

$$F_x = F_{xy}\sin 60° = F\cos 45°\sin 60° = \frac{\sqrt{6}F}{4}$$

$$F_y = F_{xy}\cos 60° = F\cos 45°\cos 60° = \frac{\sqrt{2}F}{4}$$

$$F_z = F\sin 45° = \frac{\sqrt{2}F}{2}$$

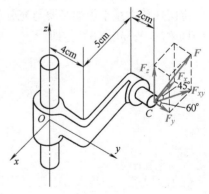

图 4-6

由合力矩定理得

$$M_x(F) = M_x(F_x) + M_x(F_y) + M_x(F_z) = 0 + 0 + \frac{\sqrt{2} \times 1000\text{N}}{2} \times 0.06\text{m} = 42.43\text{N} \cdot \text{m}$$

$$M_y(F) = M_y(F_x) + M_y(F_y) + M_y(F_z) = 0 + 0 + \frac{\sqrt{2} \times 1000\text{N}}{2} \times 0.05\text{m} = 35.36\text{N} \cdot \text{m}$$

$$M_z(F) = M_z(F_x) + M_z(F_y) + M_z(F_z)$$

$$= \left(\frac{\sqrt{6} \times 1000}{4} \times 0.06 - \frac{\sqrt{2} \times 1000}{4} \times 0.05 + 0 \right) \mathrm{N} \cdot \mathrm{m} = 19.07 \mathrm{N} \cdot \mathrm{m}$$

第二节 空间力系的简化与平衡方程

一、空间力系的简化

设物体作用空间力系 F_1，F_2，…，F_n，如图 4-7a 所示。与平面任意力系的简化方法一样，在物体内任取一点 O 作为简化中心，依据力的平移定理，将图中各力平移到 O 点，加上相应的附加力偶，这样就可得到一个作用于简化中心 O 点的空间汇交力系和一个附加的空间力偶系。将作用于简化中心的汇交力系和附加的空间力偶系分别合成，便可以得到一个作用于简化中心 O 点的主矢 F'_R 和一个主矩 M_O。

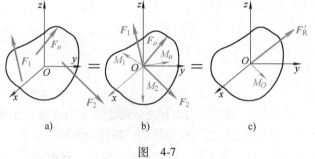

图 4-7

主矢 F'_R 的大小为

$$F'_R = \sqrt{\left(\Sigma F_x \right)^2 + \left(\Sigma F_y \right)^2 + \left(\Sigma F_z \right)^2} \tag{4-6}$$

主矩 M_O 的大小为

$$M_O = \sqrt{\left[\Sigma M_x(F_i) \right]^2 + \left[\Sigma M_y(F_i) \right]^2 + \left[\Sigma M_z(F_i) \right]^2} \tag{4-7}$$

二、空间力系的平衡方程

空间任意力系平衡的必要与充分条件是：该力系的主矢和力系对于任一点的主矩都等于零，即 $F'_R = 0$，$M_O = 0$。亦即

$$\left. \begin{array}{l} \Sigma F_x = 0 \\ \Sigma F_y = 0 \\ \Sigma F_z = 0 \\ \Sigma M_x(F) = 0 \\ \Sigma M_y(F) = 0 \\ \Sigma M_z(F) = 0 \end{array} \right\} \tag{4-8}$$

于是得到结论，空间任意力系平衡的必要与充分条件是：空间力在坐标轴上投影的代数和等于零，空间力对坐标轴之矩的代数和等于零。利用这六个平衡方程式，可以求解六个未知量。前三个方程式称为投影方程式，后三个方程式称为力矩方程式。

由上式可推知，空间汇交力系的平衡方程为：各力在三个坐标轴上投影的代数和都等于零；空间平行力系的平衡方程为：各力在某坐标轴投影的代数和以及各力对另外二轴之矩的代数和都等于零。

需要指出的是，空间汇交力系、空间平行力系均是空间任意力系的特殊情况。

三、空间几类常见约束

关于空间约束的类型和它们相应的约束力特征举例，见表4-1。

一般情况下，如果物体只受平面任意力系作用，那么表4-1中所示约束力的数目会相应减少，垂直于平面的约束力和绕平面内两轴的约束力矩都恒等于零。例如，在空间任意力系作用下，固定端的约束力共有六个（三个移动阻碍和三个转动阻碍），而在平面任意力系作用下（如在 yz 平面内），固定端约束力只有三个。

表4-1　空间约束的类型及其约束力举例

<table>
<tr><th colspan="2">约束力未知量</th><th>约 束 类 型</th></tr>
<tr><td>1</td><td>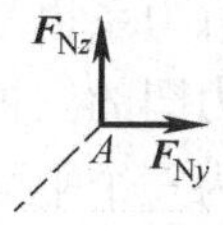
F_Nz
A
F_Ny</td><td>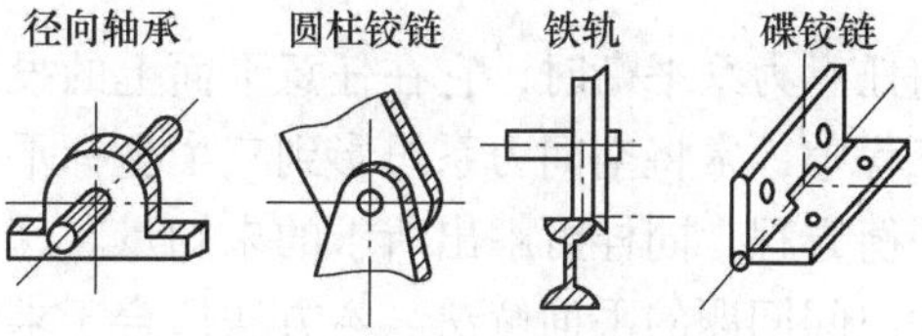
径向轴承
圆柱铰链
铁轨
碟铰链</td></tr>
<tr><td>2</td><td>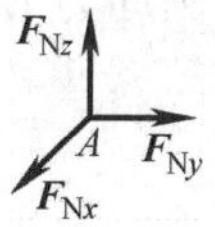
F_Nz
A
F_Ny
F_Nx</td><td>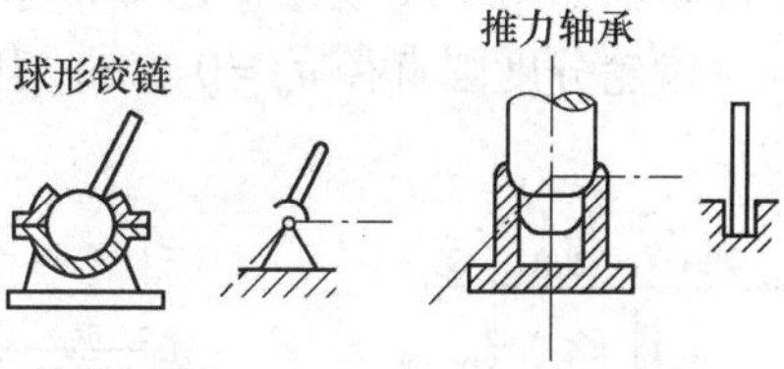
球形铰链
推力轴承</td></tr>
<tr><td>3</td><td>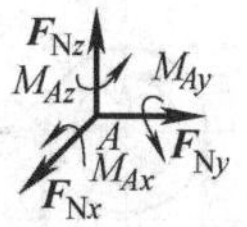
F_Nz
M_Az
M_Ay
A
M_Ax
F_Ny
F_Nx</td><td>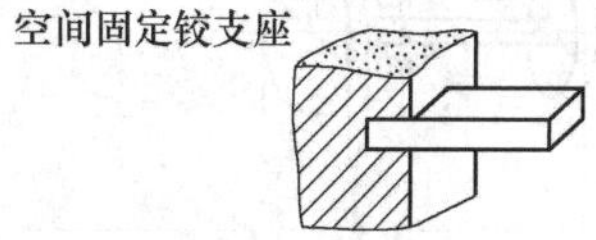
空间固定铰支座</td></tr>
</table>

例4-3　图4-8所示为一脚踏拉杆装置。若已知 $F_P=500\text{N}$，$AC=CB=CD=20\text{cm}$，$HC=EH=10\text{cm}$，拉杆与水平面成30°角，求拉杆的拉力和 A、B 两轴承的约束力。

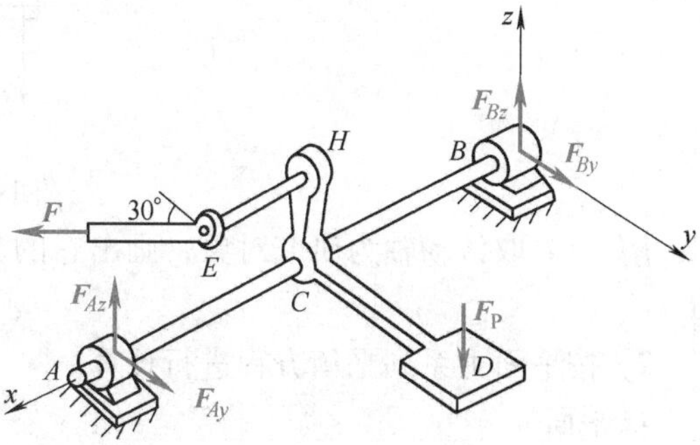
z
F_Bz
H
B
F_By
F
30°
y
E
F_Az
C
F_P
A
D
x
F_Ay

图　4-8

解　脚踏拉杆的受力情况如图所示。建立 $Bxyz$ 坐标系，列平衡方程式，得

$$\Sigma M_x(\boldsymbol{F})=0\quad F\cos30°\times10\text{cm}-F_P\times20\text{cm}=0$$

$$F=\frac{20F_P}{10\cos30°}=\frac{500\times20}{10\cos30°}\text{N}=1155\text{N}$$

$$\Sigma M_y(\boldsymbol{F})=0\qquad F_P\times20\text{cm}+F\sin30°\times30\text{cm}-F_{Az}\times40\text{cm}=0$$

$$F_{Az}=\frac{20F_P+30F\sin30°}{40}=\frac{20\times500+30\times1155\times\frac{1}{2}}{40}\text{N}=683\text{N}$$

$$\Sigma F_z=0\qquad F_{Az}+F_{Bz}-F\sin30°-F_P=0$$

$$F_{Bz}=F\sin30°+F_P-F_{Az}=\left(1155\times\frac{1}{2}+500-683\right)\text{N}=394.5\text{N}$$

$$\sum M_z(\pmb{F}) = 0 \qquad F_{Ay} \times 40\text{cm} - F\cos\alpha \times 30\text{cm} = 0$$

$$F_{Ay} = \frac{F\cos\alpha \times 30}{40} = \frac{1155 \times (\sqrt{3}/2) \times 30}{40}\text{N} = 750\text{N}$$

$$\sum F_y = 0 \qquad F_{Ay} + F_{By} - F\cos 30° = 0$$

$$F_{By} = F\cos 30° - F_{Ay} = \left(1155 \times \frac{\sqrt{3}}{2} - 750\right)\text{N} = 250\text{N}$$

第三节　轮轴类构件平衡问题的平面解法

当空间任意力系平衡时，它在任意平面上的投影所组成的平面任意力系也是平衡的。因而在机械工程中，常将空间力系投影到三个坐标平面上，画出构件受力图的三视图，分别列出它们的平衡方程，同样可解出所求的未知量。这种将空间问题简化为三个平面问题的研究方法，称为空间问题的平面解法。本方法适合于求解轮轴类构件的平衡问题。

例 4-4　某传动轴如图 4-9a 所示。已知带紧边拉力 $F_T = 5\text{kN}$，松边拉力 $F_t = 2\text{kN}$，带轮直径 $D = 0.16\text{m}$，齿轮分度圆直径 $d_0 = 0.10\text{m}$，压力角 $\alpha = 20°$，求齿轮圆周力 F_τ、径向力 F_r 和轴承的约束力。

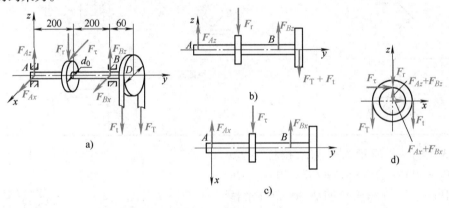

图　4-9

解　1）取传动轴为研究对象，画出它的分离体受力图，并在三个坐标平面投影（图 4-9b、c、d）。

2）按平面力系列平衡方程进行计算。

xz 平面

$$\sum M_A(\pmb{F}) = 0 \qquad (F_T - F_t)\frac{D}{2} - F_\tau \frac{d_0}{2} = 0$$

$$F_\tau = \frac{(F_T - F_t)\,D/2}{d_0/2} = \frac{(5-2)\times 0.16/2}{0.10/2}\text{kN} = 4.8\text{kN}$$

$$F_r = F_\tau \tan\alpha = 4.8\text{kN} \times \tan 20° = 1.747\text{kN}$$

yz 平面

$$\sum M_B(\pmb{F}) = 0 \qquad -400F_{Az} + 200F_r - 60(F_T + F_t) = 0$$

$$F_{Az} = \frac{60 \times (5+2) - 200 \times 1.747}{-400}\text{kN} = -0.176\text{kN}$$

$$\sum M_A(\boldsymbol{F}) = 0 \qquad -200F_r + 400F_{Bz} - 460(F_T + F_t) = 0$$

$$F_{Bz} = \frac{200 \times 1.747 + 460 \times (5+2)}{400}\text{kN} = 8.5705\text{kN}$$

xy 平面，由对称性得

$$F_{Ax} = F_{Bx} = -\frac{F_\tau}{2} = -\frac{4.8\text{kN}}{2} = -2.4\text{kN}$$

例 4-5　一传动轴如图 4-10a 所示，已知带轮半径 $R=0.6$m；带轮自重 $G_2=2$kN；齿轮分度圆半径 $r=0.2$m，齿轮自重 $G_1=1$kN。其中 $AC=CB=l=0.4$m，$BD=l/2$，齿轮啮合点处作用有啮合力 F_n，其三个分量为：圆周力 $F_\tau=12$kN，径向力 $F_r=1.5$kN，轴向力 $F_a=0.5$kN，带轮有倾角 45° 的紧边拉力 F_T，倾角 30° 的松边拉力 F_t，$F_T=2F_t$。试求轴承 A、B 两处的约束力及带的拉力。

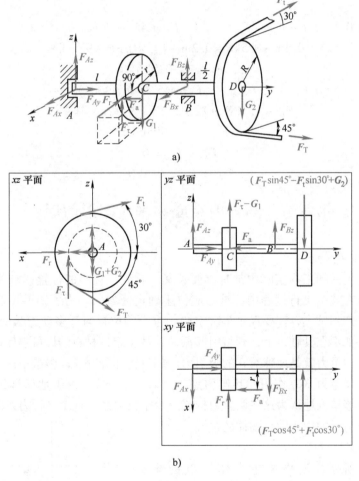

图　4-10

解　取轮轴为研究对象，画出它的分离体在三个投影面上的受力图投影，如图 4-10b 所示。

列平衡方程求解

xz 平面

$$\sum M_A(\boldsymbol{F}) = 0 \qquad\qquad -F_\tau r + (F_T - F_t)R = 0$$

$$12 \times 0.2 - \left(F_T - \frac{F_T}{2}\right) \times 0.6 = 0$$

$$F_T = 8\text{kN}, \qquad F_t = \frac{F_T}{2} = 4\text{kN}$$

yz 平面

$$\sum M_A(\boldsymbol{F}) = 0 \qquad F_{Bz} \times 2l + (F_\tau - G_1)l - (F_T\sin45° - F_t\sin30° + G_2) \times 2.5l = 0$$

$$F_{Bz} \times 0.8\text{m} + 11\text{kN} \times 0.4\text{m} - 5.656\text{kN} \times 1\text{m} = 0$$

$$F_{Bz} = 1.57\text{kN}$$

$$\sum F_z = 0 \qquad F_{Az} + (F_\tau - G_1) + F_{Bz} - (F_T\sin45° - F_t\sin30° + G_2) = 0$$

$$F_{Az} = -6.914\text{kN}$$

xy 平面

$$\sum M_A(\boldsymbol{F}) = 0 \qquad F_r l - F_a r - F_{Bx} \times 2l + (F_T\cos45° + F_t\cos30°) \times 2.5l = 0$$

$$1.5\text{kN} \times 0.4\text{m} - 0.5\text{kN} \times 0.2\text{m} - F_{Bx} \times 0.8\text{m} + 9.12\text{kN} \cdot \text{m} = 0$$

$$F_{Bx} = 12.025\text{kN}$$

$$\sum F_x = 0 \qquad F_{Ax} - F_r + F_{Bx} - (F_T\cos45° + F_t\cos30°) = 0$$

$$F_{Ax} - 1.5\text{kN} + 12.025\text{kN} - 9.12\text{kN} = 0$$

$$F_{Ax} = -1.405\text{kN}$$

$$\sum F_y = 0 \qquad\qquad F_{Ay} - F_a = 0$$

$$F_{Ay} = F_a = 0.5\text{kN}$$

第四节　物体的重心和平面图形的形心

一、物体重心的概念

重心在日常生活和工程实际中都有重要意义。首先，重心的位置影响物体的平衡和稳定。例如，飞机在整个飞行过程中，重心应位于确定区域内。为了知道飞机重心的准确位置，从设计、生产到试飞，都要经过多次求测。重心的位置与许多动力学问题有关，例如，转动机械的重心如不在其轴线上，则将引起振动，甚至超过材料的许可强度而引起破坏。

地球上物体的重力就是地球对它的吸引力。如将物体分割成许多微小体积，则每个微小体积将受到一个微重力 ΔG_i 作用，其作用点为 (x_i, y_i, z_i)。由于地球远比所研究的物体大，因而可以足够精确地认为这些微重力构成一个平行力系。这个平行力系的合力即是物体的重力，此平行力系的中心即是物体的重心。

二、重心的坐标公式

如图 4-11 所示，设物体重力作用点的坐标为 $C(x_C, y_C, z_C)$，根据合力矩定理，重力对于 *y* 轴取矩，则有 $Gx_C = \Sigma(\Delta G_i)x_i$；对于 *x* 轴取矩有 $Gy_C = \Sigma(\Delta G_i)y_i$。若将物体连同坐标系绕 *x* 轴逆时针旋转 90°，再对 *x* 轴取矩，则有 $Gz_C = \Sigma(\Delta G_i)z_i$。由此可得物体的重心坐标公式为

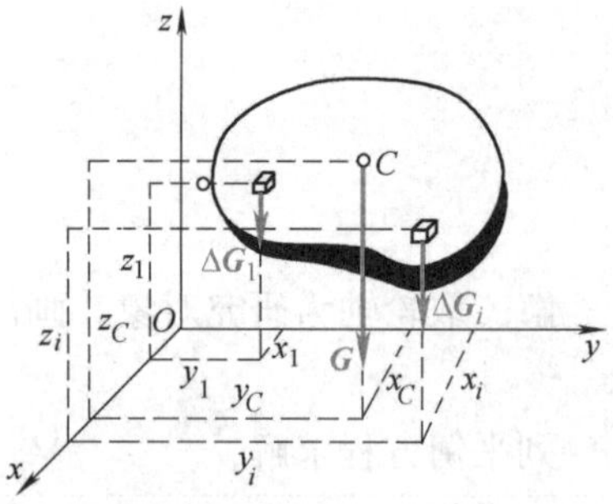

图 4-11

$$
x_C = \frac{\Sigma \Delta G_i x_i}{\Sigma \Delta G_i} = \frac{\Sigma \Delta G_i x_i}{G}
$$

$$
y_C = \frac{\Sigma \Delta G_i y_i}{\Sigma \Delta G_i} = \frac{\Sigma \Delta G_i y_i}{G} \tag{4-9}
$$

$$
z_C = \frac{\Sigma \Delta G_i z_i}{\Sigma \Delta G_i} = \frac{\Sigma \Delta G_i z_i}{G}
$$

对于均质物体，若用 ρ 表示其密度，ΔV 表示微体积，则 $\Delta G = \rho \Delta V g$，$G = \rho V g$，代入上式得

$$
x_C = \frac{\Sigma x_i \Delta V_i}{V} = \frac{\int_V x \mathrm{d}V}{V}
$$

$$
y_C = \frac{\Sigma y_i \Delta V_i}{V} = \frac{\int_V y \mathrm{d}V}{V} \tag{4-10}
$$

$$
z_C = \frac{\Sigma z_i \Delta V_i}{V} = \frac{\int_V z \mathrm{d}V}{V}
$$

由上式可见，均质物体的重心与其重量无关，只取决于物体的几何形状。所以，均质物体的重心就是其几何中心，也称为**形心**。

对于均质薄平板，若 δ 表示其厚度，ΔA 表示微体面积，厚度取在 z 轴方向，将 $\Delta V = \Delta A \delta$ 代入式（4-10），可得其形心的坐标公式为

$$
x_C = \frac{\Sigma x_i \Delta A_i}{A} = \frac{\int_A x \mathrm{d}A}{A}
$$

$$
y_C = \frac{\Sigma y_i \Delta A_i}{A} = \frac{\int_A y \mathrm{d}A}{A} \tag{4-11}
$$

记 $S_y = \Sigma x_i \Delta A_i = x_C A$，$S_y$ 称为图形对 y 轴的**静矩**；$S_x = \Sigma y_i \Delta A_i = y_C A$，$S_x$ 称为图形对 x 轴的静矩。此即表明，平面图形对某坐标轴的静矩等于该图形各微面积对于同一轴静矩的代数和。上式也称为平面图形的**形心坐标**。

从上式可知，若 x 轴通过图形的形心，即 $y_C = 0$。由此可得结论：若某轴通过图形的形心，则图形对该轴的静矩必为零；若图形对某轴的静矩为零，则该轴必通过图形的形心。

三、求重心的方法

1. 对称法

对于均质物体，若在几何体上具有对称面、对称轴或对称点，则物体的重心或形心也必在此对称面、对称轴或对称点上。

若物体具有两个对称截面，则重心在两个对称面的交线上；若物体有两根对称轴，则重心在两根对称轴的交点上。例如，球心是圆球的对称点，同时也是它的重心或形心；矩形的形心就在两个对称轴的交点上。

2. 实验法

在工程实际中常会遇到外形复杂的物体，应用上述方法计算重心位置很困难，有时只能

作近似计算，待产品制成后，再用实验测定进行校核，最终确定其重心位置。常用的实验法有悬挂法和称重法两种。

（1）悬挂法　如果需求薄板或具有对称面的薄零件的重心，可先将薄板用细绳悬挂于任一点 A，如图 4-12a 所示，过悬挂点 A 在板上画一铅垂线 AA'，由二力平衡原理可知，物体重心必在 AA' 线上，然后再将板悬挂于另一点 B，同样可画出另一直线 BB'，则重心也必在 BB' 上。AA' 与 BB' 的交点 C 就是物体的重心（图 4-12b）。

（2）称重法　对某些形状复杂或体积较大的物体，常用称重法确定其重心位置。如图 4-13 所示，连杆具有两个互相垂直的纵向对称平面，其重心必定在这两个对称平面的交线上，即在连杆的中心线 AB 上。在 AB 线上的准确位置，可用下面方法予以确定：首先称出连杆的重量 G；然后再将连杆的一端 B 放在秤上，另一端 A 搁在水平面或刀口上，使其中心线 AB 处于水平位置，读出秤上读数 G_1，并量出 AB 间距离 l，由力矩平衡方程 $G_1 l - G x_C = 0$，得

$$x_C = \frac{G_1}{G} l$$

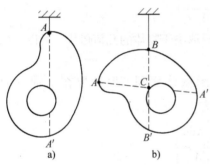

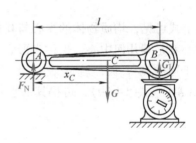

图　4-12　　　　　　　　　　　　　　　　图　4-13

3. 组合法

对于由简单形体构成的组合体，可将其分割成若干个简单形状的物体，当各简单形体重心位置可知时，可利用式（4-9）求出物体的重心位置。这种方法称为组合法或分割法。一般简单形体的重心坐标可在工程手册中查阅。表 4-2 列出了几种简单形体的重心坐标公式。

表 4-2　简单形体重心（形心）表

图　　　形	重 心 位 置
三角形	$y_C = \dfrac{1}{3} h$

（续）

图　形	重 心 位 置
梯 形	$y_C = \dfrac{h}{3}\dfrac{(a+2b)}{(a+b)}$
扇 形	$x_C = \dfrac{2}{3}\dfrac{r\sin\alpha}{\alpha}$ 对半圆，$\alpha = \dfrac{\pi}{2}$，则 $x_C = \dfrac{4r}{3\pi}$
半 圆 球 体	$z_C = \dfrac{3}{8}r$
正 圆 锥 体	$z_C = \dfrac{1}{4}h$

例 4-6 有一 T 形截面，如图 4-14 所示，已知 $a = 2\mathrm{cm}$，$b = 10\mathrm{cm}$，试求此截面的形心坐标。

解 将 T 形截面分割成 I 、 II 两块矩形，并建立图 4-14 所示坐标系，两矩形截面的形心坐标分别为 C_1 (0，11)，C_2 (0，5)。

由形心坐标公式得

$$x_C = \frac{A_{\mathrm{I}} \times 0 + A_{\mathrm{II}} \times 0}{A_{\mathrm{I}} + A_{\mathrm{II}}} = 0$$

$$y_C = \frac{A_{\mathrm{I}} y_1 + A_{\mathrm{II}} y_2}{A_{\mathrm{I}} + A_{\mathrm{II}}} = \frac{20 \times 11 + 20 \times 5}{20 + 20}\mathrm{cm} = 8\mathrm{cm}$$

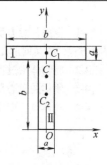

图 4-14

关于 $x_C = 0$，从图形的对称性也可以直接看得出来。因为 y 轴为对称轴，T 形截面的形心必在 y 轴上。

若有一形体从其基本形体中挖去一部分，可把被挖去部分的面积看做负值，仍可用相同办法求出形心位置。

小　结

一、力的投影和力对轴之矩

1. 力在空间坐标轴上的投影

一次投影法：若已知力 F 与三坐标轴的夹角分别为 α、β、γ，则力 F 在三个轴上的投影等于力的大小乘以该夹角的余弦，即 $F_x = F\cos\alpha$，$F_y = F\cos\beta$，$F_z = F\cos\gamma$。

二次投影法：若已知力 F 与 z 轴的夹角为 γ，力 F 与 z 轴所确定的平面与 x 轴的夹角为 φ，可先将力 F 在 Oxy 平面上投影，然后再向 x 轴、y 轴进行投影，即 $F_x = F\sin\gamma\cos\varphi$，$F_y = F\sin\gamma\sin\varphi$，$F_z = F\cos\gamma$。

2. 力对轴之矩

（1）用力的平面投影计算　将空间力 F 在垂直于轴的平面进行投影，力对轴之矩等于这个力在垂直于该轴的平面上的投影对该轴与平面交点之矩，即 $M_z(F) = M_O(F_{xy}) = \pm F_{xy}d$。

（2）用合力投影定理计算　将空间力 F 沿坐标轴方向分解为 F_x、F_y、F_z，则力 F 对某轴之矩等于各分力对同轴之矩的代数和，即 $M_z(F) = M_z(F_x) + M_z(F_y)$。

二、空间力系平衡方程及其应用

1）应用空间力系的六个平衡方程，直接求解。

2）应用平面解法。将工程构件与空间力系一起投影到三个坐标平面（取构件的侧视、主视和俯视图），化空间问题为平面力系问题，应用平面力系平衡方程即可求解。

三、物体的重心和平面图形的形心

1）物体重心的基本坐标公式是由合力矩定理导出的。

2）匀质物体在地球表面附近的重心和形心是合一的。匀质组合形体的重心可用组合法的计算公式求解；非匀质物体或多件组合体，一般采用实验法来确定其重心位置。

3）平面图形对某坐标轴的静矩等于该图形各微面积对于同一轴静矩的代数和，即静矩 $S_y = \sum x_i \Delta A_i = x_C A$，$S_x = \sum y_i \Delta A_i = y_C A$。

思　考　题

4-1　空间任意力系向三个互相垂直的坐标平面投影，可得到三个平面力系，每个平面力系可列出三个平衡方程，故共列出九个平衡方程。这样是否可以求解出九个未知量？试说明理由。

4-2　将物体沿过重心的平面切开，两边是否一样重？

4-3　物体的重心是否一定在物体内部？

4-4　物体位置变动时，其重心位置是否变化？如果物体发生了形变，重心位置变不变？

习　题

4-1　如图 4-15 所示，在边长 $a = 12\text{cm}$，$b = 16\text{cm}$，$c = 10\text{cm}$ 的六面体上，作用力 $F_1 = 2\text{kN}$，$F_2 = 2\text{kN}$，$F_3 = 4\text{kN}$，试计算各力在坐标轴上的投影。

4-2　斜齿圆柱齿轮传动时，齿轮受力如图 4-16 所示，已知 $F_n = 1000\text{N}$，$\alpha = 20°$，$\beta = 15°$。试求作用于齿轮上的圆周力、径向力和轴向力。

4-3　如图 4-17 所示，$F = 1000\text{N}$，求 F 对于 z 轴的力矩 M_z。

4-4　铰车如图 4-18 所示，$F = 1000\text{N}$，求 F 在坐标轴上的投影和对三个坐标轴的力矩。

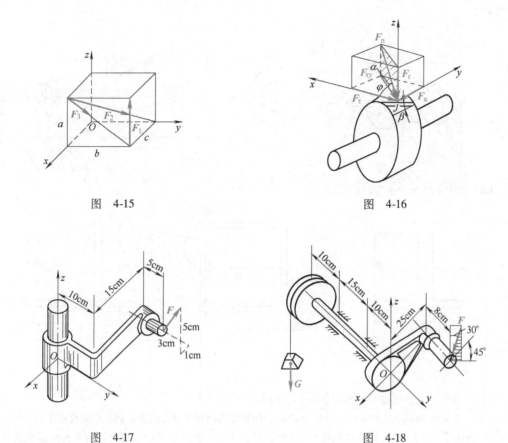

图　4-15

图　4-16

图　4-17

图　4-18

4-5　图 4-19 所示某传动轴由 A、B 二轴承支承，直齿圆柱齿轮节圆直径 $d=180\text{mm}$，压力角 $\alpha=20°$，在法兰盘上作用一力偶矩 $M=1\text{kN}\cdot\text{m}$ 的力偶。若轮轴上的自重及摩擦不计，求传动轴匀速转动时 A、B 两轴承的约束力。

4-6　图 4-20 所示传动轴，带拉力 F_T、F_t 及齿轮径向压力 F_r 铅垂向下。已知 $F_T/F_t=2$ 且 $F_t=1\text{kN}$，压力角 $\alpha=20°$，$R=500\text{mm}$，$r=300\text{mm}$，$a=500\text{mm}$，试求圆周力 F_τ、径向力 F_r 及 A、B 轴承的约束力。

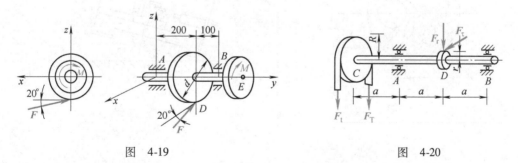

图　4-19

图　4-20

4-7　图 4-21 所示传动轮系，水平轴 AB 上装有两个齿轮，大齿轮 C 的节圆直径 $d_1=200\text{mm}$，小齿轮节圆直径 $d_2=100\text{mm}$。已知作用于齿轮 C 上的水平圆周力 $F_{\tau1}=500\text{N}$，作用于齿轮 D 上的圆周力沿铅垂方向，齿轮压力角 $\alpha=20°$，求平衡时的圆周力 $F_{\tau2}$、径向力 F_{r1}、F_{r2}，以及轴承约束力。（提示：$F_r=F_\tau\tan\alpha$。）

4-8　图 4-22 所示传动轴上装有两个带轮，F_{T1} 和 F_{t1} 铅垂向下，F_{T2} 和 F_{t2} 平行并与水平面夹角 $\beta=30°$，已知 $F_{T1}=2F_{t1}=5000\text{N}$，$F_{T2}=2F_{t2}$，$r_1=200\text{mm}$，$r_2=300\text{mm}$，试求平衡时带拉力 F_{T2} 和 F_{t2} 的大小及两轴承

的约束力。

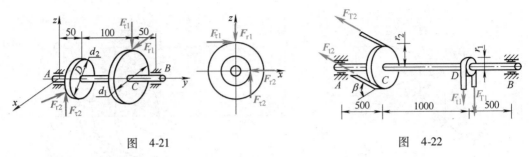

图 4-21 图 4-22

4-9 求图 4-23 所示平面图形的形心。

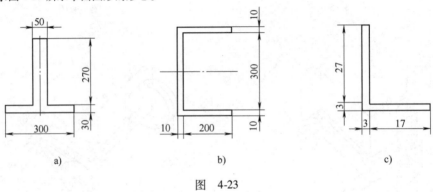

a) b) c)

图 4-23

4-10 求图 4-24 所示图形阴影部分的形心坐标。

4-11 图 4-25 所示机床的床身总重量为 25kN,用称重法测量其重心位置。机床的床身水平放置时 $\theta=0°$,拉力计上的读数为 17.5kN,使床身倾斜 $\theta=20°$ 时,拉力计上的读数为 15kN,机身长为 2.4m。试确定床身重心的位置。

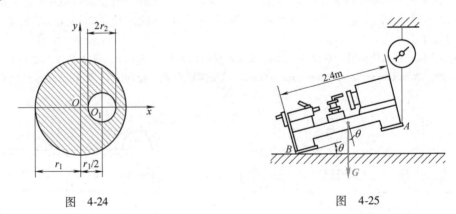

图 4-24 图 4-25

第五章
轴向拉伸与压缩

第一节　材料力学的基本概念

一、构件的承载能力

各种机器设备和工程结构，都是由若干个构件组成的。生产实践中，使组成机器或结构的构件能够安全可靠地工作，才能保证机器或结构的安全可靠性。构件的安全可靠性通常是用构件承受载荷的能力（简称承载能力）来衡量的。研究构件承载能力的科学也称为材料力学。

构件的承载能力包括了以下三方面的要求：

（1）强度　构件在载荷作用下会产生变形，构件产生显著的塑性变形或断裂将导致构件失效。例如，连接用的螺栓，产生显著的塑性变形就丧失了正常的连接功能。所以，把构件**抵抗破坏的能力**称为**构件的强度**。

（2）刚度　构件不仅要有足够的强度，而且也不能产生过大的变形，否则会影响构件的正常工作。例如，传动轴若发生较大变形，则轴承、齿轮会加剧磨损，降低寿命，影响齿轮的啮合，使机器不能正常运转。所以，把**构件抵抗变形的能力**称为**构件的刚度**。

（3）稳定性　对于受压的细长杆件，当压力超过某一数值时，压杆原有的直线平衡状态就不能维持。**压杆能够维持原有直线平衡状态的能力称为压杆的稳定性**。

要保证构件在载荷作用下安全可靠地工作，就必须使构件具有足够的承载能力。满足承载能力可通过多用材料或选用优质材料来实现。但是多用材料或选用优质材料，会造成浪费，增加生产成本，不符合经济和节约的原则。显然，构件的安全可靠性与经济性是矛盾的。

研究构件承载能力的目的就是，**在保证构件既安全又经济的前提下，为构件选择合适的材料，确定合理的截面形状和尺寸，提供必要的理论基础和实用的计算方法**。

二、变形体及基本假设

在静力学分析中，忽略了物体在载荷作用下形状尺寸的改变，而将物体抽象为刚体。工程实际中，这种不变形的构件（刚体）是不存在的，任何构件在载荷作用下，其形状和尺寸都会发生改变，称为变形。研究构件的承载能力时，构件所发生的变形不能忽略，即使构件发生的变形很微小，也不能忽略，因此把构件抽象为变形体，也称为变形固体。

工程实际中，各种构件所用材料的物质结构及性能是非常复杂的。为了便于理论分析，常常略去次要性质，保留其主要属性，对变形固体作以下的基本假设。

（1）均匀连续性假设　假定变形体内部毫无空隙地充满物质，且各点处的力学性能都是相同的。

固体材料都是由微观粒子组成的，材料内部存在着不同程度的孔隙，而且各粒子的性能也不尽相同；同时材料内部不可避免地存在缺陷（杂质和气孔）。但由于我们是从宏观的角度研究构件的强度等问题，材料内部的孔隙与构件的尺寸相比极其微小，且所有粒子的排列又是错综复杂的，所以整个变形体的力学性能从宏观上看是这些粒子性能的统计平均值，呈均匀性。

（2）各向同性假设　假定变形体材料内部各个方向的力学性能都是相同的。

工程中使用的大部分材料，如多数金属材料，具有各向同性的性能。但木材等一些纤维性材料各个方向上的性能显示了各向异性，在此假设上得出的结论，只能近似地应用在这类各向异性的材料上。

（3）弹性小变形　在载荷作用下，构件会产生变形。当载荷不超过某一限度时，卸载后变形会完全消失。这种卸载后能够消失的变形称为**弹性变形**。若载荷超过某一限度时，卸载后仅能消失部分变形，另一部分不能消失的变形称为**塑性变形**。以后几章将主要研究微小的弹性变形问题，称为**弹性小变形**。由于这种弹性小变形与构件的原始尺寸相比是微不足道的，因此在确定构件内力和计算变形时，可按构件的原始尺寸进行分析计算。

三、杆件变形的基本形式

工程实际中的构件种类繁多，根据其几何形状，可以简化分类为杆、板、壳、块等。杆件的几何特征是：其纵向（长度方向）尺寸远大于横向（垂直于长度方向）尺寸。垂直于杆长的截面称为横截面，各横截面形心的连线称为轴线。轴线是直线的杆为直杆；各截面大小、形状相同的杆为等截面杆。本书将主要研究截面直杆（简称等直杆）的变形及其承载能力。

等直杆在载荷作用下，其基本变形的形式如图 5-1 所示。

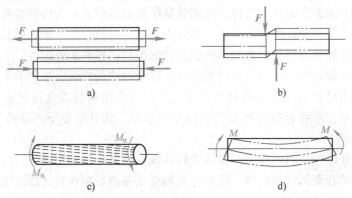

图　5-1

a）轴向拉伸和压缩变形　b）剪切变形　c）扭转变形　d）弯曲变形

除以上基本变形外，工程中还有一些复杂的变形形式。每一种复杂变形都是由两种或两种以上的基本变形组合而成的，称为组合变形。

第二节　轴向拉（压）的工程实例与力学模型

一、工程实例

轴向拉伸与压缩变形是杆件基本变形中最简单、最常见的一种变形。例如，在图 5-2a

所示的支架中，杆 *AB*、杆 *BC* 铰接于 *B* 点，在 *B* 铰处悬吊重 *G* 的物体。由静力分析可知：杆 *AB* 是二力杆件，受到拉伸；杆 *BC* 也是二力杆件，受到压缩。

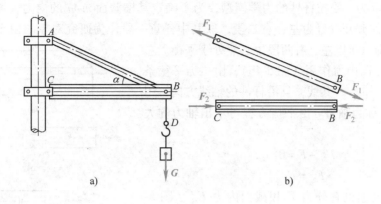

图 5-2

二、力学模型

若将实际拉伸与压缩的杆件 *AB*、*BC* 简化，用杆的轮廓线代替实际的杆件，杆件两端的外力（集中力或合外力）沿杆件轴线作用，就得到图 5-3a 所示的力学模型，或者用杆件的轴线代替杆件，杆件两端的外力沿杆件轴线作用，就得到图 5-3b 所示的力学模型。

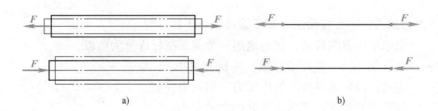

图 5-3

从以上分析可以看出，杆件的受力与变形特点是：**作用于杆端的外力（或合外力）沿杆件的轴线作用，杆沿轴线方向伸长（或缩短），沿横向缩短（或伸长）。**

杆件的这种变形形式称为杆件的**轴向拉伸与压缩**。发生轴向拉伸与压缩的杆件一般简称为**拉（压）杆**。

第三节　轴力和轴力图

一、内力的概念

杆件以外物体对杆件的作用力称为杆件的外力。拉（压）杆在外力（主动力和约束力）作用下产生变形，内部材料微粒之间的相对位置发生了改变，其相互作用力也发生了改变。**这种由外力引起的杆件内部的相互作用力，简称为内力。**

杆件横截面内力随外力的增加而增大，但内力增大是有限度的，若超过某一限度，杆件就会被破坏，所以内力的大小和分布形式与杆件的承载能力密切相关。为了保证杆件在外力作用下安全可靠地工作，必须弄清楚杆件的内力，因而对各种基本变形的研究都是从内力分析开始的。

二、拉（压）杆的内力——轴力

图5-4a 所示为一受拉杆件的力学模型，为了确定其横截面 m-m 的内力，可以假想地用截面 m-m 把杆件截开，分为左、右二段，取其中任意一段作为研究对象。由于杆件在外力作用下处于平衡，所以左、右两段也必然处于平衡。左段上有力 F 和截面内力作用（图5-4b），由二力平衡条件，该内力必与外力 F 共线，且沿杆件的轴线方向，用符号 F_N 表示，称为**轴力**。由平衡方程可求出轴力的大小：

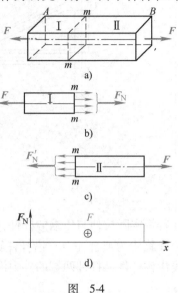

$$\Sigma F_x = 0 \qquad F_N - F = 0$$
$$F_N = F$$

图 5-4

同理，右段上也有外力 F 和截面内力 F_N'（图5-4c），满足平衡方程。因 F_N' 与 F_N 是一对作用力与反作用力，必等值、反向和共线，因此无论研究截面左段求出的轴力 F_N，还是研究截面右段求出的内力 F_N'，都表示 m-m 截面的内力。拉杆的轴力 F_N 的方向背离截面（沿截面的外法线），规定为正；压杆的轴力指向截面，规定为负。

以上求内力的方法称为**截面法**。其步骤概括如下：

1）截——沿欲求内力的截面，假想地用一个截面把杆件分为两段。

2）取——取出任一段（左段或右段）为研究对象。

3）代——将另一段对该段截面的作用力，用内力代替。

4）平——列平衡方程式，求出该截面内力的大小。

截面法是求内力最基本的方法。值得注意的是，应用截面法求内力，截面不能选在外力作用点处的截面上。为什么？留给读者思考。

从截面法求轴力可以得出：**两外力作用点之间各个截面的轴力都相等**。

三、轴力图

为了能够形象直观地表示出各横截面轴力的大小，用平行于杆轴线的 x 坐标轴表示横截面位置，称为截面坐标 x，用垂直于 x 轴的坐标 F_N 表示横截面轴力的大小，按选定的比例，把轴力表示在 x-F_N 坐标系中，描出的**轴力随截面坐标 x 的变化曲线称为轴力图**（图5-4d）。

例5-1 图5-5a 所示等截面直杆，受轴向作用力 $F_1 = 15\text{kN}$，$F_2 = 10\text{kN}$。试画出杆的轴力图。

解 1）外力分析。先解除约束，画杆件的受力图（图5-5b）。A 端的约束力 F_A 由平衡方程

$$\Sigma F_x = 0 \qquad F_A - F_1 + F_2 = 0$$

得

$$F_A = F_1 - F_2 = 15\text{kN} - 10\text{kN} = 5\text{kN}$$

2）内力分析。外力 F_A、F_1、F_2 将杆件分为 AB 段和 BC 段。在 AB 段，用 1-1 截面将杆件截分为两段，取左段为研究对象，右段对截面的作用力用 F_{N1} 来代替，并假定该轴力 F_{N1}

为正，由平衡方程

$$\sum F_x = 0 \qquad\qquad F_{N1} + F_A = 0$$

得

$$F_{N1} = -F_A = -5\text{kN}$$

负号表示 F_{N1} 的方向和假定方向相反，截面受压。

在 BC 段，用任意 2-2 截面将杆件截为两段，取左段为研究对象，右段对左段截面的作用力用 F_{N2} 来代替。假定轴力 F_{N2} 为正，由平衡方程

$$\sum F_x = 0 \qquad F_{N2} + F_A - F_1 = 0$$

得

$$F_{N2} = -F_A + F_1 = （-5+15）\text{kN} = 10\text{kN}$$

3）画轴力图。杆件 AB 之间所有截面（不包括 A、B 点处的截面）的轴力都等于 F_{N1}，求出了 1-1 截面的轴力，也就求出了 AB 段之间各个截面的轴力；同理，BC 段之间各个截面的轴力都等于 F_{N2}。画出轴力图如图 5-5e 所示。

由上例可以总结出求截面轴力的简便方法：**杆件任意截面的轴力 $F_N（x）$，等于截面一侧左段（或右段）杆件上轴向外力的代数和。左段向左（或右段向右）的外力产生正值轴力，反之产生负值轴力。**

例 5-2　已知杆件作用轴向力如图 5-6 所示，$F_1 = 8\text{kN}$，$F_2 = 20\text{kN}$，$F_3 = 8\text{kN}$，$F_4 = 4\text{kN}$，用简便方法求轴力，并画轴力图。

解　1）AC 段内各个截面轴力相同，任一横截面轴力 F_{N1} 等于截面左段杆长上外力的代数和。

$$F_{N1} = F_1 = 8\text{kN}$$

2）同理，CD、DB 段内横截面的轴力分别为

$$F_{N2} = F_1 - F_2 = （8-20）\text{kN} = -12\text{kN}$$

$$F_{N3} = F_1 - F_2 + F_3 = （8-20+8）\text{kN} = -4\text{kN}$$

3）建立 $x\text{-}F_N$ 坐标，画出轴力图，如图 5-6b 所示。

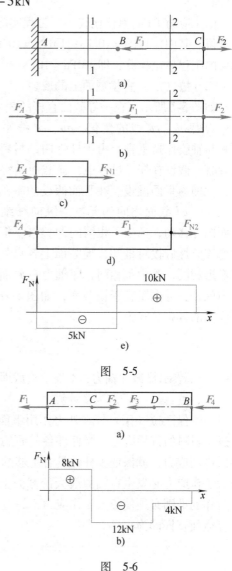

图　5-5

图　5-6

第四节　拉（压）杆横截面的应力和强度计算

一、应力的概念

用外力拉伸一根变截面杆件，内力随外力的增加而增大，为什么杆件最终总是从较细的一段被拉断？这是因为，较细一段横截面单位面积上的内力分布比较粗一段的内力分布的密度大，因此，判断杆件是否破坏的依据不是内力的大小，而是内力在截面上分布的密集程度。把内力在截面上的集度称为应力，其中**垂直于截面的应力称为正应力，平行于截面的应**

力称为**切应力**。

应力的单位是帕斯卡，简称帕，记作 Pa，即 $1m^2$ 的面积上作用 1N 的力为 1Pa，$1N/m^2$ = 1Pa。

由于应力 Pa 的单位比较小，工程实际中常用千帕（kPa）、兆帕（MPa）、吉帕（GPa）为单位。其中，$1kPa = 10^3Pa$；$1MPa = 10^6Pa$；$1GPa = 10^9Pa$。为运算简便，可采用 N、mm^2、MPa 的工程单位换算，即 $1MPa = 10^6N/m^2 = 1N/mm^2$。

二、拉（压）杆横截面上的应力

如图 5-7 所示，在一等截面直杆的表面上，刻划出横向线 ab、cd。作用外力 F 使杆件拉伸。观察 ab、cd 线的变化，ab、cd 线平行向外移动并与轴线保持垂直。由于杆件内部材料的变化无法观察，假设在变形过程中，横截面始终保持为平面，此即为**平面假设**。在平面假设的基础上，设想夹在 ab、cd 截面之间的无数条纵向纤维随 ab、cd 截面向外移动，产生了相同的伸长量。根据材料的均匀连续性假设可推知，横截面上各点处纵向纤维的变形相同，受力也相同，即轴力在截面上是均匀

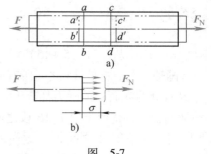

图 5-7

分布的，且方向垂直于横截面，如图 5-7b 所示。即横截面存在有正应力，用符号 σ 表示。其应力的分布公式为

$$\sigma = \frac{F_N}{A} \tag{5-1}$$

式中，F_N 表示横截面轴力；A 表示横截面面积。

三、拉（压）杆的强度计算

为了保证拉（压）杆在外力作用下能够安全可靠地工作，必须使杆件横截面的应力不超过其材料的许用应力。当杆件各截面的应力不相等时，只要杆件的最大工作应力不超过材料的许用应力，就保证了杆件具有足够的强度；对于等截面直杆，由于各横截面面积相同，最大工作应力必发生在轴力最大的截面上。为了使构件不发生拉（压）失效，保证构件安全工作的准则必须使最大工作应力不超过材料的允许应力值，这一条件称为**强度设计准则**。对等截面直杆即为

$$\sigma_{max} = \frac{F_{Nmax}}{A} \leqslant [\sigma] \tag{5-2}$$

式中，$[\sigma]$ 称为许用应力。有关许用应力的概念将在本章第七节作详细介绍。应用强度准则式（5-2）所进行的运算称为**强度计算**。强度计算可以解决以下三类问题：

（1）校核强度 已知作用外力 F、横截面积 A 和许用应力 $[\sigma]$，计算出最大工作应力，检验是否满足强度准则，从而判断构件是否能够安全可靠地工作。

（2）设计截面 已知作用外力 F、许用应力 $[\sigma]$，由强度准则计算出截面面积 A，即 $A \geqslant F_{Nmax}/[\sigma]$，然后根据工程要求的截面形状，设计出杆件的截面尺寸。

（3）确定许可载荷 已知构件的截面面积 A、许用应力 $[\sigma]$，由强度准则计算出构件所能承受的最大内力 F_{Nmax}，即 $F_{Nmax} \leqslant A[\sigma]$，再根据内力与外力的关系，确定出杆件允许的最大载荷值 $[F]$。

工程实际中，进行构件的强度计算时，根据有关设计规范，最大工作应力不超过许用应力的 5% 也是允许的。

例 5-3 某铣床工作台进给液压缸如图 5-8 所示，缸内工作液压 $p = 2\text{MPa}$，液压缸内径 $D = 75\text{mm}$，活塞杆直径 $d = 18\text{mm}$，已知活塞杆材料的 $[\sigma] = 50\text{MPa}$，试校核活塞杆的强度。

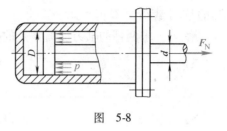

图 5-8

解 1）求活塞杆的轴力

$$F_N = pA = p\frac{\pi}{4}(D^2 - d^2) = 2 \times \frac{\pi}{4} \times (75^2 - 18^2)\ \text{N} = 8.3 \times 10^3\ \text{N} = 8.3\text{kN}$$

2）按强度准则校核

$$\sigma = \frac{F_N}{A} = \frac{8.3 \times 10^3}{\pi \times 18^2/4}\text{MPa} = 32.6\text{MPa} < [\sigma]$$

活塞杆的强度满足。

例 5-4 如图 5-9 所示，三角吊环由斜杆 AB、AC 与横杆 BC 组成，$\alpha = 30°$，斜钢杆的 $[\sigma] = 170\text{MPa}$，吊环最大吊重 $G = 150\text{kN}$。试按强度准则设计斜杆 AB、AC 的截面直径 d。

解 1）求斜杆 AB、AC 的轴力。对于吊环整体由二力平衡可知，$F_T = G$。在 A 点临近用截面法截开杆 AB、AC，并设杆 AB、AC 的轴力分别为 F_{N1}、F_{N2}，画出 A 点的受力图，列平衡方程式求斜杆 AB、AC 的轴力为

$\sum F_x = 0$ $\qquad -F_{N1}\sin\alpha + F_{N2}\sin\alpha = 0$

$\qquad\qquad\qquad F_{N1} = F_{N2}$

$\sum F_y = 0$ $\qquad G - F_{N1}\cos\alpha - F_{N2}\cos\alpha = 0$

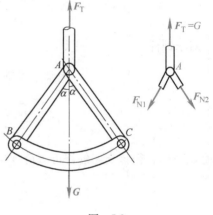

图 5-9

$$F_{N1} = F_{N2} = \frac{G}{2\cos\alpha} = \frac{\sqrt{3}}{3}G = 86.6\text{kN}$$

2）设计截面直径。由强度准则可知 $\sigma = \dfrac{F_N}{A} = \dfrac{F_N}{\pi d^2/4} \leqslant [\sigma]$，得

$$d \geqslant \sqrt{\frac{4F_N}{\pi[\sigma]}} = \sqrt{\frac{4 \times 86.6 \times 10^3}{\pi \times 170}}\text{mm} = 25.5\text{mm}$$

取斜杆 AB、AC 的截面直径 $d = 26\text{mm}$。

例 5-5 图 5-10 所示的支架，在 B 点处受载荷 G 作用，杆 AB、BC 分别是木杆和钢杆，木杆 AB 的横截面面积 $A_1 = 100 \times 10^2\text{mm}^2$，许用应力 $[\sigma_1] = 7\text{MPa}$；钢杆 BC 的横截面面积 $A_2 = 600\text{mm}^2$，许用应力 $[\sigma_2] = 160\text{MPa}$。求支

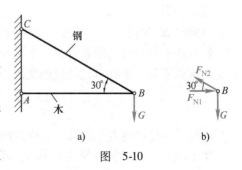

图 5-10

架的许可载荷 $[G]$。

解 1) 求两杆的轴力。画 B 点的受力图，列平衡方程得

$$\Sigma F_y = 0 \qquad\qquad F_{N2}\sin30° - G = 0$$

$$F_{N2} = 2G$$

$$\Sigma F_x = 0 \qquad\qquad F_{N1} - F_{N2}\cos30° = 0$$

$$F_{N1} = \frac{\sqrt{3}}{2}F_{N2} \qquad F_{N1} = \sqrt{3}G$$

2) 确定支架的许可载荷 $[G]$。

对于木杆

由强度准则 $\sigma_1 = \dfrac{F_{N1}}{A_1} = \dfrac{\sqrt{3}G_1}{A_1} \le [\sigma_1]$ 得

$$G_1 \le \frac{7 \times 100 \times 10^2}{\sqrt{3}}\text{N} = 40.4 \times 10^3\,\text{N} = 40.4\text{kN}$$

对于钢杆

由强度准则 $\sigma_2 = \dfrac{F_{N2}}{A_2} = \dfrac{2G_2}{A_2} \le [\sigma_2]$ 得

$$G_2 \le \frac{160 \times 600}{2}\text{N} = 48 \times 10^3\,\text{N} = 48\text{kN}$$

比较 G_1、G_2，得该支架的许可载荷 $[G] = 40.4\text{kN}$。

第五节   拉（压）杆的变形

一、变形与线应变

如图 5-11 所示，等截面直杆的原长为 l，横向尺寸为 b，在轴向外力作用下，纵向伸长到 l_1，横向缩短到 b_1。把拉（压）杆的纵向伸长（或缩短）量称为**绝对变形**，用 Δl 表示；横向伸长（或缩短）量用 Δb 表示。

图 5-11

纵向变形 $\qquad \Delta l = l_1 - l$
横向变形 $\qquad \Delta b = b_1 - b$

拉伸时 Δl 为正，Δb 为负；压缩时 Δl 为负，Δb 为正。

绝对变形与杆件的原长有关，不能准确反映杆件的变形程度。为消除杆长的影响，用绝对变形除以原长，得到单位长度的变形量称为**相对变形**，用 ε、ε' 表示。

$$\varepsilon = \frac{\Delta l}{l} = \frac{l_1 - l}{l}, \qquad \varepsilon' = \frac{\Delta b}{b} = \frac{b_1 - b}{b}$$

ε 和 ε' 都是量纲为 1 的量，又称为**线应变**，其中 ε 称为纵向应变，ε' 称为横向应变。

实验表明，在材料的弹性范围内，其横向应变与纵向应变的比值为一常数，记作 μ，称

为**横向变形系数**（泊松比）。

$$\left|\frac{\varepsilon'}{\varepsilon}\right| = \mu \quad 或 \quad \varepsilon' = -\mu\varepsilon \tag{5-3}$$

几种常用工程材料的 μ 值见表 5-1。

二、胡克定律

实验表明，对等截面、等内力的拉（压）杆，当应力不超过某一极限值时，杆的纵向变形 Δl 与轴力 F_N 成正比，与杆长 l 成正比，与横截面面积 A 成反比，这一比例关系称为**胡克定律**。引入比例常数 E，即为

$$\Delta l = \frac{F_N l}{EA} \tag{5-4}$$

式中，比例常数 E 称为**材料的拉（压）弹性模量**，单位为 GPa。各种材料的弹性模量 E 是由实验测定的。几种常用材料的 E 值见表 5-1。

表 5-1　几种常用工程材料的 E、μ 值

材料名称	E/GPa	μ
低碳钢	$196 \sim 216$	$0.25 \sim 0.33$
合金钢	$186 \sim 216$	$0.24 \sim 0.33$
灰铸铁	$78.5 \sim 157$	$0.23 \sim 0.27$
铜合金	$72.6 \sim 128$	$0.31 \sim 0.42$
铝合金	70	0.33

由式（5-4）可知，轴力、杆长、截面面积相同的等直杆，E 值越大，Δl 就越小，所以 E 值代表了材料抵抗拉（压）变形的能力，是衡量材料的刚度指标。拉（压）杆的横截面积 A 和材料弹性模量 E 的乘积与杆件的变形成反比，EA 值越大，Δl 就越小，拉（压）杆抵抗变形的能力就越强，所以，EA 值是拉（压）杆抵抗变形能力的量度，称为杆件的**抗拉（压）刚度**。

对式（5-4）两边同除以 l，并用 σ 代替 F_N/A，胡克定律可化简成另一种表达式，即

$$\sigma = E\varepsilon \tag{5-5}$$

式（5-5）表明，**当应力不超过某一极限值时，应力与应变成正比**。

应用式（5-4）、式（5-5）时，要注意它们的适用条件：应力不超过某一极限值，这一极限值是指材料的比例极限。各种材料的比例极限可由实验测定。式（5-4）中在杆长 l 内，F_N、E、A 均为常量，否则应分段计算。

三、拉（压）杆的变形计算

例 5-6　图 5-12a 所示阶梯形钢杆，已知 AB 段和 BC 段横截面面积 $A_1 = 200\text{mm}^2$，$A_2 = 500\text{mm}^2$，钢材的弹性模量 $E = 200\text{GPa}$，作用轴向力 $F_1 = 10\text{kN}$，$F_2 = 30\text{kN}$；$l = 100\text{mm}$。试求：各段横截面上的应力和杆件的总变形。

解　1）求杆件各段轴力并画轴力图。

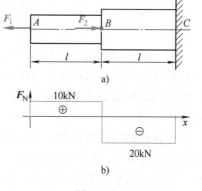

图　5-12

AB 段 $F_{N1} = F_1 = 10kN$

BC 段 $F_{N2} = F_1 - F_2 = (10 - 30) kN = -20kN$

2）求各段杆截面的应力。

AB 段

$$\sigma_1 = \frac{F_{N1}}{A_1} = \frac{10 \times 10^3}{200}MPa = 50MPa$$

BC 段

$$\sigma_2 = \frac{F_{N2}}{A_2} = \frac{-20 \times 10^3}{500}MPa = -40MPa$$

3）计算杆的总变形。由于各段杆长内的轴力不相同，需分段计算，总变形等于各段变形的代数和。

$$\Delta l = \Delta l_1 + \Delta l_2 = \frac{F_{N1}l}{EA_1} + \frac{F_{N2}l}{EA_2} = \frac{l}{E}\left(\frac{F_{N1}}{A_1} + \frac{F_{N2}}{A_2}\right)$$

$$= \frac{100}{200 \times 10^3}\left(\frac{10 \times 10^3}{200} + \frac{-20 \times 10^3}{500}\right)mm$$

$$= 0.5 \times 10^{-2}mm = 0.005mm$$

例 5-7 图 5-13 所示的螺栓接头，螺栓小径 $d = 10.1mm$，拧紧后测得长度为 $l = 80mm$ 内的伸长量 $\Delta l = 0.04mm$，$E = 200GPa$，试求螺栓拧紧后横截面的正应力及螺栓对钢板的预紧力。

解 1）螺栓的线应变为

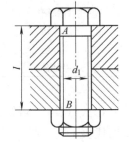

$$\varepsilon = \frac{\Delta l}{l} = \frac{0.04}{80} = 5.0 \times 10^{-4}$$

2）由胡克定律式（5-5）求螺栓截面的应力为

$$\sigma = E\varepsilon = 200 \times 10^3 \times 5 \times 10^{-4}MPa = 100MPa$$

图 5-13

3）由应力的分布公式式（5-1）求得螺栓的预紧力为

$$F = \sigma A = 100 \times \frac{\pi \times 10.1^2}{4}N = 7.31 \times 10^3 N = 7.31kN$$

故螺栓的预紧力为 7.31kN。

第六节 材料的力学性能

拉（压）杆的应力是随外力的增加而增大的。在一定应力作用下，杆件是否被破坏与材料的性能有关。**材料在外力作用下表现出来力与变形的关系特征，称为材料的力学性能。** 材料的力学性能是通过试验的方法测定的，它是进行杆件强度、刚度计算和选择材料的重要依据。

工程材料的种类很多，常用材料根据其性能可分为塑性材料和脆性材料两大类。低碳钢和铸铁是这两类材料的典型代表，它们在拉伸和压缩时表现出来的力学性能具有广泛的代表性。因此，本书主要介绍低碳钢和铸铁在常温（指室温）、静载（指加载速度缓慢平稳）下的力学性能。

工程中通常把实验用的材料按国标中规定的标准[○]，先做成图 5-14 所示的标准试件，试件中间等直杆部分为试验段，其长度 l 称为标距。标距 l 与直径 d 之比，有 l

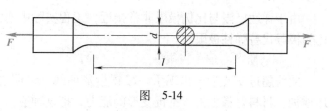

图　5-14

$=5d$ 和 $l=10d$ 两种规格。而对矩形截面试件，标距 l 与截面面积 A 之比有 $l=11.3\sqrt{A}$ 和 $l=5.65\sqrt{A}$ 两种。把标准试件测定的性能作为材料的力学性能。

试验时，将试件两端装夹在试验机工作台的上、下夹头里，然后对其缓慢加载，直到把试件拉断为止。在试件变形过程中，从试验机的测力度盘上可以读出一系列拉力 F 值，同时在变形标尺上读出与每一 F 值相对应的变形 Δl 值。若以拉力 F 为纵坐标，变形 Δl 为横坐标，记录下每一时刻的力 F 和变形 Δl 值，描出力与变形的关系曲线，称做 $F\text{-}\Delta l$ 曲线。若消除试件横截面面积和标距对作用力及变形的影响，$F\text{-}\Delta l$ 曲线就变成了应力与应变曲线，或称做 $\sigma\text{-}\varepsilon$ 曲线。图 5-15a、b 分别是低碳钢 Q235 拉伸时的 $F\text{-}\Delta l$ 曲线和 $\sigma\text{-}\varepsilon$ 曲线。

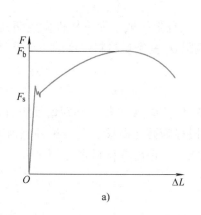

a)

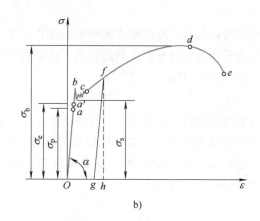

b)

图　5-15

一、低碳钢拉伸时的力学性能

下面以 Q235 钢的 $\sigma\text{-}\varepsilon$ 曲线为例，来讨论低碳钢在拉伸时的力学性能。其 $\sigma\text{-}\varepsilon$ 曲线可以分为四个阶段，有两个重要的强度指标。

1. 弹性阶段　比例极限 σ_p

从图上可以看出，曲线 Oa 段是直线，这说明试件的应力与应变在此段成正比关系，材料符合胡克定律，即 $\sigma=E\varepsilon$。

直线 Oa 的斜率 $\tan\alpha=E$ 是材料的弹性模量。直线部分最高点 a 所对应的应力值记作 σ_p，称为**材料的比例极限**。Q235 钢的 $\sigma_p\approx200$ MPa。

曲线超过 a 点，图上 aa' 已不再是直线，说明应力与应变的正比关系已不存在，不符合胡克定律。但在 aa' 段内卸载，变形也随之消失，说明 aa' 段发生的也是弹性变形，Oa' 段称为弹性阶段。a' 点所对应的应力值记作 σ_e，称为材料的弹性极限。

○　金属材料拉伸试验的国家现行标准的为 GB/T 228.1—2010。为表述方便这里部分内容依然使用旧标准。

由于弹性极限与比例极限非常接近，工程实际中通常对二者不作严格区分，而近似地用比例极限代替弹性极限。

2. 屈服阶段　屈服极限 σ_s

曲线超过 a' 点后，出现了一段锯齿形曲线，说明这一阶段应力变化不大，而应变急剧地增加，材料好像失去了抵抗变形的能力，把这种应力变化不大而应变显著增加的现象称为屈服，bc 段称为**屈服阶段**。屈服阶段曲线最低点所对应的应力值记作 σ_s，称为**材料的屈服极限**。若试件表面是经过抛光处理的，这时可以看到试件表面出现了与轴线大约成 45°角的条纹线，称为滑移线（图 5-16a）。一般认为，这是材料内部晶格沿最大切应力方向相互错动滑移的结果，这种错动滑移是造成塑性变形的根本原因。

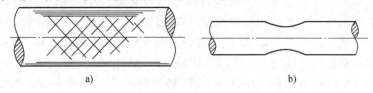

a)　　　　　　　　　　b)

图　5-16

在屈服阶段卸载，将出现不能消失的塑性变形。工程上一般不允许构件发生塑性变形，并把塑性变形作为塑性材料失效的标志，所以屈服极限 σ_s 是衡量材料强度的一个重要指标。Q235 钢的 $\sigma_s \approx 235\text{MPa}$。

3. 强化阶段　抗拉强度 σ_b

经过屈服阶段后，曲线从 c 点开始逐渐上升，说明要使应变增加，必须增加应力。材料又恢复了抵抗变形的能力，这种现象称为强化，cd 段称为**强化阶段**。曲线最高点所对应的应力值，记作 σ_b，称为**材料的抗拉强度**（强度极限）。它是衡量材料强度的又一个重要指标。Q235 钢的 $\sigma_b \approx 400\ \text{MPa}$。

4. 缩颈断裂阶段

曲线到达 d 点后，即应力达到其抗拉强度后，在试件比较薄弱的某一局部（材质不均匀或有缺陷处），变形显著增加，有效横截面急剧削弱减小，出现了缩颈现象（图 5-16b），试件很快被拉断，所以 de 段称为**缩颈断裂阶段**。

5. 塑性指标

（1）**断后伸长率**

$$\delta = \frac{l_1 - l}{l} \times 100\%\qquad\qquad\qquad(5\text{-}6a)$$

式中，δ 为断后伸长率；l_1 为试件拉断后的标距；l 是原标距。一般把 $\delta \geqslant 5\%$ 的材料称为塑性材料，把 $\delta < 5\%$ 的材料称为脆性材料。

（2）**断面收缩率**

$$\psi = \frac{A - A_1}{A} \times 100\%\qquad\qquad\qquad(5\text{-}6b)$$

式中，ψ 为断面收缩率；A_1 为试件断口处横截面面积；A 为原横截面面积。试件拉断后，弹性变形消失，只剩下塑性变形。显然 δ、ψ 值越大，其塑性越好。因此，断后伸长率和断面收缩率是衡量材料塑性的主要指标。对于 Q235 钢，$\delta = 25\% \sim 27\%$，$\psi = 60\%$，是典型的塑性材料；而铸铁、混凝土、石料等没有明显的塑性变形，是脆性材料。

6. 冷作硬化

在曲线上的强化阶段某一点 f 停止加载，并缓慢地卸去载荷，σ-ε 曲线将沿着与 Oa 近似平行的直线 fg 退回到应变轴上 g 点，gh 是消失了的弹性变形，Og 是残留下来的塑性变形，若卸载后再重新加载，σ-ε 曲线将基本沿着 gf 上升到 f 点，再沿 fde 线直至拉断。把这种**将材料预拉到强化阶段后卸载，重新加载使材料的比例极限提高，而塑性降低的现象，称为冷作硬化**。工程中利用冷作硬化工艺来增强材料的承载能力，如冷拔钢筋等。

二、低碳钢压缩时的力学性能

图 5-17 所示实线是低碳钢压缩时的 σ-ε 曲线，与拉伸时的 σ-ε 曲线（虚线）相比较，在直线部分和屈服阶段两曲线大致重合，其弹性模量 E、比例极限 σ_p 和屈服极限 σ_s 与拉伸时基本相同，因此认为低碳钢的抗拉性能与抗压性能是相同的。

在曲线进入强化阶段以后，试件会越压越扁，先压成鼓形，最后变成饼状，故得不到压缩时的抗压强度。

三、其他塑性材料拉伸时的力学性能

图 5-18 是几种塑性材料拉伸时的 σ-ε 曲线图，与低碳钢的 σ-ε 曲线相比较，这些曲线没有明显的屈服阶段。对于没有明显屈服阶段的塑性材料，常用其产生 0.2% 塑性应变所对应的应力值作为名义屈服极限，称为**材料的屈服强度**，用 $\sigma_{0.2}$ 表示。

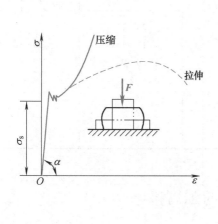

图 5-17

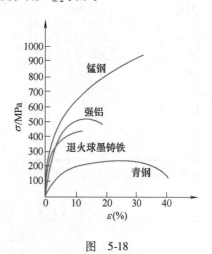

图 5-18

四、铸铁轴向拉（压）时的力学性能

1. 抗拉强度 σ_b

铸铁是脆性材料的典型代表。从图 5-19a 所示的拉伸 σ-ε 曲线可以看出：曲线没有明显的直线部分和屈服阶段，无缩颈现象而发生断裂破坏，断口平齐，塑性变形很小。把断裂时曲线最高点所对应的应力值，记作 σ_b，称为**抗拉强度**。铸铁的抗拉强度较低，其 σ_b 值一般在 $100 \sim 200$ MPa 之间。

曲线没有明显的直线部分，表明应力与应变的正比关系不存在。由于铸铁总是在较小的应力下工作，且变形很小，故可近似地认为符合胡克定律，通常在 σ-ε 曲线上用割线（图 5-19a 中的虚线）近似地代替曲线，并以割线的斜率作为其弹性横量 E。

2. 抗压强度 σ_{bc}

图 5-19b 是铸铁压缩时的 σ-ε 曲线，曲线没有明显的直线部分，在应力较小时，可以近似地认为符合胡克定律。曲线没有屈服阶段，变形很小时沿与轴线大约成 45°的斜截面发生破裂破坏。把曲线最高点的应力值称为**抗压强度**，用 σ_{bc} 表示。

与拉伸 σ-ε 曲线（虚线）比较可见，铸铁材料的抗压强

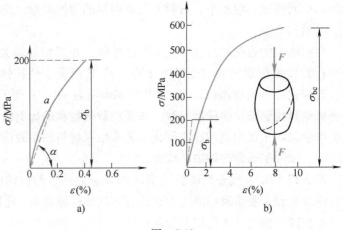

图 5-19

度约是抗拉强度的 3~5 倍。其抗压性能远大于抗拉性能，反映了脆性材料共有的属性。因此，工程中铸铁等脆性材料常用作承压构件，而不用作承拉构件。

几种常用工程材料的力学性能见表 5-2。

表 5-2　几种常用工程材料的力学性能

材料名称或牌号	屈服点 σ_s/MPa	抗拉强度 σ_b/MPa	断后伸长率 δ（%）	断面收缩率 ψ（%）
Q235 钢	216~235	373~461	25~27	
45	265~353	530~598	13~16	30~40
40Cr	343~785	588~981	8~9	30~45
QT500—7	412	588	2	
HT150		98~275（σ_b） 637（σ_{bc}） 206~461（σ_{bb}）		

注：表中 σ_{bc} 是抗压强度，σ_{bb} 是抗弯强度。

第七节　许用应力与强度准则

一、构件失效与许用应力

通过对材料力学性能的分析研究可知，任何工程材料能承受的应力都是有限度的，一般把使材料丧失正常工作能力时的应力称为**极限应力**。对于脆性材料，当正应力达到抗拉强度 σ_b 时，会引起断裂；对于塑性材料，当正应力达到材料的屈服极限 σ_s（或屈服强度 $\sigma_{0.2}$）时，将产生屈服或出现显著塑性变形。构件工作时发生断裂是不容许的；发生屈服或出现显著塑性变形也是不容许的。所以，从强度方面考虑，断裂是构件失效的一种形式；同样，屈服或出现显著塑性变形也是构件失效的一种形式。受压短杆被压溃、压扁同样也是失效。以上这些失效现象都是强度不足造成的，称为**构件的强度失效**。除强度失效外，构件还可能发生刚度失效、屈曲失效、疲劳失效、蠕变失效、应力松弛失效等。例如机床主轴变形过大，即使未出现塑性变形，但不能保证加工精度，这也是失效，它是由于刚度不足造成的。受压

细长杆被压弯，则是稳定性不足引起的失效。此外，不同加载方式，如冲击、交变应力等，以及不同环境条件，如高温、腐蚀介质等，都可能导致失效。这里只讨论强度失效问题，刚度失效及压杆失稳将于以后章节介绍。

根据上述，塑性材料的屈服极限 σ_s（或屈服强度 $\sigma_{0.2}$）与脆性材料的抗拉强度 σ_b（抗压强度 σ_{bc}）都是材料强度失效时的极限应力。

由于工程构件的受载难以精确估计，以及构件材质的不均匀性、计算方法的近似性和腐蚀与磨损等，除以上诸多因素外，为确保构件安全，还应使其有适当的强度储备，特别是对于一旦失效将带来严重后果的构件，更应具有较大的强度储备。**一般把极限应力除以大于1的系数 n 作为工作应力的最大允许值，称为许用应力，用 $[\sigma]$ 表示。**即

塑性材料 $$[\sigma] = \frac{\sigma_s}{n_s} \tag{5-7}$$

脆性材料 $$[\sigma] = \frac{\sigma_b}{n_b} \tag{5-8}$$

式中，n_s，n_b 是与屈服极限和抗拉（压）强度相对应的安全因数。

安全因数的选取是一个比较复杂的工程问题，如果取得过小，许用应力就会偏高，设计出的构件截面尺寸将偏小，虽能节省材料，但其安全可靠性会降低；如果取得过大，许用应力就会偏小，设计出的构件截面尺寸将偏大，虽构件偏于安全，但需多用材料，造成浪费。因此，安全因数的选取是否得当关系到构件的安全性和经济性。工程中一般在静载作用下，塑性材料的安全因数取 $n_s = 1.5 \sim 2.5$，脆性材料的安全因数取 $n_b = 2.0 \sim 3.5$。工程中，安全因数的选取，可查阅有关设计手册。

二、正应力强度准则

由以上分析可知，为了保证杆件工作时不致因强度不足而失效，要求杆件内最大工作应力不得超过材料的许用应力，即

$$\sigma_{max} \leqslant [\sigma] \tag{5-9}$$

此式即为杆件的**正应力强度准则**。

对于塑性材料，因其抗拉、抗压性能大致相同，许用拉应力与许用压应力也大致相同，因此拉、压强度准则相同。而对于脆性材料来说，因其抗压性能好于抗拉性能，许用拉应力与许用压应力不相同，因此拉、压强度准则应为

$$\sigma_{max}^+ \leqslant [\sigma^+], \ \sigma_{max}^- \leqslant [\sigma^-] \tag{5-10}$$

第八节　应力集中的概念

试验研究表明，对于横截面形状尺寸有突然改变，如带有圆孔、刀槽、螺纹和轴肩的杆件，如图5-20所示，当其受到轴向拉伸时，在横截面形状尺寸突变的局部范围内将会出现较大的应力，其应力分布是不均匀的。这种因横截面形状尺寸突变而引起局部应力增大的现象，称为**应力集中**。

用塑性材料制作的构件，在静载作用下可以不考虑应力集中对其强度的影响，这是因为

构件局部的应力达到材料的屈服极限后，该局部即发生屈服变形，随外力增加屈服范围在扩大，但应力值限定在材料屈服极限的临近范围内，使截面的应力趋于均匀分布。材料的屈服具有缓和应力集中的作用，所以塑性材料在静载下可以不考虑应力集中的问题。

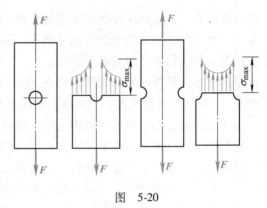

图 5-20

用脆性材料制成的构件，由于脆性材料没有屈服阶段，局部应力随外力的增大急剧上升，当达到抗拉强度时，应力集中处有效截面很快被削弱而导致构件断裂破坏，所以应力集中对于组织均匀的脆性材料影响较大，会大幅度降低其承载能力。而对于组织不均匀的脆性材料，由于材质本身的不均匀就存在着应力集中，所以用这种材料制成的构件对应力集中不敏感，对承载能力不一定有明显的影响。

综上所述，研究构件静载下的承载能力，可以不计应力集中的影响。但当构件在动荷应力、交变应力和冲击载荷作用下，应力集中将对构件的强度产生严重的影响，往往是导致构件破坏的根本原因，必须予以重视。

第九节　拉（压）静不定问题的解法

一、静不定问题及其解法

在前面所讨论的问题中，结构的约束力和杆件的内力都能用静力学平衡方程求解，这类问题称为静定问题。但在工程上为了提高结构或杆件的强度和刚度，往往增加多余约束，这时由于存在多于独立平衡方程个数的未知力，未知力就不能全部解出。这类**未知力个数多于独立平衡方程个数的问题，称为静不定问题**。未知力多于独立平衡方程的个数称为静不定次数。这里只介绍简单拉（压）静不定问题，多次静不定问题的解法，其思路与此基本相同。

求解静不定问题，除列静力学平衡方程外，还必须建立含有未知力的补充方程。补充方程可根据结构**变形协调条件**（变形几何关系）和杆件变形的物理关系建立。因此建立变形协调条件是求解静不定问题的关键。下面举例说明。

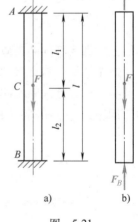

图 5-21

例 5-8　图 5-21a 所示杆件 AB，两端受固定端约束，在杆件中间 C 点处沿轴线作用力 F。已知杆件的抗拉（压）刚度 EA，试求两端支座的约束力。

解　1）取分离体画受力图，如图 5-21b 所示，列平衡方程

$$F_A + F_B = F$$

2）根据几何关系列变形协调条件。因 A、B 为固定端，AB 的间距可认为不变（若支座可自由移动，属于静定问题）。AC 段的伸长量等于 CB 段的缩短量，即

$$\Delta l_1 = \Delta l_2$$

3）将物理关系代入协调条件得补充方程为

$$\frac{F_A l_1}{EA} = \frac{F_B l_2}{EA}$$

$$F_A l_1 = F_B l_2$$

4）将补充方程代入平衡方程解得

$$F_A = \frac{F l_2}{l}, \quad F_B = \frac{F l_1}{l}$$

二、装配应力

工程构件在加工制造中都会存在一定的误差。在静定结构中，这种误差仅能使其几何形状发生微小的改变，而不会引起内力。但在静不定结构中，这种误差会引起结构杆件未承受载荷就产生了应力。**这种由于误差而强行装配引起的应力，称为装配应力。**下面介绍其基本解法。

例 5-9　图 5-22 所示杆件 AB，其制造误差为 δ，杆件的抗拉（压）刚度为 EA，杆长为 l，试求杆件装配后的装配应力。

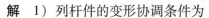

解　1）列杆件的变形协调条件为

$$\Delta l = \delta$$

2）列物理关系 $\Delta l = F_N l / (EA)$，求杆件的装配内力得

$$F_N = \frac{EA\delta}{l}$$

图　5-22

3）求装配应力

$$\sigma = \frac{F_N}{A} = \frac{E\delta}{l}$$

在工程实际中，静不定结构中装配应力的存在有时是不利的，所以应提高加工精度，尽量避免。但是，另一方面也能有效地利用它，比如机械制造中的紧密配合和建筑结构中的预应力钢筋混凝土等。

三、温度应力

在工程实际中，构件遇到温度的变化，其尺寸将有微小的改变。在静定结构中，由于构件能自由变形，其内部不会产生应力。但在静不定结构中，由于构件受到相互制约而不能自由变形，将使其内部产生应力。这种**因温度变化而引起的应力，称为温度应力。**

例 5-10　图 5-23 所示两端固定端约束的杆件 AB，材料的弹性模量为 E，线膨胀系数为 α，试求温度升高 Δt 时，杆件内的温度应力。

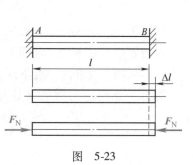

图　5-23

解　由变形协调条件

$$\Delta l = \frac{F_N l}{EA} = \alpha \Delta t l$$

得

$$F_N = EA\alpha\Delta t$$

所以，温度应力为

$$\sigma = \frac{F_N}{A} = E\alpha\Delta t$$

若材料的 $E = 200\text{GPa}$，$\alpha = 12.5 \times 10^{-6}\text{℃}^{-1}$，温度升高 $\Delta t = 70\text{℃}$，则杆件内的温度应力为

$$\sigma = 12.5 \times 10^{-6} \times 200 \times 10^{3} \times 70 \text{ MPa} = 170\text{MPa}$$

可见，温度应力的影响是不容忽视的。在工程上常采取必要的措施来降低或消除温度应力。例如，供热管道中的伸缩节，水泥路面预留伸缩缝，桥梁一端采用活动铰支座等，都是这方面的工程实例。

阅读与理解

一、材料的拉（压）失效与破坏现象分析

1. 拉（压）杆斜截面上的应力

图 5-24 所示轴向拉杆，沿其 $k\text{-}k'$ 方向取一任意斜截面，若斜截面的主法线 n 与轴线的夹角为 α，则该截面称为 α 斜截面。用截面法可求得斜截面上的内力 $F_\alpha = F$，斜截面上的应力显然也是均匀分布的（图 5-24b），斜截面面积 $A_\alpha = A/\cos\alpha$，故斜截面上任意一点的应力 p_α 为

$$p_\alpha = \frac{F_\alpha}{A_\alpha} = \frac{F}{A_\alpha} = \frac{F}{A/\cos\alpha} = \frac{F}{A}\cos\alpha = \sigma\cos\alpha$$

式中，$\sigma = F/A$ 是杆件横截面上的应力。

若将斜截面上的全应力 p_α 分解为垂直于截面的正应力 σ_α 和平行于截面的切应力 τ_α（图 5-24c），由几何关系得

$$\sigma_\alpha = p_\alpha\cos\alpha = \sigma\cos^2\alpha \tag{5-11}$$

$$\tau_\alpha = p_\alpha\sin\alpha = \sigma\cos\alpha\sin\alpha = \frac{\sigma}{2}\sin2\alpha \tag{5-12}$$

从以上两式可知，σ_α 和 τ_α 都是 α 的函数，截面方位角 α 不同，截面上的正应力和切应力也不相同。过杆内一点不同方位的应力状况，称为一点的应力状态（详细讨论见第九章）。

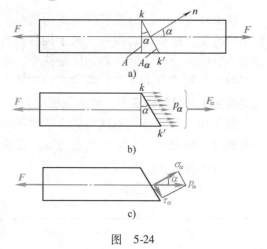

图 5-24

2. 材料拉（压）试验时的失效与破坏现象分析

低碳钢材料在拉伸的屈服阶段，磨光的试件表面出现与轴线大约成 45°倾角的滑移线（图 5-16a）。由式（5-12）知，45°斜截面上有最大的切应力。滑移线的出现，是由于材料内部晶格之间在最大切应力作用下发生了相对滑移错动而形成的，所以屈服现象与最大切应力有关。工程中，一般材料出现屈服或显著塑性

变形，将使构件失效，应尽量避免。

铸铁材料压缩断裂时，断口大致与轴线成45°~55°倾角（图5-19b）。由式（5-12）知，45°斜截面上有最大切应力 $\tau_{45°} = \sigma/2$，由于受最大切应力作用产生相对错动而被剪断。铸铁材料压缩时横截面压应力大于45°斜截面最大切应力，即 $\sigma > \tau_{45°} = \sigma/2$，材料不沿横截面断裂，而沿45°斜截面破裂，说明其抗压性能大于其抗剪性能。

二、复合材料性能简介

随着生产和科技的发展，对材料的应用提出了越来越高的要求，单一材料往往难以满足多方面的高要求，这就促成了复合材料的诞生。复合材料是由两种或更多种物理和化学上不同的物质组合起来，得到的一种多相体系。不同的非金属材料之间，非金属材料与各种不同的金属材料之间都可以相互复合。复合材料主要由增强材料和基体材料两部分组成，增强材料是复合材料的骨架，它基本上决定了复合材料的强度和刚度，而基体材料则是增强材料成为一体的基础，起到保护增强材料的作用，同时还能将载荷传递给增强材料。

复合材料可以改善或克服组成材料的弱点，充分发挥它们各自的优点，使几种材料的性能互为补充，具有许多优越的性能。其主要特性如下：

（1）比强度和比模量高　强度与密度、弹性模量与密度的比值分别称为比强度和比模量。它们是衡量复合材料承载能力的重要指标，对于希望尽量减轻自重而仍保持高强度和高刚度的结构是非常重要的。如分离轴用的离心机转筒，其线速度大于400m/s，所以必须用碳纤维增强环氧树脂这样的复合材料，它的比强度比钢大七倍，比刚度比钢大三倍。

（2）抗疲劳性能好　疲劳破坏是材料在交变应力作用下，由于裂纹的形成和扩展而造成的低应力破坏。由于复合材料中增强纤维和基体界面能够阻止疲劳裂纹的扩展，而且它的疲劳破坏总是从承载的薄弱纤维处开始，逐渐扩展到结合面上，所以复合材料不像有些材料那样会发生低应力破坏。

（3）减振性能好　构件的自振频率除了与结构本身有关外，还与材料的比模量的平方根成正比。复合材料的比模量大，不易发生共振及由此引起的早期破坏。

（4）耐高温性能好　增强纤维中除了玻璃纤维软化点较低外，其他纤维的熔点（或软化点）一般都较高，用硼纤维或氧化硅纤维增强的铝复合材料，在高温下仍有较高的强度。

（5）断裂安全性好　纤维增强复合材料基体中有大量独立的纤维，这类材料的构件一旦超载并发生少量纤维断裂时，载荷会重新迅速分配在未被破坏的纤维上，从而使这类构件不致在极短的时间内有整体破坏的危险。

应该指出，复合材料为各向异性、非均质材料，横向拉伸强度和层间抗剪强度不高，伸长率较低，韧性有时也不很好，成本高，价格贵，这些问题的解决，将会使复合材料的应用和推广得到进一步发展。

小　　结

一、材料力学的基本概念

1）变形固体的基本假设为：均匀连续性假设、各向同性假设。

2）杆件变形的基本形式为：轴向拉伸与压缩、剪切、扭转和弯曲。

二、轴向拉（压）的应力和强度计算

1）轴向拉（压）的受力与变形特点是：作用于杆端的外力（或合外力）沿杆件的轴线作用，杆沿轴线方向伸长（或缩短），沿横向缩短（或伸长）。

2）内力计算采用截面法和平衡方程求得。

3）拉（压）杆的正应力在横截面上均匀分布，其计算公式为

$$\sigma = \frac{F_N}{A}$$

4）强度计算：等截面直杆强度设计准则为

$$\sigma_{max} = \frac{F_{Nmax}}{A} \leqslant [\sigma]$$

强度计算的三类问题是：①校核强度；②设计截面；③确定许可载荷。

三、拉（压）杆的变形计算

1）胡克定律建立了应力与应变之间的关系，其表达式为

$$\Delta l = \frac{F_N l}{EA} \quad 或 \quad \sigma = E\varepsilon$$

2）EA 值是拉（压）杆抵抗变形能力的量度，称为杆件的抗拉（压）刚度。

四、材料的力学性能

1）低碳钢的拉伸应力—应变曲线分为四个阶段：弹性阶段、屈服阶段、强化阶段和缩颈断裂阶段，对应三个重要的强度指标：比例极限 σ_p、屈服极限 σ_s 和抗拉强度 σ_b。

2）材料的塑性指标有伸长率 δ 和断面收缩率 Ψ。

3）冷作硬化工艺是将材料预拉到强化阶段后卸载，重新加载使材料的比例极限提高，而塑性降低的现象。

4）低碳钢的抗拉性能与抗压性能是相同的。

5）对于没有明显屈服阶段的塑性材料，常用其产生 0.2% 塑性应变所对应的应力值作为名义屈服极限，称为材料的屈服强度，用 $\sigma_{0.2}$ 表示。

6）铸铁的抗拉强度 σ_b 较低，其抗压性能远大于抗拉性能，反映了脆性材料共有的属性。铸铁等脆性材料常用作承压构件，而不用作承拉构件。

五、许用应力与强度准则

1）塑性材料的屈服极限 σ_s（或屈服强度 $\sigma_{0.2}$）与脆性材料的抗拉强度 σ_b（抗压强度 σ_{bc}）都是材料强度失效时的极限应力。其许用应力为

对于塑性材料 $[\sigma] = \dfrac{\sigma_s}{n_s}$，对于脆性材料 $[\sigma] = \dfrac{\sigma_b}{n_b}$。

2）正应力强度准则为 $\sigma_{max} \leqslant [\sigma]$。

六、求解静不定问题

求解拉（压）静不定问题，除列静力学平衡方程外，还必须建立含有未知力的补充方程。

思 考 题

5-1 何谓构件的强度、刚度和稳定性？

5-2 研究构件的承载能力，对变形固体作的基本假设是什么？

5-3 拉（压）杆受力特点是什么？图 5-25 中哪些构件发生轴向拉伸变形？哪些构件发生轴向压缩变形？

5-4 何谓轴力？其正负是怎样规定的？如何应用简便方法求截面的轴力？

5-5 何谓截面法？应用截面法求轴力时，截面为什么不能取在外力作用点处？

5-6 何谓应力？推证拉（压）杆截面应力公式时，为什么要作平面假设？

5-7 什么是绝对变形、相对变形？胡克定律的适用条件是什么？

5-8 何谓材料的力学性能？衡量材料的强度、刚度、塑性指标分别用什么？

5-9 低碳钢与铸铁材料的力学性能有什么区别？它们分别是哪一类材料的典型代表？

5-10 图 5-26 所示为三种材料的曲线，试问哪种材料的强度高？哪种材料的刚度大？哪种材料的塑性好？

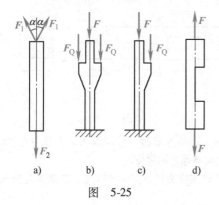

图 5-25

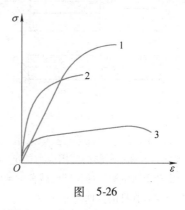

图 5-26

5-11 图 5-27 所示结构中，若用铸铁制作杆 1，用低碳钢制作杆 2，你认为合理吗？

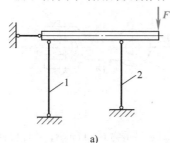

a)

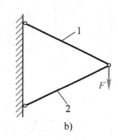

b)

图 5-27

5-12 许用应力是怎样确定的？塑性材料和脆性材料分别用什么作为失效时的极限应力？

5-13 材料不同，轴力、截面相同的两拉杆，试问两杆的应力、变形、强度、刚度分别是否相同？

5-14 试指出下列概念的区别与联系：

外力与内力；内力与应力；纵向变形和线应变；弹性变形和塑性变形；比例极限与弹性极限；屈服极限与屈服强度；抗拉强度与抗压强度；应力和极限应力；工作应力和许用应力；断后伸长率和线应变；材料的强度和构件的强度；材料的刚度和构件的刚度。

习　题

5-1 如图 5-28 所示，已知 $F_1 = 20\text{kN}$，$F_2 = 8\text{kN}$，$F_3 = 10\text{kN}$，用截面法求图示杆件指定截面的轴力。

5-2 图 5-29 所示杆件，求各段内截面的轴力，并画出轴力图。

5-3 图 5-29a 中杆件 AB 段截面 $A_1 = 200\text{mm}^2$，BC 段截面 $A_2 = 300\ \text{mm}^2$，$E = 200\text{GPa}$，$l = 100\text{mm}$，求各段截面的应力。

5-4 图 5-30 所示插销拉杆，插销孔处横截面尺寸 $b = 50\text{mm}$，$h = 20\text{mm}$，$H = 60\text{mm}$，$F = 80\text{kN}$，试求拉杆的最大应力。

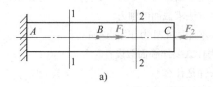
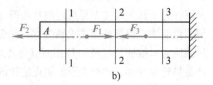

图 5-28

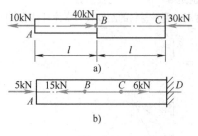
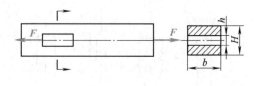

图 5-29   图 5-30

5-5 图 5-31 所示液压缸盖与缸体采用 6 个小径 $d = 10$mm 的螺栓联接，已知液压缸内径 $D = 200$mm，油压 $p = 2$MPa，若螺栓材料的许用应力 $[\sigma] = 170$MPa，试校核螺栓的强度。

5-6 图 5-32 所示钢拉杆受轴向载荷 $F = 128$kN，材料的许用应力 $[\sigma] = 160$MPa，横截面为矩形，其中 $h = 2b$，试设计拉杆的截面尺寸 b、h。

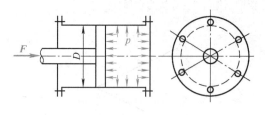
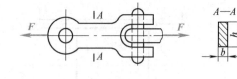

图 5-31   图 5-32

5-7 图 5-33 所示桁架，杆 AB、AC 铰接于 A 点，在 A 点悬吊重物 $G = 17\pi$kN，两杆材料相同，$[\sigma] = 170$MPa，试设计两杆的直径。

5-8 图 5-34 所示支架，杆 AB 为钢杆，横截面 $A_1 = 300$mm^2，许用应力 $[\sigma_1] = 160$MPa；杆 BC 为木杆，横截面 $A_2 = 200 \times 10^2$mm^2，许用应力 $[\sigma_2] = 5$MPa，试确定支架的许可载荷 $[G]$。

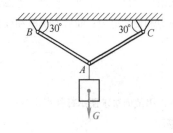
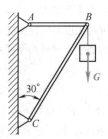

图 5-33   图 5-34

5-9 在圆截面拉杆上铣出一槽如图 5-35 所示，已知杆径 $d = 20\text{mm}$，$[\sigma] = 170\text{MPa}$，确定该拉杆的许可载荷 $[F]$。（提示：铣槽的横截面面积近似地按矩形计算。）

5-10 图 5-29a 中杆件 AB 段截面 $A_1 = 200\text{mm}^2$，BC 段截面 $A_2 = 300\text{mm}^2$，$E = 200\text{GPa}$，$l = 100\text{mm}$，求杆件的变形。

5-11 图 5-36 所示拉杆横截面 $b = 20\text{mm}$，$h = 40\text{mm}$，$l = 0.5\text{m}$，$E = 200\text{GPa}$，测得其轴向线应变 $\varepsilon = 3.0 \times 10^{-4}$，试计算拉杆横截面的应力作用于杆端外力 F 和杆件的变形。

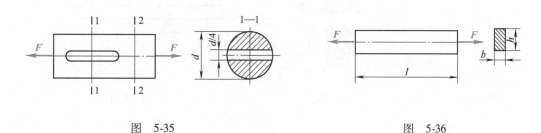

图 5-35　　　　　　　　　　图 5-36

5-12 图 5-37 所示结构中，杆 1 为钢质杆，$A_1 = 400\text{mm}^2$，$E_1 = 200\text{GPa}$；杆 2 为铜质杆，$A_2 = 800\text{mm}^2$，$E_2 = 100\text{GPa}$；横杆 AB 的变形和自重忽略不计。

（1）问载荷作用在何处，才能使 AB 杆保持水平？

（2）若 $F = 30\text{kN}$ 时，求两拉杆截面的应力。

5-13 某钢的拉伸试件，直径 $d = 10\text{mm}$，标距 $l_0 = 50\text{mm}$。在试验的比例阶段测得拉力增量 $\Delta F = 9\text{kN}$，对应伸长量 $\Delta(\Delta l) = 0.028\text{mm}$，屈服极限时拉力 $F_s = 17\text{kN}$，拉断前最大拉力 $F_b = 32\text{kN}$，拉断后量得标距 $l_1 = 62\text{mm}$，断口处直径 $d_1 = 6.9\text{mm}$，试计算该钢的 E、σ_s、σ_b、δ 和 Ψ 值。

5-14 图 5-38 所示钢制链环的直径 $d = 20\text{mm}$，材料的比例极限 $\sigma_p = 180\text{MPa}$，屈服极限 $\sigma_s = 240\text{MPa}$，抗拉强度 $\sigma_b = 400\text{MPa}$，若选用安全因数 $n = 2$，链环承受的最大载荷 $F = 40\text{kN}$，试校核链环的强度。

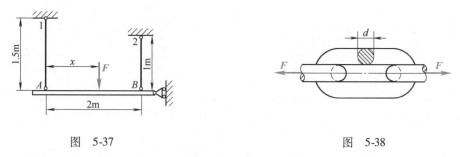

图 5-37　　　　　　　　　　图 5-38

5-15 飞机操纵系统的钢拉索，长 $l = 3\text{m}$，承受拉力 $F = 24\text{kN}$，钢索的 $E = 200\text{GPa}$，$[\sigma] = 120\text{MPa}$，若要使钢索的伸长量不超过 2mm，问钢索的截面面积至少应有多大？

5-16 图 5-39 所示等截面钢杆 AB，已知其横截面面积 $A = 2 \times 10^3\text{mm}^2$，在杆轴线 C 处作用 $F = 120\text{kN}$ 的轴向力，试求杆件各段横截面上的应力。

5-17 图 5-40 所示木制短柱的四角用四个 40mm×40mm×4mm 的等边角钢（查附录 C 型钢表）加固，已知角钢的 $[\sigma_1] = 160\text{MPa}$，$E_1 = 200\text{GPa}$；木材的 $[\sigma_2] = 10\text{MPa}$，$E_2 = 10\text{GPa}$，试求该短柱的许可载荷 $[F]$。

5-18 图 5-41 所示结构横杆 AB 为刚性杆，不计其变形。已知杆 1、2 的材料、截面面积和杆长均相同，$A = 200\text{mm}^2$，$[\sigma] = 160\text{MPa}$，试求结构的许可载荷 $[F]$。

5-19 已知每根钢轨长 $l = 8\text{m}$，其线膨胀系数 $\alpha_1 = 125 \times 10^{-7}\text{℃}^{-1}$，$E = 200\text{GPa}$，若铺设钢轨时温度为 10℃，夏天钢轨的最高温度为 60℃，为了使轨道在夏天不发生挤压，问铺设钢轨时应留多大的空隙？

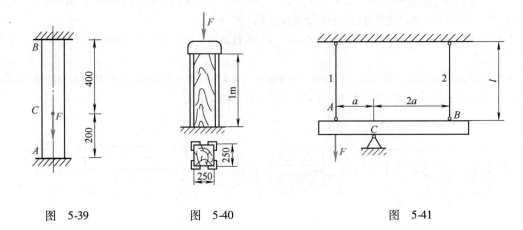

图 5-39   图 5-40   图 5-41

第 六 章
剪切和挤压

第一节 剪切和挤压的工程实例

工程上常用的螺栓、铆钉、销钉、键等，称为联接件。如图 6-1 所示的联轴键和图 6-2 所示的铆钉接头中的铆钉，当构件工作时，此类联接件的两侧面上作用大小相等、方向相反、作用线平行且相距很近的一对外力，两力作用线之间的截面发生了相对错动，这种变形称为**剪切变形**，产生相对错动的截面称为**剪切面**。

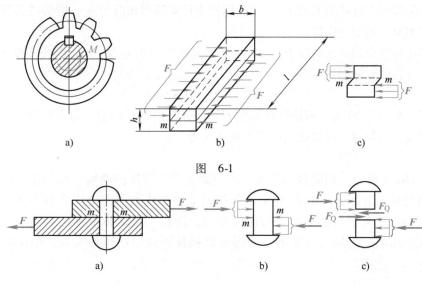

图 6-1

图 6-2

由此得出**剪切的受力与变形特点是：沿构件两侧作用大小相等、方向相反、作用线平行且相距很近的两外力，夹在两外力作用线之间的剪切面发生了相对错动。**

联接件发生剪切变形的同时，联接件与被联接件的接触面相互作用而压紧，这种现象称为**挤压**。挤压力过大时，在接触面的局部范围内将发生塑性变形，或被压溃。这种因挤压力过大，联接件接触面的局部范围内发生塑性变形或压溃的现象，称为**挤压破坏**。挤压和压缩是两个完全不同的概念，挤压变形发生在两构件相互接触的表面，而压缩则是发生在一个构件上。

第二节 剪切和挤压的实用计算

一、剪切的实用计算

为了对联接件进行剪切强度计算，需先求出剪切面上的内力。现以图 6-2a 所示的铆钉接头中铆钉为例进行分析。用截面法假想地将铆钉沿其剪切面 *m-m* 截开，取任一部分为研究对象（图6-2c），由平衡方程求得

$$F_Q = F$$

这个平行于截面的内力称为**剪力**，用 F_Q 表示。其平行于截面的应力称为**切应力**，用符号 τ 表示。剪力在剪切面上的分布比较复杂，工程上通常采用实用计算，即假定剪切面上的切应力是均匀分布的，于是有

$$\tau = \frac{F_Q}{A} \tag{6-1}$$

式中，A 为剪切面面积。为了保证联接件安全可靠地工作，要求切应力 τ 不得超过联接件的许用切应力 $[\tau]$，则相应的抗剪强度准则为

$$\tau = \frac{F_Q}{A} \leqslant [\tau] \tag{6-2}$$

式中，$[\tau] = \tau_b / n_\tau$，τ_b 为抗剪强度，是由实际联接构件或模拟受剪构件在类似条件下进行剪断实验，先测得剪断时的剪力 $F_{\tau b}$，然后用假定计算得到切应力 τ_b，即为**抗剪强度**。n_τ 为与剪切变形相对应的安全因数。

剪切实用计算中的许用切应力 $[\tau]$ 与拉伸时的许用正应力 $[\sigma]$ 有关。在一般工程规范中，对塑性性能较好的钢材有

$$[\tau] = (0.75 \sim 0.8)[\sigma]$$

应用式（6-2）同样可以解决联接件抗剪强度计算的三类问题。但在计算中要注意考虑所有的剪切面，以及每个剪切面上的剪力和切应力。

二、挤压的实用计算

如图 6-1b、c 所示，联轴键与键槽相互接触并产生挤压的侧面，称为**挤压面**。把挤压面上的作用力称为**挤压力**，用 F_{jy} 表示。挤压面上由挤压力引起的应力称为**挤压应力**，用 σ_{jy} 表示。挤压应力在挤压面上的分布比较复杂，所以工程计算中常采用实用计算，即假定挤压力在挤压面上是均匀分布的。为保证联接件不致因挤压而失效，挤压的强度设计准则为

$$\sigma_{jy} = \frac{F_{jy}}{A_{jy}} \leqslant [\sigma_{jy}] \tag{6-3}$$

式中，A_{jy} 为挤压计算面积。在挤压强度计算中，A_{jy} 要根据接触面的具体情况而定。若接触面为平面，则挤压面积为有效接触面面积，如图 6-3a 所示的联轴键，挤压面为 $A_{jy} = hl/2$。若接触面是圆柱形曲面，如铆钉、销钉、螺栓等圆柱形联接件，如图 6-3b、c 所示，挤压计算面积按半圆柱侧面的正投影面积计算，亦即 $A_{jy} = dt$。由于挤压应力并不是均匀分布的，而最大挤压应力发生于半圆柱形侧面的中间部分，所以采用半圆柱形侧面的正投影面积作为挤压计算面积，所得的应力与接触面的实际最大挤压应力大致相近。

许用挤压应力 $[\sigma_{jy}]$ 的确定与剪切许用切应力的确定方法相类似，由实验结果通过实用计算确定。设计时可查阅有关设计规范，一般塑性材料的许用挤压应力 $[\sigma_{jy}]$ 与许用正应力 $[\sigma]$ 之间存在如下关系

$$[\sigma_{jy}] = (1.7 \sim 2.0)[\sigma]$$

不难看出，许用挤压应力远大于许用正应力，但需注意，如果联接件和被联接件的材料

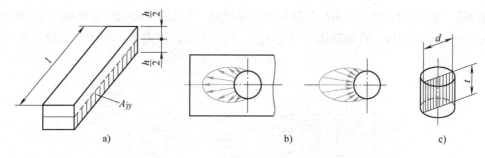

图 6-3

不同，应以许用应力较低者进行挤压强度计算，以才能保证结构安全可靠地工作。

三、焊接焊缝的实用计算

对于主要承受剪切的焊接焊缝，如图
6-4 所示，假定沿焊缝的最小断面即焊缝最
小剪切面发生破坏，并假定切应力在剪切
面上是均匀分布的。若一侧焊缝的剪力 F_Q
$= F/2$，于是，焊缝的剪切强度准则为

$$\tau_{max} = \frac{F_Q}{A_{min}} = \frac{F_Q}{\delta l \cos 45°} \leqslant [\tau] \quad (6\text{-}4)$$

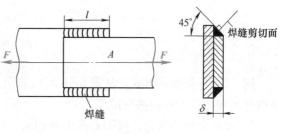

图 6-4

例 6-1 如图 6-5a 所示，某齿轮用平键与轴联接（图中未画出齿轮），已知轴的直径 d
$= 56mm$，键的尺寸为 $l \times b \times h = 80mm \times 16mm \times 10mm$，轴传递的扭转力矩 $M = 1kN \cdot m$，键
的许用切应力 $[\tau] = 60MPa$，许用挤压应力 $[\sigma_{jy}] = 100MPa$，试校核键的联接强度。

解 以键和轴为研究对象，其受力如
图所示，键所受的力由平衡方程得

$$F = \frac{2M}{d} = \frac{2 \times 1 \times 10^3}{0.056}N$$
$$= 35.71 \times 10^3 N$$
$$= 35.71kN$$

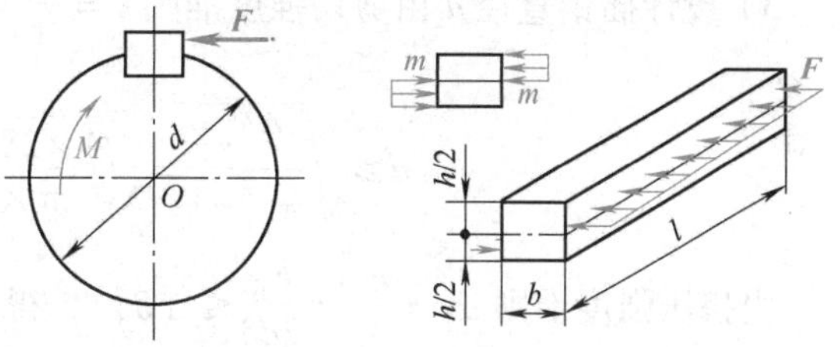

从图 6-5b 中可以看出，键的破坏可能
是沿 $m\text{-}m$ 截面被剪断或与键槽之间发生挤
压塑性变形。用截面法可求得剪力和挤压力为

图 6-5

$$F_Q = F_{jy} = F = 35.71kN$$

校核键的强度，键的剪切面积 $A = bl$，挤压面积为 $A_{jy} = hl/2$，得切应力和挤压应力分别
为

$$\tau = \frac{F_Q}{A} = \frac{35.71 \times 10^3}{16 \times 80}MPa = 27.6MPa < [\tau]$$

$$\sigma_{jy} = \frac{F_{jy}}{A_{jy}} = \frac{35.71 \times 10^3}{5 \times 80}MPa = 89.3MPa < [\sigma_{jy}]$$

所以键的剪切和挤压强度均满足。

由计算可以看出，键的抗剪强度有较大的储备，而挤压强度的储备较少，因此工程上通
常对键只作挤压强度校核。

例6-2 如图6-6a所示，拖拉机挂钩用插销联接，已知挂钩厚度$\delta = 10\text{mm}$，挂钩的许用切应力$[\tau] = 100\text{MPa}$，许用挤压应力$[\sigma_{jy}] = 200\text{MPa}$，拉力$F = 56\text{kN}$，试设计插销的直径。

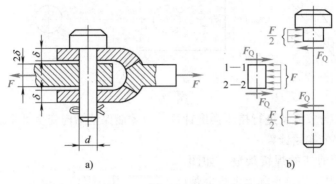

图 6-6

解 1）分析破坏形式。从图6-6b可以看出，插销承受剪切和挤压作用，它的破坏可能是被剪断和与孔壁间的挤压破坏。

2）求剪力和挤压力。插销有两个剪切面，用截面法由平衡方程可得

$$F_Q = \frac{F}{2} = 28\text{kN}$$

$$F_{jy} = F = 56\text{kN}$$

3）设计插销直径d 由剪切强度准则$\tau = \dfrac{F_Q}{A} = \dfrac{F_Q}{\pi d^2/4} \leqslant [\tau]$，得

$$d \geqslant \sqrt{\frac{4F_Q}{\pi [\tau]}} = \sqrt{\frac{4 \times 28 \times 10^3}{\pi \times 100}}\text{mm} = 18.9\text{mm}$$

由挤压强度准则$\sigma_{jy} = \dfrac{F_{jy}}{A_{jy}} = \dfrac{F_{jy}}{2d\delta} \leqslant [\delta_{jy}]$，得

$$d \geqslant \frac{F_{jy}}{2\delta [\sigma_{jy}]} = \frac{56 \times 10^3}{2 \times 10 \times 200}\text{mm} = 14\text{mm}$$

若要插销同时满足剪切和挤压强度的要求，则其最小直径选择$d = 18.9\text{mm}$，按此最小直径，再从有关设计手册中查取插销的公称直径为$d = 20\text{mm}$。

例6-3 图6-4所示两块钢板搭接焊在一起，钢板A的厚度$\delta = 8\text{mm}$，已知$F = 150\text{kN}$，焊缝的许用切应力$[\tau] = 108\text{MPa}$，试求焊缝抗剪所需的长度l。

解 在图6-4所示的受力情形下，焊缝主要承受剪切，两条焊缝承受的总剪力和总剪切面积分别为

$$F_Q = F, \quad A = 2\delta\cos45° \, l$$

由强度准则

$$\tau = \frac{F_Q}{A} = \frac{F_Q}{2\delta\cos45° \, l} \leqslant [\tau]$$

得

$$l \geqslant \frac{F_Q}{2\delta\cos45°\,[\tau]} = \frac{150 \times 10^3}{2 \times 8 \times 0.707 \times 108}\text{mm} = 123\text{mm}$$

考虑到在工程中开始焊接和焊接终了时的那两段焊缝有可能未焊透，实际焊缝的长度应稍大于计算长度。一般应在由强度计算得到的长度上再加上 2δ，δ 为钢板厚度，故该焊接焊缝长度可取为 $l = 140\text{mm}$。

第三节　剪切胡克定律

一、切应变与剪切胡克定律

如图 6-7 所示，在杆件受剪部分中的某一点 K 处，取一微小的正六面体，将它放大，剪切变形时，剪切面发生相对错动，使正六面体 $abcdefgh$ 变为平行六面体 $ab'cd'ef'gh'$。

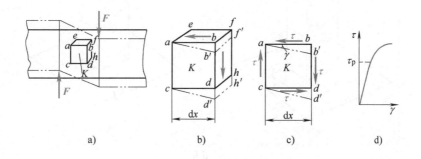

图 6-7

线段 bb' 为相距 $\text{d}x$ 两截面的相对错动滑移量，称为**绝对剪切变形**。相距一个单位长度的两截面相对滑移量称为**相对剪切变形**，亦称为**切应变**，用 γ 表示。因剪切变形时 γ 值很小，所以 $bb'/\text{d}x = \tan\gamma \approx \gamma$。切应变 γ 是直角的微小改变量，用弧度（rad）度量。

实验表明：当切应力不超过材料的剪切比例极限 τ_p 时，剪切面上的切应力 τ 与该点处的切应变 γ 成正比（图 6-7d），即

$$\tau = G\gamma \tag{6-5}$$

式中，G 称为**材料的切变模量**。常用碳钢 $G \approx 80\text{GPa}$，铸铁 $G \approx 45\text{GPa}$，其他材料的 G 值可从有关设计手册中查得。

二、切应力互等定理

实验表明，在构件内部任意两个相互垂直的平面上，切应力必然成对存在，且大小相等，方向同时指向或同时背离这两个截面的交线（图 6-7b、c 所示）。这就是**切应力互等定理**。

材料的切变模量 G 与拉压弹性模量 E 以及横向变形系数 μ，都是表示材料弹性性能的常数。实验表明，对于各向同性材料，它们之间存在以下关系

$$G = \frac{E}{2(1 + \mu)} \tag{6-6}$$

胶粘接缝假定计算

近代工程中大量采用**胶粘连接**，由于连接后构件的受力、接缝方向（图6-8）以及胶层均匀分布程度和胶层质量等各种因素的影响，胶粘接缝的失效不可能是一种形式。既可能是剪切破坏，也可能是拉断，或以另一种形式剪断，因而也都采用假定计算。假定沿胶粘接缝方向和垂直于接缝方向上的应力同时满足强度设计准则，即

$$\sigma \leqslant [\sigma], \ \tau \leqslant [\tau] \tag{6-7}$$

式中，$[\sigma] = \sigma_b/n_b$，$[\tau] = \tau_b/n_b$，σ_b 和 τ_b 分别为胶粘接缝的强度极限和抗剪强度极限，由垂直胶粘接缝方向的拉伸试验和平行接缝方向的剪切试验确定。

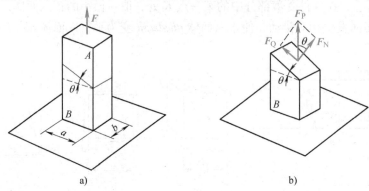

图 6-8

小 结

一、剪切和挤压的概念

1. 构件剪切的受力与变形特点是：沿构件两侧作用大小相等、方向相反、作用线平行且相距很近的两外力，夹在两外力作用线之间的剪切面发生了相对错动。

2. 构件发生剪切变形的同时，其接触面相互作用而压紧，这种现象称为**挤压**。构件因挤压力过大，其接触面的局部范围内发生塑性变形或压溃，称为挤压破坏。

二、实用计算

1. 工程实际中采用实用计算法进行剪切和挤压的强度计算，其剪切和挤压的强度准则分别为

$$\tau = \frac{F_Q}{A} \leqslant [\tau]$$

$$\sigma_{jy} = \frac{F_{jy}}{A_{jy}} \leqslant [\sigma_{jy}]$$

2. 确定构件的剪切面和挤压面是进行剪切和挤压强度计算的关键。剪切面与外力平行且夹在两外力之间。当挤压面为平面时，其计算面积就是实际面积，当挤压面为一半圆柱形侧面时，其挤压计算面积为半圆柱侧面的正投影面积，即 $A_{jy} = dt$。

3. 焊接焊缝的实用计算，对于主要承受剪切的焊接焊缝，假定沿焊缝的最小剪切面发生破坏，其单边焊缝的抗剪强度准则为

$$\tau_{max} = \frac{F_Q}{A_{min}} = \frac{F_Q}{\delta l cos45°} \leqslant [\tau]$$

三、剪切胡克定律

1. 当切应力不超过材料的剪切比例极限 τ_b 时，剪切面上的切应力与该点处的切应变成正比，即 $\tau = G\gamma$。此即为剪切胡克定律。

2. 在构件内部任意两个相互垂直的平面上，切应力必然成对存在，且大小相等，方向同时指向或同时背离这两个截面的交线。此即为切应力互等定理。

思 考 题

6-1 剪切和挤压的实用计算采用了什么假设？为什么？

6-2 挤压和压缩有什么区别？试指出图 6-9 中哪个构件应考虑压缩强度？哪个构件应考虑挤压强度？

6-3 在图 6-10 的钢质螺栓拉杆与木板之间放置金属垫圈能起到什么作用？

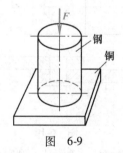

图　6-9

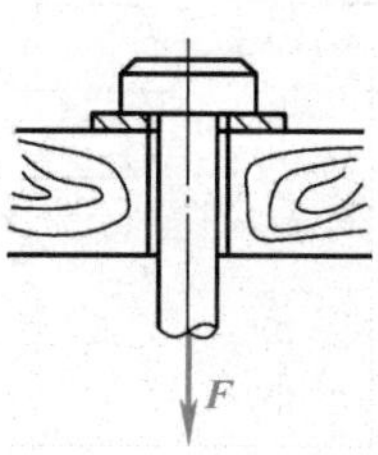

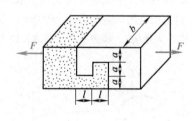

图　6-10

6-4 试分析图 6-11 所示的螺栓接头中螺栓的剪切面和挤压面。

6-5 试分析图 6-12 所示的接头中的剪切面和挤压面。

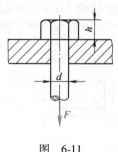

图　6-11

图　6-12

习 题

6-1 图 6-13 所示剪床需用剪刀切断直径为 12mm 棒料，已知棒料的抗剪强度 $\tau_b = 320$MPa，试求剪刀的切断力 F。

6-2 图 6-14 所示为一销钉接头，已知 $F = 18$kN，$t_1 = 8$mm，$t_2 = 5$mm，销钉的直径 $d = 16$mm，销钉的许用切应力 $[\tau] = 100$MPa，许用挤压应力 $[\sigma_{jy}] = 300$MPa，试校核销钉的抗剪强度和挤压强度。

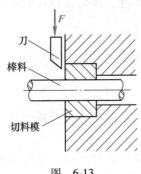

图　6-13

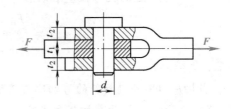

图　6-14

6-3　图6-15所示的轴与齿轮用普通平键联接，已知 $d=70\mathrm{mm}$，$b=20\mathrm{mm}$，$h=12\mathrm{mm}$，轴传递的转矩 $M=2\mathrm{kN}\cdot\mathrm{m}$，键的许用切应力 $[\tau]=100\mathrm{MPa}$，许用挤压应力 $[\sigma_{\mathrm{jy}}]=300\mathrm{MPa}$，试设计键的长度 l。

6-4　图6-16所示铆钉接头，已知钢板的厚度 $t=10\mathrm{mm}$，铆钉的直径 $d=17\mathrm{mm}$，铆钉与钢板的材料相同，许用切应力 $[\tau]=140\mathrm{MPa}$，许用挤压应力 $[\sigma_{\mathrm{jy}}]=320\mathrm{MPa}$，$F=24\mathrm{kN}$，试校核铆钉接头强度。

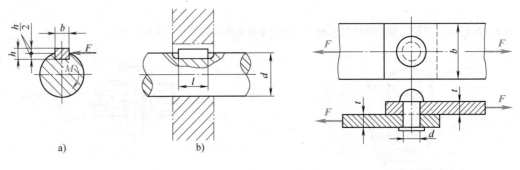

图　6-15

图　6-16

6-5　图6-17所示手柄与轴用普通平键联接，已知轴的直径 $d=35\mathrm{mm}$，手柄长 $L=700\mathrm{mm}$；键的尺寸 $l\times b\times h=36\mathrm{mm}\times10\mathrm{mm}\times8\mathrm{mm}$，键的许用切应力 $[\tau]=100\mathrm{MPa}$，许用挤压应力 $[\sigma_{\mathrm{jy}}]=300\mathrm{MPa}$，试确定作用于手柄上的许可载荷 $[F]$。

6-6　两块钢板的搭接焊缝如图6-18所示，两钢板的厚度 δ 相同，$\delta=12\mathrm{mm}$，左端钢板宽度 $b=120\mathrm{mm}$，轴向加载，焊缝的许用切应力 $[\tau]=90\mathrm{MPa}$，钢板的许用应力 $[\sigma]=160\mathrm{MPa}$。试求钢板与焊缝等强度时（同时失效称为等强度），每边所需的焊缝长度 l。

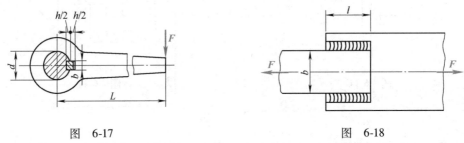

图　6-17

图　6-18

6-7　图6-19所示冲床的最大冲力 $F=400\mathrm{kN}$，冲头材料的许用挤压应力 $[\sigma_{\mathrm{jy}}]=440\mathrm{MPa}$，钢板的抗剪强度 $\tau_{\mathrm{b}}=360\mathrm{MPa}$，试求在最大冲力作用下所能冲剪的最小圆孔直径 d 和钢板的最大厚度 t。

6-8　如图6-20所示接头，已知钢拉杆和销子的材料相同，$[\tau]=100\mathrm{MPa}$，$[\sigma_{\mathrm{jy}}]=200\mathrm{MPa}$，$d=40\mathrm{mm}$，$F=160\mathrm{kN}$，试按强度准则设计销子的尺寸 h 和 b。

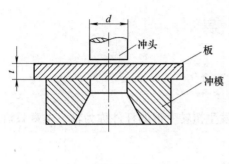

图 6-19

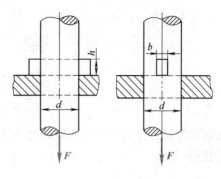

图 6-20

第七章 圆轴扭转

扭转变形是杆件的基本变形形式之一。通常把发生扭转变形的杆件称为轴。本章只讨论圆轴的扭转问题。

第一节　圆轴扭转的工程实例与力学模型

在工程实际中，经常会看到一些发生扭转变形的杆件，例如开锁的钥匙，汽车转向盘操纵杆，图 7-1a 所示机械中的传动轴，图 7-1b 所示水轮发电机的主轴等。将图 7-1 中机械传动轴的 AB 段和水轮发电机主轴的受力进行简化，可以得到图 7-2 所示的力学模型。

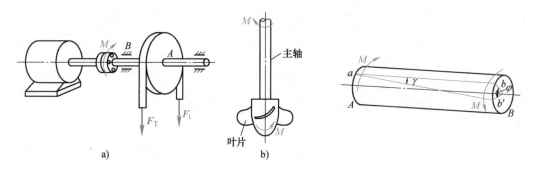

图　7-1

图　7-2

由图可以看出，扭转变形的受力特点是：**在垂直于杆件轴线的平面内，作用了一对大小相等，转向相反，作用平面平行的外力偶矩**；其变形特点是：**纵向线 ab 倾斜了一个微小的角度 γ，A、B 两端横截面绕轴线相对转动了一个角度 φ**，该角称为扭转角。

第二节　扭矩　扭矩图

研究圆轴扭转问题的方法与研究轴向拉（压）杆一样，首先要计算作用于轴上的外力偶矩，再分析圆轴横截面的内力，然后计算轴的应力和变形，最后进行轴的强度及刚度计算。

一、外力偶矩的计算

在工程实际中，作用于轴上的外力偶矩，一般并不是直接给出的，而是根据所给定轴的转速 n 和轴传递的功率 P，通过下列公式确定，即

$$M = 9549 \frac{P}{n} \tag{7-1}$$

式中，M 为外力偶矩，单位为 N·m；P 为功率，单位为 kW；n 为转速，单位为 r/min。

在确定外力偶矩的转向时应注意，轴上主动轮的输入功率所产生的力偶矩为主动力偶

矩，其转向与轴的转向相同；而从动轮的输出功率所产生的力偶矩为阻力偶矩，其转向与轴的转向相反。

二、圆轴扭转时的内力——扭矩

圆轴在外力偶矩的作用下，其横截面上将有内力产生，应用截面法可以求出横截面的内力。

以图7-3a所示圆轴扭转的力学模型为例，应用截面法，假想地用一截面 m-m 将轴截分为两段。取其左段为研究对象，由于轴原来处于平衡状态，则其左段也必然是平衡的，m-m 截面上必有一个内力偶矩与左端面上的外力偶矩平衡。列力偶平衡方程可得

$$T - M = 0$$
$$T = M$$

式中，T 为 m-m 截面的内力偶矩，称为扭矩。

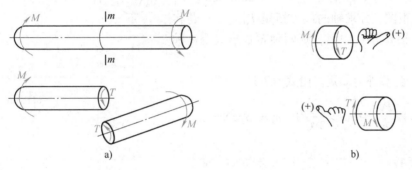

图 7-3

同理，也可以取截面右段为研究对象，此时求得的扭矩与取左段为研究对象所求得的扭矩大小相等，转向相反。

为了使所取截面左段或右段求得的同一截面上的扭矩相一致，通常用右手法则规定扭矩的正负（图7-3b）：以右手手心对着轴，四指沿扭矩的方向屈起，拇指的方向离开截面，扭矩为正；反之为负所示。

三、扭矩图

从上述截面法求横截面扭矩可知，当圆轴两端作用一对外力偶矩使轴平衡时，圆轴各个横截面上的扭矩都是相同的。若轴上作用三个或三个以上的外力偶矩使轴平衡时，轴上各段横截面的扭矩将是不相同的。例如，图7-4a所示的传动轴，输入一个不变转矩 $M_1 = 9\text{N}\cdot\text{m}$，设轴输出的力偶矩分别为 $M_2 = 3\text{N}\cdot\text{m}$，$M_3 = 6\text{N}\cdot\text{m}$。外力偶矩 M_1、M_2、M_3 将轴分为 AB、BC 两段，应用截面法可求出各段横截面的扭矩。

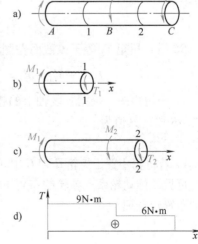

在 AB 段用1-1截面将轴分为两段，取左段为研究对象（图7-4b），由力偶平衡可得

$$T_1 = M_1 = 9\text{N}\cdot\text{m}$$

求出了1-1截面的扭矩，也就求出了 AB 段轴上任

图 7-4

意截面的扭矩。同理，在 BC 段用 2-2 截面将轴分为两段，取左段为研究对象（图 7-4c），由力偶平衡方程，$T_2 + M_2 - M_1 = 0$，可得 BC 段轴上各截面的扭矩为

$$T_2 = M_1 - M_2 = 9\text{N} \cdot \text{m} - 3\text{N} \cdot \text{m} = 6\text{N} \cdot \text{m}$$

由上例可总结出求截面扭矩的简便方法：**轴上任意横截面的扭矩 $T(x)$ 等于该截面左侧（或右侧）轴段上外力偶矩的代数和。左侧轴段上箭头向上（或右侧轴段上箭头向下）外力偶矩产生正值扭矩，反之为负。**

为了能够形象直观地表示出轴上各横截面扭矩的大小，用平行于杆轴线的 x 坐标表示横截面的位置，用垂直于 x 轴的坐标 T 表示横截面扭矩的大小，把各截面扭矩表示在 $x - T$ 坐标系中，描画出截面扭矩随着截面坐标 x 的变化曲线，称为扭矩图（图 7-4d）。

例 7-1 传动轴如图 7-5a 所示，主动轮 A 输入功率 $P_A = 50\text{kW}$，从动轮 B、C 输出功率分别为 $P_B = 30\text{kW}$，$P_C = 20\text{kW}$，轴的转速为 $n = 300\text{r/min}$。1）画出轴的扭矩图，并求轴的最大扭矩 $T_{\max}$。2）若将轮 A 置于齿轮 B 和 C 中间，则两种布置形式哪一种较为合理？

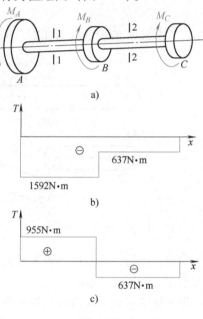

图　7-5

解 1）计算外力偶矩。由式（7-1）可得

$$M_A = 9549 \frac{P_A}{n} = 9549 \times \frac{50}{300}\text{N} \cdot \text{m} = 1592\text{N} \cdot \text{m}$$

$$M_B = 9549 \frac{P_B}{n} = 9549 \times \frac{30}{300}\text{N} \cdot \text{m} = 955\text{N} \cdot \text{m}$$

$$M_C = 9549 \frac{P_C}{n} = 9549 \times \frac{20}{300}\text{N} \cdot \text{m} = 637\text{N} \cdot \text{m}$$

2）求各段轴的扭矩。

AB 段：由求扭矩的简便方法，得 1-1 截面扭矩等于该截面左侧轴段上所有外力偶矩的代数和。左侧轴段上作用 M_A，且箭头向下，产生负值扭矩，即得

$$T_1 = -M_A = -1592\text{N} \cdot \text{m}$$

BC 段：扭矩 T_2 等于该截面左侧轴段上所有外力偶矩的代数和，即

$$T_2 = -M_A + M_B = （-1592 + 955）\text{N} \cdot \text{m} = -637\text{N} \cdot \text{m}$$

3）画扭矩图。根据各段轴上的扭矩，按比例作扭矩图（图 7-5b）。可见，最大扭矩发生在 AB 段，其值为

$$| T |_{\max} = 1592\text{N} \cdot \text{m}$$

4）若将轮 A 置于齿轮 B 和 C 中间，轴的扭矩图如图 7-5c 所示。最大扭矩 $T_{\max} = 955\text{N} \cdot \text{m}$。

可见，传动轮系上各轮的布置不同，轴的最大扭矩就不同。显然，从力学角度考虑，后者的布置较合理。

第三节　圆轴扭转时横截面上的应力和强度计算

一、圆轴扭转时横截面上的应力

为了求得圆轴扭转时横截面上的应力，必须了解应力在截面上的分布规律。为此，先从观察和分析变形的现象入手。

取图7-6a所示圆轴，在其表面画出一组平行于轴线的纵向线和圆周线，表面就形成许多小矩形。在轴上作用外力偶 M（作用面垂直于轴线），可以观察到圆轴扭转变形（图7-6b）的如下现象：

1）各圆周线的形状、大小及间距均不变，分别绕轴线转动了不同的角度。

2）各纵向线倾斜了同一个微小角度 γ。

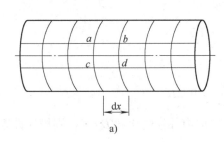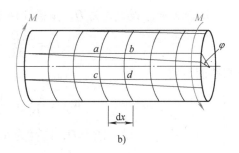

图　7-6

由于圆轴扭转时内部材料各点的相对位置无法观察，根据实验观察到的"圆周线的形状、大小不变"现象，作如下平面假设：圆轴扭转变形时，各横截面始终保持为平面，且形状大小不变。在平面假设的基础上，分析观察的现象，由此得出以下结论：圆轴扭转变形可以看做横截面像刚性平面一样，绕轴线相对转动。①由于相邻截面的间距不变，所以横截面上无正应力。②由于横截面绕轴线转动了不同的角度，因此相邻横截面间就产生了相对转角 $\mathrm{d}\varphi$，即横截面间发生旋转式的相对错动，发生了剪切变形，故截面上有切应力存在。

为了求得切应力在截面上的分布规律，取一对相邻截面，作其相对错动的示意图（图7-7a）观察其变形。

从图7-7a可以看出，截面上距轴线越远的点，相对错动的位移越大，说明该点的切应变越大。由剪切胡克定律可知，在剪切的弹性范围内，切应力与切应变成正比，从而得出横截面上任一点的切应力与该点到轴线的距离 ρ 成正比，切应力与 ρ 垂直，其线性分布规律如图7-7b所示。

应用变形几何关系和静力学平衡关系可以推知：横截面任一点的切应力与截面扭矩 T 成正比，与该点到轴线的距离 ρ 成正比，而与截面的极惯性矩 I_p 成反比（推证见本章阅读与理解），其切应力公式为

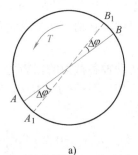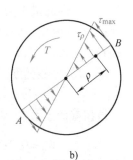

图　7-7

$$\tau_\rho = \frac{T\rho}{I_p} \qquad (7\text{-}2)$$

式中，I_p 称为横截面对圆心的**极惯性矩**，其大小与截面形状、尺寸有关，单位是 m^4 或 mm^4。最大切应力发生在截面边缘处，即 $\rho = D/2$ 时，其值为

$$\tau_{max} = \frac{TD}{2I_p} = \frac{T}{W_p} \qquad (7\text{-}3)$$

式中，$W_p = \dfrac{I_p}{D/2}$ 称为抗扭截面系数。必须指出，式（7-3）只适用于圆轴，且横截面上 τ_{max} 不超过材料的剪切比例极限。

二、极惯性矩和抗扭截面系数

（1）实心圆截面　设直径为 D，则极惯性矩为

$$I_p = \frac{\pi D^4}{32} \approx 0.1D^4 \qquad (7\text{-}4)$$

抗扭截面系数

$$W_p = \frac{2I_p}{D} = \frac{\pi D^3}{16} \approx 0.2D^3 \qquad (7\text{-}5)$$

（2）空心圆截面　设外径为 D，内径为 d，并取内外径之比 $d/D = \alpha$，则极惯性矩为

$$I_p = \frac{\pi D^4}{32}(1 - \alpha^4) \approx 0.1D^4(1 - \alpha^4) \qquad (7\text{-}6)$$

抗扭截面系数为

$$W_p = \frac{2I_p}{D} = \frac{\pi D^3}{32}(1 - \alpha^4) \approx 0.2D^3(1 - \alpha^4) \qquad (7\text{-}7)$$

三、圆轴扭转时的强度计算

与拉伸（压缩）时的强度计算一样，圆轴扭转时必须使最大工作切应力 τ_{max} 不超过材料的许用切应力 $[\tau]$，故等直圆轴扭转的切应力强度准则为

$$\tau_{max} = \frac{T_{max}}{W_p} \leqslant [\tau] \qquad (7\text{-}8)$$

对于阶梯轴，由于各段轴上截面的 W_p 不同，最大切应力不一定发生在最大扭矩所在的截面上，因此需综合考虑 W_p 和 T 两个量来确定。

例 7-2　某汽车的传动轴是由 45 钢无缝钢管制成。轴的外径 $D = 90mm$，壁厚 $t = 2.5mm$，传递的最大力偶矩为 $M = 1.5kN \cdot m$，材料的 $[\tau] = 60MPa$。要求：1）校核轴的强度；2）若改用相同材料的实心轴，并要求它和原轴强度相同，试设计其直径；3）比较实心轴和空心轴的重量。

解　1）校核强度。传动轴各截面的扭矩为

$$T = M = 1.5kN \cdot m$$

抗扭截面系数

$$W_p = 0.2D^3(1 - \alpha^4) = 0.2 \times 90^3\left[1 - \left(\frac{85}{90}\right)^4\right]mm^3 = 29.8 \times 10^3 mm^3$$

最大切应力

$$\tau_{max} = \frac{T}{W_P} = \frac{1.5 \times 10^3 \times 10^3}{29.8 \times 10^3} MPa = 50.3 MPa < 60 MPa$$

故轴的强度满足。

2）设计实心轴直径 D_1。由于实心轴和原空心轴的扭矩相同，当要求它们的强度相同时，则实际上它们的抗扭截面系数相等即可，于是得

$$W_p = 0.2D_1^3 = 0.2D^3 (1 - \alpha^4)$$

$$D_1 = D \sqrt[3]{1 - \alpha^4} = 90 \times \sqrt[3]{1 - \left(\frac{85}{90}\right)^4} mm = 53 mm$$

3）重量比较。设实心轴重量为 G_1，空心轴重量为 G，由于两轴材料、长度相同，那么重量比即为截面积之比

$$\frac{G_1}{G} = \frac{\pi D_1^2 / 4}{\pi (D^2 - d^2) / 4} = \frac{53^2}{90^2 - 85^2} = 3.21$$

计算结果表明，在等强度条件下，空心轴比实心轴节省材料。因此，空心圆截面是圆轴扭转时的合理截面形状。

第四节　圆轴扭转时的变形和刚度计算

一、圆轴扭转时的变形

圆轴扭转时的变形大小是用两横截面绕轴线的相对扭转角 φ 来度量的。理论推证表明，对于轴长为 l、扭矩为常量的等截面圆轴，两端截面间的相对扭转角与扭矩 T 成正比，与轴长 l 成正比，与截面的极惯性矩成反比，即

$$\varphi = \frac{Tl}{GI_p} \tag{7-9}$$

式中，GI_p 称为截面的抗扭刚度。它反映圆轴抵抗扭转变形的能力。当 T 和 l 一定时，GI_p 越大，扭转角 φ 越小，说明圆轴抵抗扭转变形的能力越强。

对于阶梯轴或各段扭矩不相等的轴，应分段计算各段的扭转角，然后求代数和，可求得全轴的扭转角。

例7-3　图7-8a 所示的传动轴，已知 $M_1 = 640 N \cdot m$，$M_2 = 840 N \cdot m$，$M_3 = 200 N \cdot m$，轴材料的切变模量 $G = 80 GPa$，试求截面 C 相对于截面 A 的扭转角。

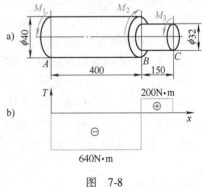

图　7-8

解　1）分段计算各段截面的扭矩并画出扭矩图（图7-8b）。

AB 段　$T_1 = -M_1 = -640 N \cdot m$

BC 段　$T_2 = -M_1 + M_2 = (-640 + 840) N \cdot m$
$$= 200 N \cdot m$$

2）计算扭转角。由于 A、C 两截面间的扭矩 T 和极惯性矩 I_p 不是常量，故应分段计算 AB 段和 BC 段的相对扭转角，然后进行叠加。

$$\varphi_{AB} = \frac{T_1 l_1}{G I_{p1}} = \frac{-640 \times 10^3 \times 400}{80 \times 10^3 \times 0.1 \times 40^4} \text{rad} = -0.013 \text{rad}$$

$$\varphi_{BC} = \frac{T_2 l_2}{G I_{p2}} = \frac{200 \times 10^3 \times 150}{80 \times 10^3 \times 0.1 \times 32^4} \text{rad} = 0.004 \text{rad}$$

故得　　　　　$\varphi_{AC} = \varphi_{AB} + \varphi_{BC} = (-0.013 + 0.004)\ \text{rad} = -0.009 \text{rad}$

二、刚度计算

式（7-9）两边同除以轴长 l，就得到单位轴长的相对扭转角 $\theta = \varphi/l = T/(G I_p)$，对于等截面圆轴，其最大单位轴长的扭转角必在扭矩最大的轴段上产生。

对于轴类构件，除了要满足强度要求外，还要求轴不要产生过大的变形。即要求轴的最大单位轴长的扭转角不超过其许用扭转角。从而得到圆轴扭转的刚度准则为

$$\theta_{max} = \frac{T_{max}}{G I_p} \leqslant [\theta]$$

式中，θ_{max} 的单位是弧度/米（rad/m）。而工程上常用许用扭转角的单位是度/米（(°)/m）。因此，将最大 θ_{max} 的单位（rad/m）换算成 $[\theta]$ 的单位（(°)/m），则上式刚度准则即为

$$\theta_{max} = \frac{T_{max}}{G I_p} \times \frac{180°}{\pi} \leqslant [\theta] \tag{7-10}$$

单位轴长的许用扭转角 $[\theta]$ 的取值，可查阅有关设计手册。

应用圆轴扭转的刚度准则，可以解决刚度计算的三类问题，即校核刚度、设计截面和确定许可载荷。

例 7-4　图 7-9 所示传动轴的转速 $n = 300\text{r/min}$，主动轮 C 输入外力矩 $M_C = 955\text{N} \cdot \text{m}$，从动轮 A、B、D 的输出外力矩分别为 $M_A = 159.2\text{N} \cdot \text{m}$，$M_B = 318.3\text{N} \cdot \text{m}$，$M_D = 477.5\text{N} \cdot \text{m}$，已知材料的切变模量 $G = 80\text{GPa}$，许用切应力 $[\tau] = 40\text{MPa}$，许用扭转角 $[\theta] = 1°/\text{m}$，试按轴的强度和刚度准则设计轴的直径。

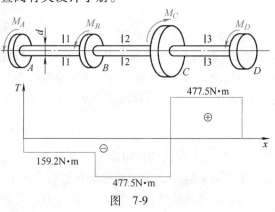

图 7-9

解　1）计算轴各段的扭矩，画扭矩图。

AB 段　　　　　$T_1 = -M_A = -159.2\text{N} \cdot \text{m}$

BC 段　　　　　$T_2 = -M_A - M_B = (-159.2 - 318.3)\ \text{N} \cdot \text{m} = -477.5\text{N} \cdot \text{m}$

CD 段　　　　　$T_3 = -M_A - M_B + M_C = (-159.2 - 318.3 + 955)\ \text{N} \cdot \text{m} = 477.5\text{N} \cdot \text{m}$

由图可知，最大扭矩发生在 BC 段和 CD 段。

$$T_{max} = 477.5\text{N} \cdot \text{m}$$

2）设计轴径 d。

由强度准则 $\tau_{max} = \dfrac{T_{max}}{W_p} = \dfrac{T_{max}}{0.2d^3} \leqslant [\tau]$，得

$$d \geqslant \sqrt[3]{\frac{T_{max}}{0.2[\tau]}} = \sqrt[3]{\frac{477.5 \times 10^3}{0.2 \times 40}} \text{mm} = 39.3\text{mm}$$

由刚度准则 $\theta_{max} = \dfrac{T_{max}}{G \times 0.1 d^4} \times \dfrac{180}{\pi} \leqslant [\theta]$，得

$$d \geqslant \sqrt[4]{\frac{T_{max} \times 180}{0.1 G [\theta]}} = \sqrt[4]{\frac{477.5 \times 10^3 \times 180}{0.1 \times 80 \times 10^3 \times 1 \times 10^{-3}}} mm = 43.2 mm$$

为使轴既满足强度准则又满足刚度准则，可选取较大的值，即取 $d = 44 mm$。

阅读与理解

一、外力矩计算中 M、P、n 之间的关系推证

图 7-10 所示功率为 P 的传动轮，以匀角速度 ω，克服传动带拉力绕轴逆时针转动，假定传动带拉力 F_T、F_t 均为常量，且 $F_T > F_t$，则传动带拉力 F_T、F_t 对轮轴的阻力矩 $M = (F_T - F_t) r$ 也为一常力矩。经过一时间间隔 Δt，传动轮转动了一微小转角 $\Delta\varphi$，传动带拉力 F_T、F_t 沿其作用线同时走过了一微段路程 $\Delta s = r\Delta\varphi$。传动带拉力 F_T、F_t 做了负微功 ΔW。

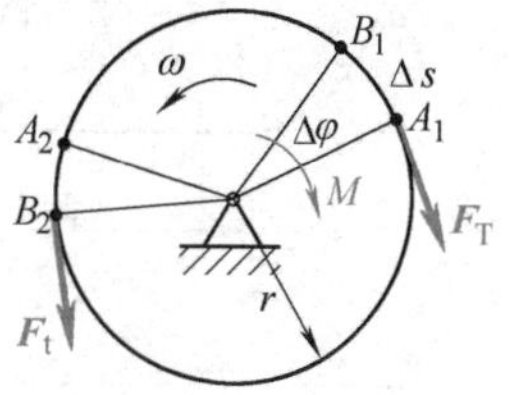

由功的定义知

$$\Delta W = (F_T - F_t)\Delta s = (F_T - F_t) r\Delta\varphi = M\Delta\varphi$$

由瞬时功率的定义知

$$P = \lim_{\Delta t \to 0} \frac{\Delta W}{\Delta t} = \lim_{\Delta t \to 0} \frac{M\Delta\varphi}{\Delta t} = M\frac{d\varphi}{dt}$$
$$= M\omega$$

图 7-10

式中，功率 P 的单位为瓦（W），力偶矩的单位为牛·米（N·m），ω 为传动轮转动的角速度，单位为弧度/秒（rad/s）。

由上式可知

$$\frac{M}{N \cdot m} = \frac{P/W}{\omega/(rad/s)} = \frac{P \times 10^3/kW}{n/(r/min) \times \dfrac{2\pi}{60}} = \frac{60 \times 10^3 P/kW}{2\pi n/(r/min)} = 9549\frac{P/kW}{n/(r/min)}$$

即得到式（7-1）所表示的 M、P、n 之间的关系式。

二、扭转切应力公式及变形公式推证

1. 扭转切应力公式

从图 7-6b 中截取出一微段轴 dx 来研究（见图 7-11a），设相距为 dx 的两横截面间的相对扭转角为 $d\varphi$。

根据变形的几何关系可得，横截面上距圆心为 ρ 的一点 b_1 相对于 b 的错动位移为

$$b_1 b_1' = \rho d\varphi$$

该点的切应变为

$$\gamma_\rho = \frac{b_1 b_1'}{dx} = \rho\frac{d\varphi}{dx} \qquad (a)$$

根据物理关系，即在剪切的弹性范围内，切应力与切应变成正比，从而得出横截面上距轴线为 ρ 的一点的切应力为

$$\tau_\rho = G\gamma_\rho = G\rho\frac{\mathrm{d}\varphi}{\mathrm{d}x} \qquad (\mathrm{b})$$

此式表明，横截面上的切应力与该点距圆心的半径 ρ 成正比，即切应力呈线性分布，切应力的方向与半径垂直（图7-11b）。

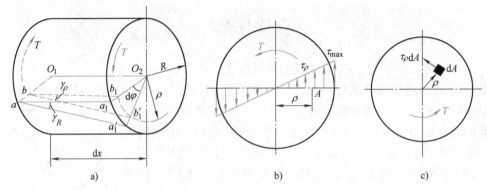

图 7-11

根据静力学关系，在距圆心为 ρ 处取一微面积 $\mathrm{d}A$，其上作用的微内力为 $\tau_\rho\mathrm{d}A$（图7-11c），整个截面上各点处所有微内力对圆心之矩的总和，等于该截面上的内力扭矩 T，即

$$T = \int_A \rho\tau_\rho\mathrm{d}A \qquad (\mathrm{c})$$

将式（b）代入式（c），得

$$T = \int_A \rho\tau_\rho\mathrm{d}A = \int_A G\rho^2\frac{\mathrm{d}\varphi}{\mathrm{d}x}\mathrm{d}A = G\frac{\mathrm{d}\varphi}{\mathrm{d}x}\int_A\rho^2\mathrm{d}A = G\frac{\mathrm{d}\varphi}{\mathrm{d}x}I_\mathrm{p} \qquad (\mathrm{d})$$

式中，$I_\mathrm{p} = \int_A \rho^2\mathrm{d}A$ 为横截面对圆心的极惯性矩，其大小与截面形状、尺寸有关。由式（d）可得

$$\frac{\mathrm{d}\varphi}{\mathrm{d}x} = \frac{T}{GI_\mathrm{p}} \qquad (\mathrm{e})$$

把式（e）代入式（b）即得横截面上扭转切应力公式

$$\tau_\rho = \frac{T\rho}{I_\mathrm{p}}$$

即与式（7-2）表示的结果相同。

最大切应力发生在截面边缘处，即 $\rho = D/2$ 时，其值与式（7-3）表示的结果相同，即

$$\tau_\mathrm{max} = \frac{TD}{2I_\mathrm{p}} = \frac{T}{W_\mathrm{p}}$$

2. 圆截面的极惯性矩及物理意义

截面对轴线的极惯性矩 $I_\mathrm{p} = \int_A \rho^2\mathrm{d}A$，表示截面所有微面积对轴线二次矩之和，其大小与圆截面的形状、大小及面积的分布有关，是反映截面几何惯性的一个物理量。

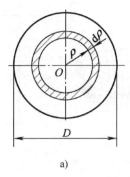
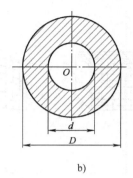

a)   b)

图 7-12

如图 7-12 所示，设圆截面直径为 D，若取微面积为一圆环，即 $dA = 2\pi\rho d\rho$，则其极惯性矩的积分计算结果为

$$I_p = \int_A \rho^2 dA = \int_0^{D/2} 2\pi\rho^3 d\rho = \frac{\pi D^4}{32} \approx 0.1D^4$$

设空心圆截面，外径为 D，内径为 d，内外径之比 $d/D = \alpha$，则其极惯性矩的积分计算结果为

$$I_p = \int_A \rho^2 dA = \int_{d/2}^{D/2} 2\pi\rho^3 d\rho = \frac{\pi D^4}{32}(1 - \alpha^4) \approx 0.1D^4(1 - \alpha^4)$$

相同面积的实心圆截面和空心圆截面比较，由于空心截面的面积分布比实心截面距轴线远，其极惯性矩比实心截面大，所以空心圆截面是圆轴扭转的合理截面形状。

3. 扭转角公式

由扭转切应力推证中的式（e）可知，相距为 dx 的两相邻截面间的相对扭转角为

$$d\varphi = \frac{T}{GI_p}dx$$

将此微分式进行积分，即得相距为 l 的两个横截面之间的扭转角为

$$\varphi = \int_0^\varphi d\varphi = \int_0^l \frac{T}{GI_p}dx$$

对于轴长为 l，扭矩为常量的等截面圆轴，两端截面间的相对扭转角即为式（7-9）表示的公式

$$\varphi = \frac{Tl}{GI_p}$$

三、非圆截面杆自由扭转简介

在工程上还可能遇到非圆截面杆的扭转问题，例如农业机械用方形截面做传动轴，曲轴的曲柄做成矩形截面。圆轴扭转后横截面仍保持为平面，而矩形截面杆受扭后，横截面由原来的平面变为曲面（图 7-13a、b），这一现象称为截面翘曲。对于矩形截面杆的扭转，平面假设已不成立。因此，圆轴扭转时的应力、变形公式对矩形截面杆均不适用。

矩形截面杆的扭转可分为自由扭转和约束扭转。**自由扭转**是指整个杆的各横截面的翘曲不受任何约束，任意两相邻横截面的翘曲情况将完全相同，故此时横截面上只产生切应力而没有正应力。如果不符合上述情况，就属于**约束扭转**。这里只对矩形截面杆自由扭转时的应

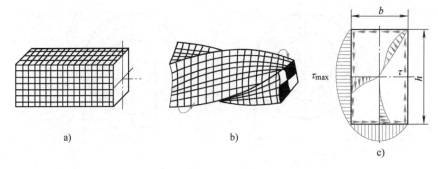

图　7-13

力及变形的主要结果作以简介。

　　根据弹性力学的分析结果，矩形截面杆自由扭转时，横截面上切应力的分布如图 7-13c 所示，边缘各点处的切应力方向与周边相切，四个角点处的切应力等于零，最大切应力发生在长边中点处，其值为 $\tau_{max} = T/(\alpha hb^2)$；短边中点处的切应力为 $\tau = \gamma\tau_{max}$；扭转角为 $\varphi = Tl/(G\beta hb^3)$。式中的 α、β、γ 是与矩形截面 h/b 有关的常数，其值可查阅有关设计手册。

　　工程上对于矩形非圆截面实体杆件的约束扭转，由于正应力很小，可以忽略不计。但对于薄壁杆件（例如工字钢、槽钢等）来说，横截面上的正应力往往很大，必须予以足够重视。

小　结

一、应力和强度计算

1）圆轴扭转时横截面上任一点的切应力与该点到圆心的距离成正比。最大切应力发生在截面边缘各点处。其计算公式为

$$\tau = \frac{T\rho}{I_p}, \qquad \tau_{max} = \frac{T}{W_p}$$

2）圆轴扭转的切应力强度准则为

$$\tau_{max} = \frac{T_{max}}{W_p} \leqslant [\tau]$$

应用强度准则可以校核强度、设计截面尺寸和确定许可载荷。

二、变形和刚度计算

1）圆轴扭转变形计算公式为

$$\varphi = \frac{Tl}{GI_p}$$

2）圆轴扭转的刚度准则为

$$\theta_{max} = \frac{T_{max}}{GI_p} \times \frac{180°}{\pi} \leqslant [\theta]$$

思　考　题

7-1　减速器中，高速轴的直径大还是低速轴的直径大？为什么？

7-2 研究圆轴扭转时，所作的平面假设是什么？横截面上产生什么应力？如何分布？

7-3 图7-14所示的两个传动轴，哪一种轮系的布置对提高轴的承载能力有利？

7-4 试分析图7-15所示圆截面扭转时的切应力分布，哪些是正确的？哪些是错误的？

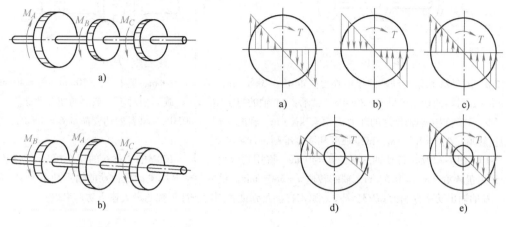

图 7-14   图 7-15

7-5 直径相同，材料不同的两根等长的实心圆轴，在相同的扭矩作用下，其 τ_{max}、φ 是否相同？

7-6 试从力学角度，说明空心截面比实心截面较为合理的原因。

习　　题

7-1 作图7-16所示各轴的扭矩图。

7-2 图7-17所示传动轴，试求：1）轴的扭矩图；2）从强度角度分析三个轮的布置是否合理，若不合理，试重新布置。

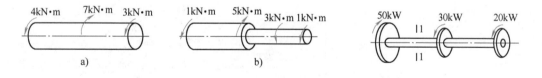

图 7-16   图 7-17

7-3 圆轴的直径 $d = 50\text{mm}$，转速 $n = 120\text{r/min}$，若该轴的最大切应力 $\tau_{max} = 60\text{MPa}$，试求轴所传递的功率是多大。

7-4 图7-17所示传动轴，已知轴径 $d = 80\text{mm}$，试求：1）轴的最大切应力；2）1-1截面上 $\rho = 25\text{mm}$ 处的切应力。

7-5 图7-18所示传动轴，已知轴径 $d = 50\text{mm}$，传递外力偶矩 $M_1 = 3.5\text{kN·m}$，$M_2 = 2\text{kN·m}$，$M_3 = 1.5\text{kN·m}$，轴材料的 $[\tau] = 100\text{MPa}$，试校核轴的扭转强度。

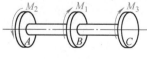

图 7-18

7-6 图7-19所示实心轴和空心轴通过牙嵌式离合器联接在一起，传递的外力矩 $M = 2.5\text{kN·m}$，材料的许用切应力 $[\tau] = 100\text{MPa}$，空心圆截面的内外径之比 $\alpha = 0.8$，试确定实心轴的直径 d_1 和空心轴外径 D、内径 d，并比较两轴的截面面积。

7-7 图7-20所示船用推进器，一端是实心的，直径 $d_1 = 28\text{cm}$；另一端是空心的，内径 $d = 14.8\text{cm}$，外径 $D = 29.6\text{cm}$。若 $[\tau] = 100\text{MPa}$，试求此轴允许传递的最大外力偶矩。

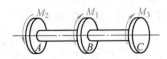 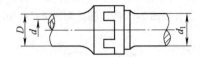

图 7-19   图 7-20

7-8 图 7-21 所示传动轴的作用外力偶矩 $M_1 = 3\text{kN} \cdot \text{m}$，$M_2 = 1\text{kN} \cdot \text{m}$，直径 $d_1 = 50\text{mm}$，$d_2 = 40\text{mm}$，$l = 100\text{mm}$，材料的切变模量 $G = 80\text{GPa}$。试求：1）轴的扭矩图；2）C 截面相对于 A 截面的扭转角 φ_{AC}。

7-9 某钢制传动轴传递的外力矩 $M = 2\text{kN} \cdot \text{m}$，轴的 $[\tau] = 80\text{MPa}$，材料的切变模量 $G = 80\text{GPa}$，轴的许用扭转角 $[\theta] = 1.2°/\text{m}$，试按强度和刚度准则设计轴径 d。

7-10 图 7-22 所示传动轴的直径 $d = 40\text{mm}$，许用切应力 $[\tau] = 100\text{MPa}$，材料的切变模量 $G = 80\text{GPa}$，轴的许用扭转角 $[\theta] = 0.5°/\text{m}$，轴的转速 $n = 360\text{r/min}$。设主动轮 B 由电动机拖动的输入功率为 P，从动轮 A、C 的输出功率分别为 $2P/3$、$P/3$。试求在满足强度和刚度条件下轴的最大输入功率 P。

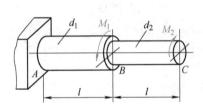 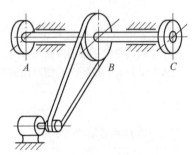

图 7-21   图 7-22

第 八 章
梁 的 弯 曲

第一节　平面弯曲的工程实例与力学模型

一、工程实例与受力特点

弯曲变形是杆件比较常见的一种变形形式。例如，图 8-1a 所示的火车轮轴，图 8-2a 所示的桥式起重机大梁等，在外力作用下其轴线发生了弯曲。这种形式的变形称为**弯曲变形**。工程中把**以发生弯曲变形为主的杆件通常称为梁**。一些杆件在载荷作用下不仅发生弯曲变形，还发生扭转等变形，当讨论其弯曲变形时，仍然把这些杆件做梁。

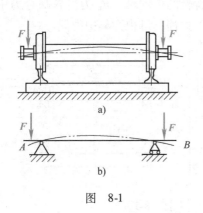

图　8-1

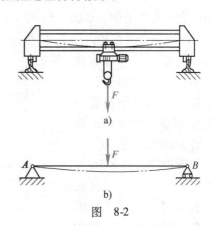

图　8-2

工程实际中，常见到的直梁，其横截面大多有一根纵向对称轴，如图 8-3 所示。梁的无数个横截面的纵向对称轴构成了梁的纵向对称平面（图 8-4）。

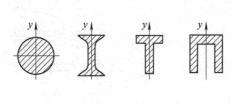

图　8-3

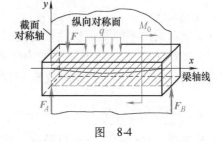

图　8-4

若梁上的所有外力（包括力偶）作用在梁的纵向对称平面内，梁的轴线将在其纵向对称平面内弯成一条平面曲线，梁的这种弯曲称为**平面弯曲**。它是最常见、最基本的弯曲变形。本章主要讨论直梁的平面弯曲变形。

从以上工程实例可以得出，直梁平面弯曲的受力与变形特点是：**外力沿横向作用于梁的纵向对称平面内并与轴向垂直，梁的轴线弯成一条平面曲线**。

二、梁的力学模型

为了便于分析和计算直梁平面弯曲时的强度和刚度，对于梁需建立力学模型。梁的力学模型包括了梁的简化、载荷的简化和支座的简化。

1. 梁的简化

由前述平面弯曲的概念可知，载荷作用在梁的纵向对称平面内，梁的轴线将弯成一条平面曲线。因此，无论梁的外形尺寸如何复杂，用梁的轴线来代替梁可以使问题得到简化。如图 8-1a 和图 8-2a 所示的火车轮轴和起重机大梁，分别用梁的轴线 AB 代替梁进行简化（图 8-1b 和图 8-2b）。

2. 载荷的简化

作用于梁上的外力，包括载荷和支座的约束力，可以简化为以下三种力的模型：

（1）集中力　当力的作用范围远远小于梁的长度时，可简化为作用于一点的集中力。例如，火车车厢对轮轴的作用力及起重机吊重对大梁的作用等，都可简化为集中力（图 8-1 和图 8-2）。

（2）集中力偶　若分布在很短一段梁上的力能够形成力偶时，可以不考虑分布长度的影响，简化为一集中力偶。如图 8-5a 所示带有圆柱斜齿轮的传动轴，F_a 为齿轮啮合力中的轴向分力，D 为齿轮的直径，把 F_a 向轴线简化后得到的力偶，可视为集中力偶。

（3）均布载荷　将载荷连续均匀分布在梁的全长或部分长度上，其分布长度与梁长比较不是一个很小的数值时，用 q 表示，q 称为均布载荷的载荷集度。图 8-5b 为薄板轧机的示意图。为保证轧制薄板的厚度均匀，轧辊尺寸一般比较粗壮，其弯曲

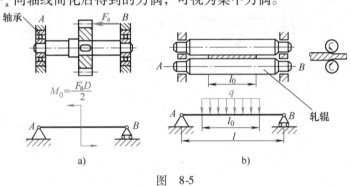

图　8-5

变形就很小。这样就可以认为在 l_0 长度内的轧制力是均匀分布的。若载荷分布连续但不均匀时称为分布载荷，用 $q(x)$ 表示，$q(x)$ 称为分布载荷的载荷集度。

3. 支座的简化

按支座对梁的不同约束特性，静定梁的约束支座可按静力学中对约束简化的力学模型，分别简化为固定铰支座、活动铰支座和固定端支座。

4. 静定梁的基本力学模型

通过对梁、载荷和支座进行简化，就可以得到梁的力学模型。根据梁所受不同的支座约束，梁平面弯曲时的基本力学模型可分为以下三种形式：

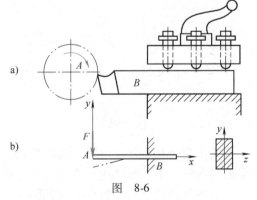

图　8-6

（1）简支梁　梁的两端分别为固定铰支座和活动铰支座（图 8-2b）。

（2）外伸梁　梁的两支座分别为固定铰支座和活动铰支座，但梁的一端（或两端）伸

出支座以外（图8-1b）。

（3）悬臂梁　梁的一端为固定端约束，另一端为自由端。如图8-6所示车刀刀架，刀架限制了车刀的随意移动和转动，可简化为固定端，车刀简化为悬臂梁（图8-6b）。

以上梁的支座约束力均可通过静力学平衡方程求得，因此称为**静定梁**。若梁的支座约束力的个数多于独立平衡方程的个数，支座约束力就不能完全由静力学平衡方程式来确定，这样的梁称为**静不定梁**。静不定梁将在本章第十节中讨论。

第二节　弯曲的内力——剪力和弯矩

当作用在梁上全部的外力（包括载荷和支座约束力）确定后，应用截面法可求出任一横截面上的内力。

一、用截面法求剪力和弯矩

图8-7a所示的悬臂梁 AB，在其自由端作用一集中力 F，由静力学平衡方程可求出其固定端的约束力 $F_B = F$，约束力偶矩 $M_B = Fl$。

把距梁左端 A 为 x 处的横截面，称为梁的 x 截面，x 是梁的截面坐标。

为了求出任意 x 截面的内力，假想地用截面 m-m 将梁截分为两段，取左段梁为研究对象，如图8-7c所示。由于整个梁在外力作用下是平衡的，所以梁的各段也必平衡。要使左段梁处于平衡，那么横截面上必定有一个作用线与外力 F 平行的力 F_Q 和一个在梁纵向对称平面内的力偶矩 M。由平衡方程式

$$\Sigma F_y = 0 \qquad F - F_Q = 0$$

得
$$F_Q = F \qquad\qquad (a)$$

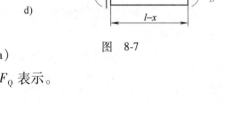

图　8-7

这个作用线平行于截面的内力称为**剪力**，用符号 F_Q 表示。

$$\Sigma M_C = 0 \qquad\qquad M - Fx = 0$$

$$M = Fx \qquad\qquad (b)$$

式中的矩心 C 是 x 截面的形心，这个作用平面垂直于横截面的力偶矩称为**弯矩**，用符号 M 表示。

同理，取 x 截面右段梁为研究对象（图8-7d），列平衡方程式

$$\Sigma F_y = 0 \qquad\qquad F_Q' - F_B = 0$$

得
$$F_Q' = F_B = F \qquad\qquad (c)$$

$$\Sigma M_C = 0 \qquad\qquad -M' - F_B(l - x) + M_B = 0$$

$$M' = M_B - F(l - x) = Fx \qquad\qquad (d)$$

二、剪力 F_Q、弯矩 M 的正负规定

从图8-7c和图8-7d可以看出，应用截面法求任意 x 截面的剪力和弯矩，无论取 x 截面左段

梁还是取 x 截面右段梁,求得 x 截面的剪力和弯矩,其数值是相等的,方向是相反的,反映了力的作用与反作用关系。

为了使所取截面左段梁和所取截面右段梁求得的剪力与弯矩,不仅数值相等,而且符号一致,规定剪力和弯矩的正负如下(图8-8):

(1)剪力　某梁段上左端面向上或右端面向下的剪力为正,反之为负。**简称为左上右下为正。**

(2)弯矩　某梁段上左端面顺时针转向或右端面逆时针转向的弯矩为正,反之为负。**简称为左顺右逆为正。**

三、任意截面上剪力和弯矩的计算

由上述截面法求任意 x 截面的剪力和弯矩的表达式(a)与式(c)、式(b)与式(d)可总结出求剪力和弯矩的简便方法:任意 x 截面的剪力,等于 x 截面左段梁或右段梁上外力的代数和;左段梁上向上的外力

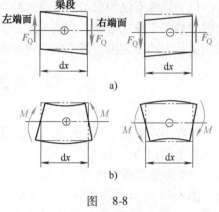

图 8-8

或右段梁上向下的外力产生正值剪力,反之产生负值剪力。任意 x 截面的弯矩,等于 x 截面左段梁或右段梁上外力对 x 截面形心力矩的代数和;左段梁上顺时针转向或右段梁上逆时针转向的外力矩产生正值弯矩,反之产生负值弯矩。简述为:

$F_Q(x) = x$ 截面左(或右)段梁上外力的代数和,左上右下为正。

$M(x) = x$ 截面左(或右)段梁上外力矩的代数和,左顺右逆为正。

例8-1　外伸梁 DB 受力如图8-9所示,已知均布载荷集度为 q,集中力偶 $M_C = 3qa^2$。图中2-2与3-3截面称为 A 点的临近截面,即 $\Delta \to 0$;同样4-4与5-5截面为 C 点处的临近截面,试求梁指定截面的剪力和弯矩。

解　1)求梁的支座约束力,取整个梁为研究对象,画受力图,列平衡方程

$$\sum M_B = 0 \quad -F_A \times 4a - M_C + q \times 2a \times 5a = 0$$

$$F_A = \frac{7qa}{4}$$

$$\sum F_y = 0 \qquad F_B + F_A - q \times 2a = 0$$

$$F_B = 2qa - F_A = \frac{qa}{4}$$

图 8-9

2)求各指定截面的剪力和弯矩。

1-1 截面:由1-1截面左段梁上外力的代数和求得该截面的剪力为

$$F_{Q1} = -qa$$

由1-1截面左段梁上外力对截面形心力矩的代数和求得该截面的弯矩为

$$M_1 = -qa \times a/2 = -\frac{qa^2}{2}$$

由1-1截面右段梁上外力的代数和求得该截面的剪力为

$$F_{Q1} = qa - F_B - F_A = qa - \frac{qa}{4} - \frac{7qa}{4} = -qa$$

由 1-1 截面右段梁上外力对截面形心力矩的代数和求得该截面的弯矩为

$$M_1 = F_B \times 5a - M_C + F_A \times a - qa \times \frac{a}{2} = \frac{5qa^2}{4} - 3qa^2 + \frac{7qa^2}{4} - \frac{qa^2}{2} = -\frac{qa^2}{2}$$

由此可见,无论用 1-1 截面一侧左段梁还是右段梁求该截面的剪力和弯矩,其数值相同,符号相同,但外力代数和与外力矩代数和繁简不同。因此,在求指定截面的剪力和弯矩时,选择该截面一侧作用外力较少的梁段求剪力和弯矩较简便。

2-2 截面:取 2-2 截面左段梁计算,得

$$F_{Q2} = -q(2a - \Delta) = -2qa$$

$$M_2 = -q \times 2a(a - \Delta) = -2qa^2$$

式中的 Δ 是一个无穷小量,计算时当作零来处理。

3-3 截面:取 3-3 截面左段梁计算,得

$$F_{Q3} = -q \times 2a + F_A = -2qa + \frac{7qa}{4} = -\frac{qa}{4}$$

$$M_3 = -q \times 2a(a + \Delta) + F_A\Delta = -2qa^2$$

4-4 截面:取 4-4 截面右段梁计算,得

$$F_{Q4} = -F_B = -\frac{qa}{4}$$

$$M_4 = F_B(2a + \Delta) - M_C = \frac{qa^2}{2} - 3qa^2 = -\frac{5qa^2}{2}$$

5-5 截面:取 5-5 截面右段梁计算,得

$$F_{Q5} = -F_B = -\frac{qa}{4}$$

$$M_5 = F_B \times 2a = \frac{qa^2}{2}$$

由以上计算结果可以得出:

1) 集中力作用处的两侧临近截面的弯矩相同,剪力不同,说明剪力在集中力作用处产生了突变,突变的幅值就等于集中力的大小。

2) 集中力偶作用处的两侧临近截面的剪力相同,弯矩不同,说明弯矩在集中力偶作用处产生了突变,突变的幅值就等于集中力偶矩的大小。

3) 由于集中力的作用截面和集中力偶的作用截面上剪力和弯矩有突变,因此,应用截面法求任一指定截面的剪力和弯矩时,截面不能取在集中力和集中力偶所在的截面上。

第三节　剪力图和弯矩图

一、用剪力、弯矩方程画剪力、弯矩图

由例 8-1 可知,一般情况下,梁截面上的剪力和弯矩是随横截面位置的变化而连续变化的,把剪力和弯矩可表示为截面坐标 x 的单值连续函数

$$F_Q = F_Q(x)$$
$$M = M(x)$$

此两式分别称为**剪力方程和弯矩方程**。

为了能够直观地表明梁上各截面上剪力和弯矩的大小及正负,通常把剪力方程和弯矩方程用图像表示,称为**剪力图和弯矩图**。

剪力图和弯矩图的基本作法是:先求出梁的支座约束力,沿轴线取截面坐标 x;再建立剪力和弯矩方程;然后,应用函数作图法画出 $F_Q(x)$、$M(x)$ 的函数图像,即为剪力图和弯矩图。

例8-2 台钻手柄杆 AB 用螺纹固定在转盘上(图8-10a),其长度为 l,自由端作用 **F** 力,试建立手柄杆 AB 的剪力、弯矩方程,并画其剪力、弯矩图。

解 1)建手柄杆 AB 的力学模型为图8-10b 所示的悬臂梁,列平衡方程,求出支座约束力 $F_A = F$,$M_A = Fl$。

2)列剪力、弯矩方程。以梁的左端 A 点为坐标原点,选取任意 x 截面(图8-10b),用 x 截面左段梁上的外力求 x 截面的剪力、弯矩,即得到手柄杆 AB 的剪力、弯矩方程为

$$F_Q(x) = F_A = F \qquad (0 < x < l)$$
$$M(x) = F_A x - M_A = -F(l - x) \qquad (0 < x \le l)$$

3)画剪力、弯矩图。由剪力方程 $F_Q(x) = F$ 可知,梁各横截面的剪力均等于 F,且为正值。剪力图为平行于 x 轴的水平线(图8-10c)。

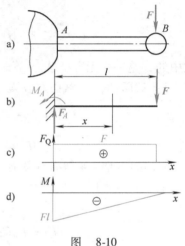

图 8-10

由弯矩方程 $M(x) = -F(l - x)$ 可知,截面弯矩是截面坐标 x 的一次函数(直线),确定直线两点的坐标,即 A 端临近截面的弯矩 $M(0) = -Fl$;B 端临近截面的弯矩 $M(l) = 0$,连接两点坐标即得弯矩方程的直线(图8-10d)。

4)最大弯矩。由弯矩图可见,手柄杆固定端截面上弯矩值的绝对值最大,即 $|M|_{max} = Fl$。

例8-3 图8-11a 所示的简支梁 AB,作用均布载荷 q,试画该梁的剪力、弯矩图。

解 1)画受力图,由平衡方程得:$F_A = ql/2$,$F_B = ql/2$。

2)建立剪力、弯矩方程。选取任意 x 截面坐标如图8-11a 所示,得

$$F_Q(x) = F_A - qx = \frac{ql}{2} - qx \quad (0 < x < l)$$

$$M(x) = F_A x - qx \times \frac{x}{2} = \frac{ql}{2}x - \frac{q}{2}x^2 \quad (0 \le x \le l)$$

3)画剪力、弯矩图。剪力方程表示剪力是截面坐标 x 的直线方程,只需确定直线两点的坐标 $F_Q(0) = ql/2$,$F_Q(l) = -ql/2$,作这两点的连线得剪力图(图8-11b)。

弯矩方程表示截面弯矩是截面坐标 x 的二次函数,弯矩图曲线为一抛物线,可用坐标 $M(0) = 0$,$M(l/2) = ql^2/8$,$M(l) = 0$,描点绘出大致曲线即弯矩图(图

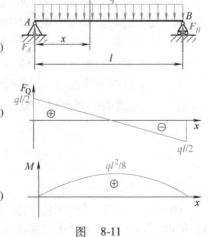

图 8-11

8-11c)。其中,剪力为零的截面坐标对应弯矩图抛物线的极值点,可用本章第四节的微分关系证明。

从图可见 $|F_Q|_{max} = ql/2$;最大弯矩值在梁的中点截面,$|M|_{max} = ql^2/8$。

二、用简便方法画剪力图和弯矩图

从上述例题可以得出剪力图和弯矩图的简便画法:

1)无载荷作用的梁段上,剪力图为水平线,弯矩图为斜直线。

2)均布载荷作用的梁段上,剪力图为斜直线;弯矩图为二次曲线。曲线凹向与均布载荷同向,在剪力等于零的截面,曲线有极值。

例8-4 图8-12a所示的简支梁 AB,在 C 点处作用集中力 F,试画此梁的剪力、弯矩图。

解 1)画受力图,求支座约束力。由平衡方程得

$$F_A = \frac{Fb}{l}, F_B = \frac{Fa}{l}$$

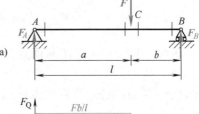

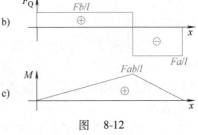

图 8-12

2)画剪力图。AC、CB 段无载荷作用,剪力图均为水平线。

AC 段任一截面的剪力 $\qquad F_{Q1} = F_A = \dfrac{Fb}{l}$

CB 段任一截面的剪力 $\qquad F_{Q2} = -F_B = -\dfrac{Fa}{l}$

在剪力图坐标中画出 AC、CB 段的水平线(图8-12b)。

3)画弯矩图。AC、CB 段无载荷作用,弯矩图为斜直线,确定 A、C、B 三点临近截面的弯矩值

$$M_A = F_A \Delta = 0, \qquad M_C = F_A a = \frac{Fab}{l}, \qquad M_B = F_B \Delta = 0$$

在弯矩坐标中描出 AC 段两点 $\left(0, \dfrac{Fab}{l}\right)$ 坐标;CB 段两点 $\left(\dfrac{Fab}{l}, 0\right)$ 坐标,分别过坐标点作出 AC、CB 段的斜直线(图8-12c)。

从剪力、弯矩图可见,当 $a > b$ 时,$|F_Q|_{max} = \dfrac{Fa}{l}$,在 C 截面有最大的变矩值 $|M|_{max} = \dfrac{Fab}{l}$;当 $a = b = \dfrac{l}{2}$,即集中力作用在梁的中点时,梁的中点有最大弯矩值 $|M|_{max} = \dfrac{Fl}{4}$。

例8-5 图8-13a所示的简支梁 AB,在 C 点处作用集中力偶 M_0,试画此梁的剪力、弯矩图。

解 1)画受力图,求支座约束力。由平衡方程得

$$F_A = -\frac{M_0}{l}, \qquad F_B = \frac{M_0}{l}$$

2)画剪力图。AC、CB 段无载荷作用,剪力图均为水平线。

AC 段任一截画的剪力 $\qquad F_{Q1} = F_A = -\dfrac{M_0}{l}$

CB 段任一截面的剪力 $\qquad F_{Q2} = -F_B = -\dfrac{M_0}{l}$

在剪力坐标中画出 AC、CB 段的水平线(图8-13b)。

3) 画弯矩图。AC、CB 段无载荷作用,弯矩图为斜直线,确定 A、C_-、C_+、B 点临近截面的弯矩值(C_- 表示 C 点左侧临近截面;C_+ 表示 C 点右侧临近截面。)

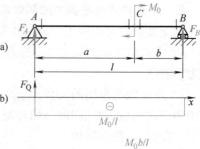

$$M_A = F_A \Delta = 0, M_{C-} = F_A a = -\frac{M_0 a}{l},$$

$$M_{C+} = F_B a = \frac{M_0 b}{l}, M_B = F_B \Delta = 0$$

在弯矩坐标中描出 AC 段两点 $\left(0, -\frac{M_0 a}{l}\right)$ 坐标,CB

段两点 $\left(\frac{M_0 b}{l}, 0\right)$ 坐标,分别过坐标点作出 AC、CB 段的

斜直线(图8-13c)。

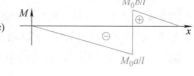

从以上例题可进一步总结出画剪力图和弯矩图的简便方法:

图 8-13

1) 无载荷作用的梁段上,**剪力图为水平线,弯矩图为斜直线**。

2) 均布载荷作用的梁段上,**剪力图为斜直线;弯矩图为二次曲线**。曲线凹向与均布载荷同向,在剪力等于零的截面,曲线有极值。

3) 集中力作用处,剪力图有突变,突变的幅值等于集中力的大小,突变的方向与集中力同向;弯矩图有折点。

4) 集中力偶作用处,剪力图不变;弯矩图突变,突变的幅值等于集中力偶矩的大小,突变的方向,集中力偶顺时针向坐标正向突变,反之向坐标负向突变。

尽管用剪力、弯矩方程能够画出剪力、弯矩图,但是应用简便方法绘制剪力、弯矩图,会更加简捷方便。

例8-6 图8-14a所示外伸梁 AD,作用均布载荷 q,集中力偶 $M_0 = 3qa^2/2$,集中力 $F = qa/2$,用简便方法画出该梁的剪力、弯矩图。

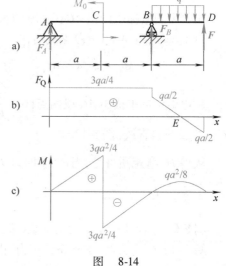

解 1) 求支座约束力得 $F_A = 3qa/4$,$F_B = -qa/4$。集中力、集中力偶和均布载荷的始末端将梁分为 AC、CB、BD 三段。

2) 画剪力图。从梁的左端开始,A 点处有集中力 F_A 作用,剪力图沿力方向向上突变,突变幅值等于 F_A

图 8-14

$= 3qa/4$;AC 段无载荷作用,剪力值保持常量;C 点处有集中力偶作用,剪力值不变;CB 段无载荷作用,剪力值为常量;B 点处有集中力 F_B 作用,剪力图沿力方向向下突变,突变幅值等于 F_B;BD 段有均布载荷 q 作用,剪力图为斜直线,确定出 B 点右侧临近截面(记作 B_+)的剪力 $F_{Q+} = qa/2$, D 点左侧临近截面(记作 D_-)的剪力 $F_{Q-} = -qa/2$,画此两点剪力值坐标的连线;D 点处有 F 力作用,剪力图向上突变回到坐标轴。由此得图8-14b所示的剪力图。

3）画弯矩图。AC 段无载荷作用，弯矩图为直线，确定 A_+、C_- 两截面的弯矩值 $M_{A+} = 0$、$M_{C-} = 3qa^2/4$，过这两点作直线；CB 段无载荷作用，弯矩图为直线，确定 C_+、B_- 两截面的弯矩值 $M_{C+} = -3qa^2/4$，$M_{B-} = 0$，过这两点作直线；BD 段有均布载荷 q 作用，弯矩图为抛物线，凹向与均布载荷同向向下，确定出 B_+、E、D 截面的弯矩值 $M_{B+} = 0$，$M_E = qa/2 \times a/2 - qa/2 \times a/4 = qa^2/8$，$M_D = 0$，过这三点的弯矩值坐标点描出抛物线，即得图 8-14c 所示的弯矩图。

第四节　弯矩、剪力和载荷集度间的微分关系

一、载荷集度的概念

若将分布载荷表示成截面坐标 x 的函数 $q(x)$，$q(x)$ 就称为载荷集度函数，前述的均布载荷也就是载荷集度为常量的分布载荷。同时规定，均布载荷方向向上，载荷集度为正，反之为负。如例 8-3 所示的简支梁，作用的均布载荷的载荷集度 $q(x) = -q$。

二、$M(x)$、$F_Q(x)$、$q(x)$ 之间的微分关系

若对例 8-3 所示简支梁的剪力方程 $F_Q(x) = \dfrac{ql}{2} - qx$ 和弯矩方程 $M(x) = \dfrac{ql}{2}x - \dfrac{q}{2}x^2$ 求一阶导数，得

$$\frac{dM(x)}{dx} = \frac{ql}{2} - qx = F_Q(x), \qquad \frac{dF_Q(x)}{dx} = -q = q(x)$$

弯矩、剪力和载荷集度各函数之间的这种微分关系是一般普遍规律（证明从略）。即弯矩方程的一阶导数等于剪力方程，剪力方程的一阶导数等于载荷集度。

$$\frac{dM(x)}{dx} = F_Q(x) \qquad\qquad (a)$$

$$\frac{dF_Q(x)}{dx} = q(x) \qquad\qquad (b)$$

利用这些微分关系可以对梁的剪力、弯矩图进行绘制和检查。由导数的性质可知：

1）无载荷作用的梁段上，$q(x) = 0$，由式（b）可知，$F_Q(x) =$ 常量；再由式（a）知 $M(x)$ 为 x 的线性函数，即直线，且直线的斜率为 $F_Q(x) =$ 常量。

2）均布载荷作用的梁段上，若均布载荷方向向下，$q(x) = -q$，由式（b）知，$F_Q(x)$ 为 x 的线性函数，即为直线，且直线的斜率为负；再由式（a）知，$M(x)$ 是 x 的二次函数，即为抛物线，抛物线的顶点即二次曲线的极值点 $F_Q(x_0) = 0$（见例 8-3 中 C 处，例 8-6 中 E 处）。式（a）、式（b）表示弯矩函数曲线的二阶导数等于载荷集度，二阶导数小于零曲线凹向向下（见例 8-3 中 AB 段，例 8-6 中的 BD 段）。若均布载荷方向向上，$q(x) = q$，$F_Q(x)$ 为直线，且直线斜率为正，$M(x)$ 为抛物线，二阶导数大于零，$M(x)$ 的凹向向上。

3）集中力作用处，剪力值突变，由式（a）知弯矩图曲线在该点的斜率发生了突变，剪力值突变为正，弯矩图曲线斜率将沿正值突变，反之，沿负值突变。斜率在该点的突变形成了弯矩图的折点。

第五节 梁弯曲时的正应力和强度计算

在确定了梁横截面的内力之后，还需进一步研究横截面上的应力与截面内力之间的定量关系，从而建立梁的强度设计准则，进行强度计算。

一、纯弯曲与横力弯曲

火车轮轴的力学模型为图8-15a所示的外伸梁。画其剪力、弯矩图（图8-15b、c），在其 AC、BD 段内各横截面上有弯矩 M 和剪力 F_Q 同时存在，故梁的此段发生弯曲变形的同时，还会发生剪切变形，这种变形称为剪切弯曲，也称**横力弯曲**。在其 CD 段内各横截面上，只有弯矩 M 而无剪力 F_Q，这种弯曲称为**纯弯曲**。

二、纯弯曲正应力公式

1. 实验观察和平面假设

如图8-16所示，取一矩形截面等直梁，实验前在其表面画两条横向线 m-m 和 n-n，再画两条纵向线 a-a 和 b-b，然后在其两端作用外力偶矩 M，梁将发生平面纯弯曲变形。观察其变形，可以看到如下的现象（图8-16b）：

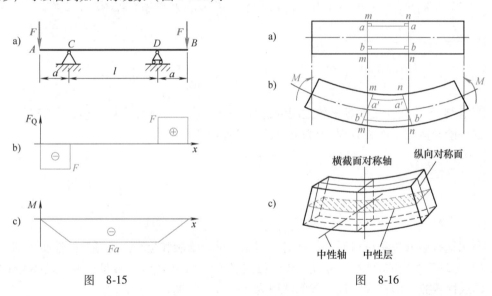

图 8-15　　　　　　　图 8-16

1）横向线 m-m 和 n-n 仍为直线且与纵向线正交，并相对转动了一个微小角度。

2）纵向线 a-a 和 b-b 弯成了曲线，且 a-a 线缩短，而 b-b 线伸长。

由于梁内部材料的变化无法观察，因此假设横截面在变形过程中始终保持为平面。这就是梁纯弯曲时的**平面假设**。可以设想梁由无数条纵向纤维组成，且纵向纤维间无相互挤压作用，处于单向受拉或受压状态。

2. 中性层与中性轴

由实验观察和平面假设推知：梁纯弯曲时，从凸边纤维伸长连续变化到凹边纤维缩短，其间必有一层纤维既不伸长又不缩短，这一纵向纤维层称为**中性层**（图8-16c 所示）。中性层与横截面的交线称为**中性轴**，中性轴过截面的形心（推证见本章阅读与理解）。梁弯曲时，各横截面绕其中性轴转动了一个角度。

从上述分析可以得出以下的结论：①纯弯曲时，梁的各横截面像刚性平面一样绕其自身中性轴转动了不同的角度，两相邻横截面之间产生了相对转角 $\mathrm{d}\theta$；②两横截面间的纵向纤维发生拉伸或压缩变形，梁的横截面有垂直于截面的正应力；③纵向纤维与横截面保持垂直，截面无切应力。

为了求得正应力在截面上的分布规律，在梁的横截面建立 xyz 坐标系，x 轴为轴线，y 轴为截面的对称轴，方向向下；z 轴为中性轴。截取出一横截面绕其中性轴与相邻截面产生相对转角 $\mathrm{d}\theta$ 的示意图（图8-17a）观察其变形。

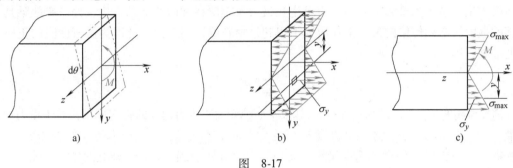

图　8-17

从图8-17a可以看出，截面上距中性轴越远的点，纵向纤维的伸长（缩短）量越大，说明该点的线应变越大。由拉（压）胡克定律可知，在材料的弹性范围内，正应力与正应变成正比。从而得出横截面上任一点的正应力与该点到中性轴的距离 y 坐标成正比，正应力与横截面垂直，其线性分布规律如图8-17b、c所示。

应用变形几何关系和静力学平衡关系进一步可推知：横截面任一点的正应力与截面弯矩 M 成正比，与该点到中性轴的距离 y 坐标成正比，而与截面对中性轴 z 的惯性矩 I_z 成反比（推证见本章阅读与理解），其纯弯曲正应力公式为

$$\sigma_y = \frac{My}{I_z} \tag{8-1}$$

式中，σ_y 表示横截面上距中性轴的任一点处 y 的正应力；M 为横截面上的弯矩，I_z 表示截面对中性轴的惯性矩。

由式（8-1）可见，截面的最大正应力发生在离中性轴最远的上、下边缘的点上，即

$$\sigma_{\max} = \frac{My_{\max}}{I_z} \tag{8-2}$$

令

$$W_z = \frac{I_z}{y_{\max}} \tag{8-3}$$

W_z 称为截面的**抗弯截面系数**。梁截面的最大应力为

$$\sigma_{\max} = \frac{M}{W_z} \tag{8-4}$$

三、惯性矩 I_z 和抗弯截面系数 W_z（截面惯性矩的积分计算见本章阅读与理解）

1. 矩形截面

设截面宽为 b，高为 h，则

$$I_z = \frac{bh^3}{12}; \quad W_z = \frac{bh^2}{6} \tag{8-5}$$

2. 圆截面

设圆截面直径为 D，则

$$I_z = \frac{\pi D^3}{64}; \quad W_z = \frac{I_z}{y_{max}} = \frac{\pi D^3}{32} \approx 0.1D^3 \tag{8-6}$$

四、弯曲正应力强度计算

1. 弯曲正应力强度准则

由式（8-4）可知，梁弯曲时截面上的最大正应力发生在截面的上、下边缘处。对于等截面梁来说，全梁的最大正应力一定发生在最大弯矩所在截面的上、下边缘处。要使梁具有足够的强度，必须使梁的最大工作应力不得超过材料的许用应力，此即为梁弯曲时的正应力强度准则，即

$$\sigma_{max} = \frac{M_{max}}{W_z} \leqslant [\sigma] \tag{8-7}$$

需要说明的是：强度准则式（8-7）是以平面纯弯曲正应力建立的强度准则，对于横力弯曲的梁，只要梁的跨长 l 远大于截面高度 h（$l/h > 5$）时，截面剪力对正应力的分布影响很小，可以忽略不计。因此，对于横力弯曲梁的正应力强度计算仍可用纯弯曲应力建立的强度准则。

2. 弯曲正应力强度计算

应用式（8-7）弯曲正应力强度准则，可以解决弯曲正应力强度计算的三类问题，即校核强度、设计截面和确定许可载荷。

例 8-7 图 8-18 所示矩形截面简支木梁 AB，已知 $[\sigma] = 10MPa$，作用力 $F = 10kN$，$l = 6m$，截面高度是宽度的 2 倍。1）试按弯曲正应力强度准则设计梁的截面尺寸。2）若将梁平放（图 8-18c），设计梁的截面尺寸。3）计算梁平放与竖放两种情况下所用木材的体积比。

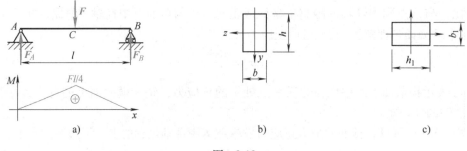

图 8-18

解 1）画梁的受力图，求约束力。

$$F_A = \frac{F}{2}, \quad F_B = \frac{F}{2}$$

2）画梁的弯矩图（图 8-18a），求最大弯矩。

$$M_{max} = \frac{F}{2} \times \frac{l}{2} = \frac{Fl}{4}$$

3）设计截面尺寸。由正应力强度准则

$$\sigma_{max} = \frac{M_{max}}{W_z} = \frac{Fl/4}{bh^2/6} = \frac{3Fl}{2b(2b)^2} = \frac{3Fl}{8b^3} \leqslant [\sigma]$$

得
$$b \geqslant \sqrt[3]{\frac{3Fl}{8[\sigma]}} = \sqrt[3]{\frac{3 \times 10 \times 10^3 \times 6 \times 10^3}{8 \times 10}} \text{mm} = 131\text{mm}$$

取 $b = 131\text{mm}$；$h = 262\text{mm}$。

4）设计梁平放时的截面尺寸。由强度准则

$$\sigma_{\max} = \frac{M_{\max}}{W_z} = \frac{Fl/4}{h_1 b_1^2/6} = \frac{3Fl}{2 \times (2b_1) \times b_1^2} = \frac{3Fl}{4b_1^3} \leqslant [\sigma]$$

得
$$b_1 \geqslant \sqrt[3]{\frac{3Fl}{4[\sigma]}} = \sqrt[3]{\frac{3 \times 10 \times 10^3 \times 6 \times 10^3}{4 \times 10}} \text{mm} = 165\text{mm}$$

取 $b_1 = 165\text{mm}$，$h_1 = 330\text{mm}$。

5）梁平放与竖放所用木材的体积比

$$\frac{V_1}{V} = \frac{A_1 l}{Al} = \frac{b_1 h_1}{bh} = \frac{165 \times 330}{131 \times 262} = 1.59$$

第六节　组合截面的惯性矩

用式（8-7）对梁进行强度计算时，需具体问题具体分析。工程实际中，为了充分发挥梁的弯曲承载能力，根据塑性材料抗拉与抗压性能相同的特性，即 $[\sigma^+] = [\sigma^-]$，一般宜采用上、下对称于中性轴的组合截面形状；而对脆性材料抗拉与抗压性能不相同的特性，即 $[\sigma^+] < [\sigma^-]$，一般宜采用上、下不对称于中性轴的组合截面形状，其强度设计准则为

$$\left. \begin{aligned} \sigma_{\max}^+ = \frac{M_{\max} y^+}{I_z} \leqslant [\sigma^+] \\ \sigma_{\max}^- = \frac{M_{\max} y^-}{I_z} \leqslant [\sigma^-] \end{aligned} \right\} \tag{8-8}$$

式中，y^+ 为受拉一侧的截面边缘到中性轴的距离，y^- 为受压一侧的截面边缘到中性轴的距离。为了确定组合截面的惯性矩，需要研究基本图形的惯性矩。

一、惯性矩的定义

由第四章平面图形的形心坐标公式知，截面所有微面积 $\mathrm{d}A$ 对 z 轴一次矩的代数和，称为截面对 z 轴的静矩，用积分式 $S_z = \int_A y\mathrm{d}A$ 表示。而截面所有微面积 $\mathrm{d}A$ 对 z 轴二次矩之和称为惯性矩，用积分式 $I_z = \int_A y^2\mathrm{d}A$ 表示。由积分运算知，静矩可正、可负、可为零；而截面对轴的惯性矩恒为正，其大小不仅与截面面积的形状和大小有关，而且与截面面积的分布有关。

二、平行轴定理

同一截面对两条平行轴的惯性矩是不相同的。图 8-19a 所示的任意截面，z_C 轴为截面的形心轴，若 z 轴平行于 z_C 轴，两轴间距为 a，微面积 $\mathrm{d}A$ 的坐标 $y = y_C + a$，则截面对 z 轴的惯性矩为

$$I_z = \int_A y^2 \mathrm{d}A = \int_A (y_C + a)^2 \mathrm{d}A = \int_A y_C^2 \mathrm{d}A + 2a \int_A y_C \mathrm{d}A + a^2 \int_A \mathrm{d}A$$

式中，$\int_A y_C \mathrm{d}A$ 表示截面对形心轴 z_C 的静矩，其值等于零。而 $\int_A \mathrm{d}A = A$，则上式表示为

$$I_z = I_{zC} + a^2 A \qquad (8-9)$$

式(8-9)表明，**截面对其形心外某轴 z 的惯性矩等于与之平行的形心轴 z_C 的惯性矩再加上截面面积与两轴距离平方的乘积**。此即为**平行轴定理**。由此不难得出，在一组相互平行的轴中，截面对其形心轴的惯性矩最小。

三、组合截面的惯性矩计算

求组合截面对中性轴的惯性矩，首先需要将截面分成若干个简单图形 $A = A_1 + A_2 + \cdots + A_n$，然后确定组合截面的形心，再计算截面对中性轴的惯性矩。由惯性矩的定义知，组合截面的惯性矩就等于各简单图形面积对中性轴惯性矩的总和。即

$$I_z = \int_A y^2 \mathrm{d}A = \int_{A1} y^2 \mathrm{d}A + \int_{A2} y^2 \mathrm{d}A + \cdots + \int_{An} y^2 \mathrm{d}A$$

由此可知：若圆环形截面的外径为 D、内径为 d，并令 $d/D = \alpha$（图 8-19b），则其惯性矩为

$$I_z = \frac{\pi D^4}{64} - \frac{\pi d^4}{64} = \frac{\pi D^4}{64}(1 - \alpha^4)$$

抗弯截面系数为

$$W_z = \frac{I_z}{y_{max}} = \frac{\pi D^3}{32}(1 - \alpha^4) \approx 0.1 D^3(1 - \alpha^4)$$

若空心矩形截面外宽为 B，外高为 H，内宽为 b，内高为 h，则其惯性矩为

$$I_z = \frac{BH^3}{12} - \frac{bh^3}{12} = \frac{BH^3 - bh^3}{12}$$

抗弯截面系数为

$$W_z = \frac{I_z}{y_{max}} = \frac{BH^3 - bh^3}{12 \times H/2} = \frac{BH^3 - bh^3}{6H}$$

几种常见截面形状的 I_z、W_z 见附录 A；有关型钢的 I_z、W_z 见附录 C，也可以从有关工程手册中查出。

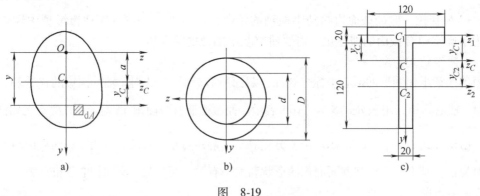

图 8-19

例 8-8 求图 8-19c 所示 T 形截面对其中性轴的惯性矩。

解 1）将图形分为两矩形：$A_1 = 120\mathrm{mm} \times 20\mathrm{mm} = 2.4 \times 10^3 \mathrm{mm}^2$，$A_2 = 20\mathrm{mm} \times 120\mathrm{mm} = 2.4 \times 10^3 \mathrm{mm}^2$。

2）选坐标系 $C_1 z_1 y$，A_1 的形心坐标 $y_1 = 0$；A_2 的形心坐标 $y_2 = 70\mathrm{mm}$，确定截面的形心坐标 y_C

$$y_C = \frac{A_1 y_1 + A_2 y_2}{A_1 + A_2} = \frac{24 \times 10^2 \times 0 + 24 \times 10^2 \times 70}{24 \times 10^2 + 24 \times 10^2}\mathrm{mm} = 35\mathrm{mm}$$

3）过截面形心建立中性轴 z_C，则 A_1、A_2 的形心坐标分别为 $y_{C1} = -35\text{mm}$，$y_{C2} = 35\text{mm}$。

4）应用平行轴定理，求截面对中性轴的惯性矩为

$$I_{zC} = \frac{120\times20^3}{12}\text{mm}^4 + 120\times20\times35^2\text{mm}^4 + \frac{20\times120^3}{12}\text{mm}^4 + 20\times120\times35^2\text{mm}^4$$

$$= 8.84\times10^6\text{mm}^4$$

例 8-9 图 8-20 所示螺旋压板装置，已知工件受到的压紧力 $F = 3\text{kN}$，板长为 $3a$，$a = 50\text{mm}$，压板材料的许用应力 $[\sigma] = 140\text{MPa}$，试校核压板的弯曲正应力强度。

图 8-20

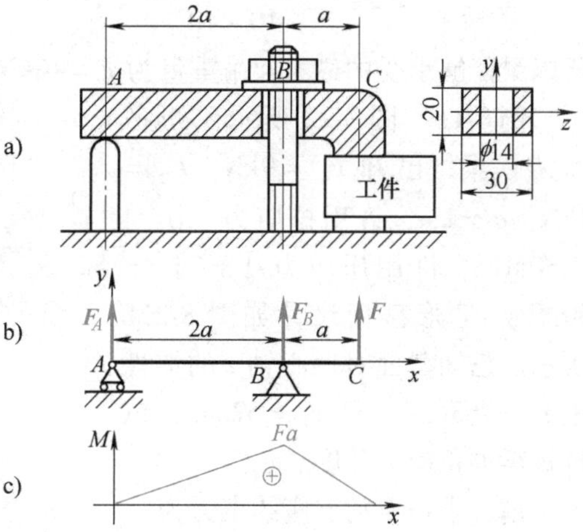

解 压板发生弯曲变形，建立压板的力学模型为图 8-20b 所示的外伸梁。画梁的弯矩图如图 8-20c 所示。由弯矩图可见，B 截面弯矩值最大，是梁的危险截面，其值为

$$M_{max} = Fa = 3\times0.05\text{kN}\cdot\text{m} = 0.15\text{kN}\cdot\text{m}$$

压板 B 截面的抗弯截面系数最小，其值为

$$I_z = \frac{30\times20^3}{12}\text{mm}^4 - \frac{14\times20^3}{12}\text{mm}^4$$

$$= \frac{16\times20^3}{12}\text{mm}^4 = 1.07\times10^4\text{mm}^4$$

$$W_z = \frac{I_z}{y_{max}} = \frac{1.07\times10^4}{10}\text{mm}^3 = 1.07\times10^3\text{mm}^3$$

校核压板的弯曲正应力强度

$$\sigma_{max} = \frac{M_{max}}{W_z} = \frac{0.15\times10^3\times10^3}{1.07\times10^3}\text{MPa} = 140.2\text{MPa} > [\sigma] \qquad ([\sigma] = 140\text{MPa})$$

按有关设计规范，压板的最大工作应力不超过许用应力的 5% 是允许的。试计算

$$\frac{\sigma_{max} - [\sigma]}{[\sigma]}\times100\% = \frac{140.2 - 140}{140}\times100\% = 1.43\% < 5\%$$

所以，压板的弯曲正应力强度满足。

例 8-10 图 8-21 所示桥式起吊机大梁由 32b 工字钢制成，跨长 $l = 10\text{m}$，材料的许用应力 $[\sigma] = 160\text{MPa}$，电葫芦自重 $G = 0.5\text{kN}$，梁的自重不计，求梁能够承受的最大起吊重量 F。

图 8-21

解 起吊机大梁的力学模型为图 8-21b 所示的简支梁，并画出弯矩图。电葫芦移动到梁跨长的中点，梁中点截面有最大弯矩，故该截面为梁的危险截面，最大弯矩为

$$M_{max} = \frac{(G+F)\ l}{4}$$

由强度设计准则

$$\sigma_{max} = \frac{M_{max}}{W_z} = \frac{(G+F)\ l/4}{W_z} \leqslant [\sigma]$$

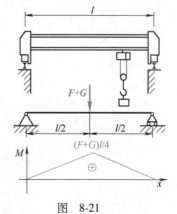

得

$$F \le \frac{4(\sigma)W_z}{l} - G$$

查附录 C 热轧工字钢型钢表中的 32b 工字钢，得 $W_z = 726\text{cm}^3 = 726 \times 10^3 \text{mm}^3$，代入上式得

$$F \le \frac{4 \times 160 \times 726 \times 10^3}{10 \times 10^3}\text{N} - 0.5 \times 10^3\text{N} = 46 \times 10^3\text{N} = 46\text{kN}$$

所以梁能够承受的最大起吊重量为 $F = 46\text{kN}$。

例 8-11　图 8-22 所示 T 形截面铸铁梁，已知 $F_1 = 9\text{kN}$，$F_2 = 4\text{kN}$，$a = 1\text{m}$，许用拉应力 $[\sigma^+] = 30\text{MPa}$，许用压应力 $[\sigma^-] = 60\text{MPa}$，T 形截面尺寸如图 8-22b 所示。已知截面对形心轴 z 的惯性矩 $I_z = 763\text{cm}^4$，且 $y_1 = 52\text{mm}$，试校核梁的正应力强度。

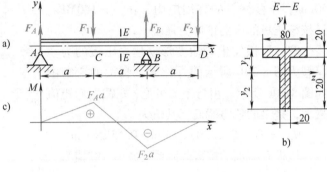

图　8-22

解　求得梁的支座约束力为

$$F_A = 2.5\text{kN} \qquad F_B = 10.5\text{kN}$$

画弯矩图，如图 8-22c 所示，最大正值弯矩在 C 截面，$M_C = F_A a = 2.5\text{kN} \cdot \text{m}$，最大负值弯矩在 B 截面，$M_B = -F_2 a = -4\text{kN} \cdot \text{m}$。

铸铁梁 B 截面上的最大拉应力发生在截面的上边缘各点处，最大压应力发生在截面的下边缘各点处，分别为

$$\sigma_B^+ = \frac{M_B y_1}{I_z} = \frac{4 \times 10^6 \times 52}{763 \times 10^4}\text{MPa} = 27.3\text{MPa}$$

$$\sigma_B^- = \frac{M_B y_2}{I_z} = \frac{4 \times 10^6 \times (120 + 20 - 52)}{763 \times 10^4}\text{MPa} = 46.1\text{MPa}$$

铸铁梁 C 截面上的最大拉应力发生在截面的下边缘各点处，最大压应力发生在截面的上边缘各点处，分别为

$$\sigma_C^+ = \frac{M_C y_2}{I_z} = \frac{2.5 \times 10^6 \times (120 + 20 - 52)}{763 \times 10^4}\text{MPa} = 28.8\text{MPa}$$

$$\sigma_C^- = \frac{M_C y_1}{I_z} = \frac{2.5 \times 10^6 \times 52}{763 \times 10^4}\text{MPa} = 17\text{MPa}$$

梁内最大拉应力发生在 C 截面下边缘处，最大压应力发生在 B 截面下边缘处。

$$\sigma_{\max}^+ = \sigma_C^+ = 28.8\text{MPa} < [\sigma^+]$$

$$\sigma_{\max}^- = \sigma_B^- = 46.1\text{MPa} < [\sigma^-]$$

所以梁的强度满足要求。

第七节　提高梁抗弯强度的措施

在梁的强度设计中，常遇到如何根据工程实际提高梁抗弯强度的问题。从梁的弯曲正应

力强度准则 $\sigma_{max} = \dfrac{M_{max}}{W_z} \leqslant [\sigma]$ 可以看出：降低梁的最大弯矩、提高梁的抗弯截面系数，都可提高梁的弯曲承载能力，所以从这几方面可找出提高梁抗弯强度的几个主要措施。

一、降低梁的最大弯矩

通过减小梁的载荷来降低梁的最大弯矩意义不大。只有在载荷不变的前提下，通过合理布置载荷和合理安排支座才具有实际应用意义。

1. 集中力远离简支梁中点

图 8-23a 所示的简支梁作用集中力 F，由弯矩图可见，最大弯矩为 $M_{max} = Fab/l$，若集中力 F 作用在梁的中点，即 $a = b = l/2$，则最大弯矩 $M_{max} = Fl/4$；若集中力 F 作用点偏离梁的中点，当 $a = l/4$ 时，则最大弯矩 $M_{max} = 3Fl/16$；$a = l/6$ 时，最大弯矩 $M_{max} = 5Fl/36$；若集中力 F 作用点偏离梁的中点最远，无限靠近支座 A，即 $a \to 0$ 时，则最大弯矩 $M_{max} \to 0$。

由此可见，集中力偏离简支梁的中点或靠近于支座作用可降低最大弯矩，提高梁的抗弯强度。工程实际中的传动轮靠近于支座安装，是这一措施的应用实例。

2. 将载荷分散作用

图 8-23b 所示简支梁，若必须在中点作用载荷时，可通过增加辅助梁 CD，使集中力在 AB 梁上分散作用。集中力作用于梁中点的最大弯矩为 $M_{max} = Fl/4$，增加辅助梁 CD 后，$M_{max} = Fx/2$，当 $x = l/4$ 时，$M_{max} = Fl/8$。值得注意的是，附加辅助梁 CD 的跨长要选择得适当，太长会降低辅助梁的强度；太短不能有效提高 AB 梁的强度。

若将作用于简支梁中点的集中力均匀分散作用于梁的跨长上，均布载荷集度 $q = F/l$，由图 8-23c 可知，梁的最大弯矩为 $M_{max} = ql^2/8 = Fl/8$。

由此可见，在梁的跨长上分散作用载荷，尽可能地避免集中作用载荷，可降低最大弯矩，提高梁的抗弯强度。

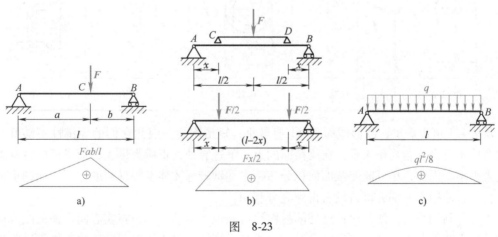

图 8-23

3. 简支梁支座向梁内移动

图 8-23c 所示的简支梁作用均布载荷，在梁的中点有最大弯矩 $M_{max} = ql^2/8$，若将其支座 A、B 同时向梁内移动 x（图 8-24a），梁中点弯矩值为 $M_C = ql(l-4x)/8$，支座 A、B 截面的弯矩值为 $M_A = -qx^2/2$。若 $x = l/5$，则 $M_C = ql^2/40$，$M_A = ql^2/50$，梁的最大弯矩 $M_{max} = ql^2/40$，仅是简支梁作用均布载荷时最大弯矩值的 1/5。

从以上分析可见，将简支梁支座向梁内移动可使梁中点 C 截面弯矩降低，但支座 A、B 截面的弯矩值会增加。支座移动的合理位置应使 C 截面和 A、B 截面的弯矩值相等，即 $M_C = ql(l-4x)/8 = M_A = -qx^2/2$，得方程 $4qx^2 + 4lx - l^2 = 0$，解得 $x = (\sqrt{2}-1)l/2 \approx 0.207l$，是支座安放的合理位置。工程中常采用支座内移的方法支架起容器罐。再如图 8-24b 所示的双杠力学模型，由于其上作用可移动的集中力 F，所以支座的合理安放位置距杠端为 $x = l/6$ 处，读者可自己证明。

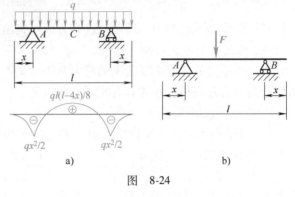

图 8-24

二、提高截面惯性矩和抗弯截面系数

通过增加梁的截面面积来提高梁的抗弯截面系数意义不大。只有在截面面积不变的前提下，选择合理的截面形状或根据材料性能选择截面才具有实际应用意义。

1. 选择合理的截面形状

梁的合理截面形状通常用抗弯截面系数与截面面积的比值 W_z/A 来衡量。当弯矩已定时，梁的强度随抗弯截面系数的增大而提高，因此，为了减轻自重，节省材料，所采用的截面形状应是截面积最小而抗弯截面系数最大的截面形状。几种典型截面的 W_z/A 值见表 8-1。

表 8-1　几种常用截面的 W_z/A 值

	圆　形	矩　形	环　形	槽　钢	工　字　钢
截面形状					
$\dfrac{W_z}{A}$	$0.125h$	$0.167h$	$0.205h$	$(0.27\sim0.31)h$	$(0.27\sim0.31)h$

从表 8-1 可以看出，圆形截面 W_z/A 值最小，矩形次之，因此它们的经济性不够好。从梁的弯曲正应力分布规律来看，在梁截面的上、下边缘处，正应力最大，而靠近中性轴附近正应力很小。因此，尽可能使截面面积分布距中性轴较远才能发挥材料的作用，而圆形截面恰恰相反，使很大一部分材料没有得到充分利用。

为充分利用材料，使截面各点处的材料尽可能地发挥其作用，将实心圆形截面改成面积相同的空心圆形截面，其抗弯强度可以大大提高。同样，对于矩形截面，将其中性轴附近的面积挖掉，放在离中性轴较远处（图 8-25a）就变成了工字形截面。这样，材料的使用就趋于合理，提高了经济性。例如，活络扳手的手柄、铁轨、吊车梁等都做成工字形截面。

2. 根据材料性能选择截面

对于低碳钢一类的塑性材料来说，由于其抗拉性能与抗压性能大致相同，因此适宜选用上、下对称于中性轴（见表 8-1）的截面形状。但对于铸铁一类的脆性材料来说，由于其抗

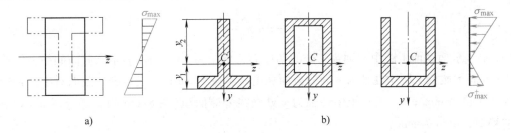

图 8-25

压性能显著大于抗拉性能，因此适宜选用上、下不对称于中性轴的组合截面形状，如图 8-25b 所示，其中性轴位置的确定必须使其最大拉应力与最大压应力同时达到相应的许用应力，即 $y^+/y^- = [\sigma^+]/[\sigma^-]$。但在工程实际中要注意此类截面的安放位置，位置颠倒会大大降低梁的强度。

三、采用等强度梁

等截面直梁的尺寸是由最大弯矩 M_{max} 确定的，但是其他截面的弯矩值较小，截面上、下边缘点的应力也未达到许用应力，材料未得到充分利用。因而从整体来讲，等截面梁不能合理利用材料，故工程中出现了变截面梁。如摇臂钻的摇臂 AB（图 8-26a）、汽车板簧（图 8-26b）、阶梯轴（图 8-26c）等。它们的截面尺寸随截面弯矩的大小而改变，使各截面的最大应力同时近似地满足强度准则 $\sigma_{max} = M(x)/W_z(x) \le [\sigma]$。由此得出，各截面的抗弯截面系数为

$$W_z(x) \ge M(x)/[\sigma]$$

式中，$M(x)$ 为任意截面的弯矩；$W_z(x)$ 为任意截面的抗弯截面系数。

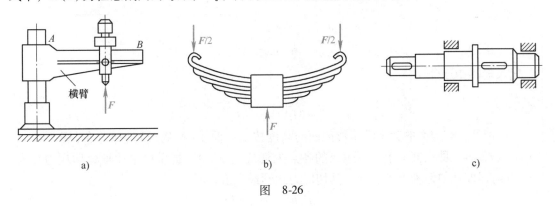

图 8-26

第八节　弯曲切应力简介

一、弯曲切应力

梁在横力弯曲时，其横截面不仅有弯矩，而且有剪力，因而横截面也就有切应力。对于矩形、圆形截面的跨度比高度大得多的梁，因其弯曲正应力比切应力大得多，这时切应力就可以略去不计。但对于跨度较短而截面较高的梁，以及一些薄壁梁或剪力较大的截面，则切应力就不能忽略。本节只介绍几种常见截面梁的切应力分布及其最大切应力公式。

由弹性力学的分析结果知，剪力 F_Q 在横截面上分布，即切应力计算公式为

$$\tau = \frac{F_Q S_z^*}{I_z b} \tag{8-10}$$

式中，τ 表示横截面上距中性轴为 y 处的切应力，单位为 MPa；F_Q 表示该截面的剪力，单位为 N；b 表示截面上距中性轴为 y 处的截面宽度，单位为 mm；I_z 表示整个截面对中性轴的惯性矩，单位为 mm^4；S_z^* 表示距中性轴为 y 处横线外侧面积（图 8-27a 阴影部分截面）对中性轴的静矩，单位为 mm^3。

二、常见截面的最大切应力

现以矩形截面为例（图 8-27a），说明 τ 沿截面高度的变化规律及最大切应力作用位置。

取一高为 h、宽为 b 的矩形截面，求距中性轴为 y 处的切应力 τ，先求出距中性轴为 y 处外侧部分面积（图 8-27a 中阴影部分）对中性轴的静矩 S_z^*，取微面积 $dA = bdy$，从而可得

$$S_z^* = \int_{A^*} y\,dA = \int_y^{h/2} ybdy = \frac{b}{2}\left(\frac{h^2}{4} - y^2\right)$$

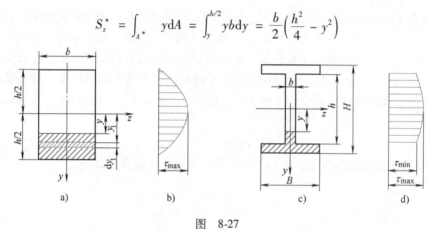

图 8-27

代入式（8-10）得

$$\tau = \frac{F_Q}{2I_z}\left(\frac{h^2}{4} - y^2\right)$$

由此可见，切应力的大小沿矩形截面的高度按二次曲线（抛物线）规律分布（图 8-27b）。当 $y = \pm h/2$ 时，即在截面上、下边缘的各点处切应力 $\tau = 0$；越靠近中性轴处切应力越大，当 $y = 0$ 时，即在中性轴上各点处，其切应力达到最大值，即

$$\tau_{max} = \frac{F_Q h^2}{8I_z} = \frac{3F_Q}{2bh} = \frac{3F_Q}{2A}$$

可见，矩形截面的最大切应力是截面平均切应力的 1.5 倍。

对于其他截面形状的切应力，仍可应用式（8-10）求得，其最大切应力总是出现在截面中性轴上的各点处。图 8-27c 所示的工字形截面，切应力沿截面高度也是按抛物线规律分布的（图 8-27d），在截面腹板上最大切应力与最小切应力相差不大，可近似认为其均匀分布于腹板面积上，即 $\tau_{max} = F_Q/A_0$（$A_0 = bh$ 为截面腹板面积）。对于圆形截面，$\tau_{max} = 4F_Q/(3A)$。对于圆环截面，$\tau_{max} = 2F_Q/A$。

三、切应力强度计算

对于短跨梁、薄壁梁或承受较大剪力的梁，除了进行弯曲正应力强度计算外，还应进行弯

曲切应力强度计算。其弯曲**切应力强度准则**为：最大切应力不得超过材料的许用切应力，即

$$\tau_{max} \leqslant [\tau] \tag{8-11}$$

例8-12　图8-28a所示简支梁AB，作用载荷$q = 10kN/m$，$F = 200kN$，$l = 2m$，$a = 0.2m$，材料的许用正应力$[\sigma] = 160MPa$，许用切应力$[\tau] = 120MPa$，试选择工字钢型号。

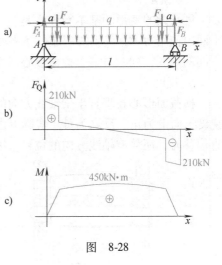

图　8-28

解　1）求梁的支座约束力，并画出梁的剪力、弯矩图，如图8-28b、c所示。梁中间截面弯矩最大，其值为

$$M_{max} = 45kN \cdot m$$

2）按正应力强度准则初选工字钢型号，由正应力强度设计准则

$$\sigma_{max} = \frac{M_{max}}{W_z} \leqslant [\sigma]$$

得

$$W_z \geqslant \frac{M_{max}}{[\sigma]} = \frac{45 \times 10^6}{160} mm^3 = 281 \times 10^3 mm^3 = 281 cm^3$$

查附录C型钢表，选用22a工字钢，其$W_z = 309 cm^3$，$h = 220mm$，$t = 12.3mm$，腹板厚度$d = 7.5mm$。

3）按切应力强度准则进行校核。由剪力图知$F_{Qmax} = 210kN$，代入切应力强度准则，得

$$\tau_{max} = \frac{F_{Qmax}}{A_0} = \frac{F_{Qmax}}{(h - 2t)d} = \frac{210 \times 10^3}{(220 - 2 \times 12.3) \times 7.5} MPa$$
$$= 150MPa > [\tau]$$

因最大切应力超过许用切应力很多，故应重新选取较大的工字钢型号。现选取22b工字钢，由表查得$h = 220mm$，$t = 12.3mm$，腹板厚度$d = 9.5mm$。代入切应力强度准则进行校核，得

$$\tau_{max} = \frac{F_{Qmax}}{(h - 2t)d} = \frac{210 \times 10^3}{(220 - 2 \times 12.3) \times 9.5} MPa$$
$$= 113.1MPa < [\tau]$$

可见，选用22b工字钢能同时满足正应力强度准则和切应力强度准则。

对于本例这样的薄壁梁或短跨梁来说，进行强度计算时，一般先用正应力强度准则进行初选，再用切应力强度准则进行校核。

第九节　梁的变形和刚度计算

工程实际中，梁除了应有足够的强度外，还必须具有足够的刚度，即在载荷作用下梁的弯曲变形不能过大，否则梁就不能正常工作。例如，图8-29a所示的轧钢机的轧辊，若弯曲变形过大，则轧出的钢板将薄厚不均，使产品报废；又如，图8-29b所示的齿轮传动轴，若其变形过大，将会影响齿轮的正常啮合，产生振动和噪声，并造成磨损不均，严重影响它们

的使用寿命。如果是机床主轴，还将影响机床的加工精度。因此，工程中对梁的变形有一定要求，即其变形量不得超出工程容许的范围。

一、挠度和转角

度量梁的变形的基本物理量是挠度和转角。如图 8-30 所示的悬臂梁，在梁的纵向对称平面内作用力 F，其轴线弯成一条平面曲线。变形时，梁的每一个横截面绕其中性轴转动了不同的角度，同时每一个截面形心产生了不等的位移。

1. 挠度 y

横截面形心在垂直于梁轴线方向的位移称为**挠度**，用 y 表示。在图 8-30 所示坐标系中，挠度 y 向上为正，反之为负。实际上由于轴线在中性层上长度不变，所以横截面形心产生垂直位移时，还伴有轴线方向的位移，因其极微小，可略去不计。

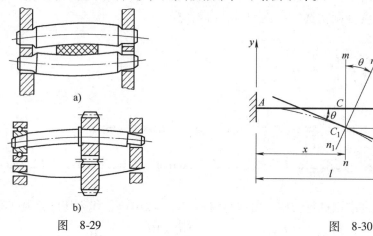

图 8-29   图 8-30

2. 转角 θ

横截面绕中性轴转过的角度称为截面**转角**，用 θ 表示。在图 8-30 所示坐标系中，转角 θ 逆时针为正，反之为负。

3. 挠曲线方程

梁平面弯曲变形后，其各个横截面形心的连线，是一条连续光滑的平面曲线，这条曲线称为**挠曲线**。若沿梁的轴线建立截面坐标轴 x（图 8-30），挠曲线可表示为截面坐标 x 的单值连续函数，即

$$y = f(x)$$

此式称为**挠曲线方程**。

因为横截面转角往往很小，所以 $\theta \approx \tan\theta = f'(x)$，称为**转角方程**，即梁的挠曲线上任一点的斜率等于该点处横截面的转角。

综上所述，只要确定了梁的挠曲线方程，即可求得任一横截面的挠度和转角。

二、用积分法求梁的变形

1. 挠曲线近似微分方程

在梁纯弯曲时，梁的轴线弯成了一条平面曲线，其曲线的曲率公式为

$$\frac{1}{\rho} = \frac{M(x)}{EI_z}$$

此即为纯弯曲时挠曲线的曲率。由于剪力对梁弯曲变形的影响忽略不计，故可由纯弯曲

时的曲率公式建立梁的挠曲线近似微分方程。由数学分析可知，平面曲线的曲率为

$$\frac{1}{\rho} = \pm \frac{y''}{(1 + y'^2)^{3/2}}$$

在弹性小变形条件下，y' 很小，y'^2 是高阶小量，略去不计，则 $1 + y'^2 \approx 1$，于是得 $1/\rho = y''$。从而得出挠曲线近似微分方程为

$$y'' = \frac{M(x)}{EI_z} \tag{8-12}$$

2. 用积分法求梁的变形

对于等截面直梁来说，式(8-12)可写为

$$EI_z y'' = M(x)$$

对上式分离变量进行积分，即可得到等截面直梁的转角方程为

$$EI_z \theta = EI_z y' = \int M(x)\,dx + C \tag{8-13}$$

挠曲线方程为

$$EI_z y = \int \left[\int M(x)\,dx + C \right] dx + D \tag{8-14}$$

式中的积分常量 C 和 D，可根据梁的边界条件和挠曲线的光滑连续条件确定。

例 8-13　图 8-31 所示均质等截面悬臂梁 AB，受集中力偶 M_0 作用，EI_z 为常量，试用积分法求梁的转角方程和挠曲线方程。

解　1）选任意 x 截面，列弯矩方程

$$M(x) = M_0$$

2）列挠曲线近似微分方程并积分，得

$$EI_z \theta = EI_z y' = M_0 x + C$$

$$EI_z y = \frac{M_0}{2} x^2 + Cx + D$$

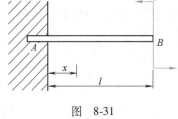

图 8-31

3）确定积分常量。根据边界条件，A 端为固定端，当 $x = 0$ 时，$\theta_A = 0$，代入前式得 $C = 0$。当 $x = 0$ 时，$y_A = 0$，代入上式得 $D = 0$。将积分常量代入以上两式得转角方程和挠曲线方程为

$$\theta = \frac{M_0 x}{EI_z} \qquad y = \frac{M_0 x^2}{2EI_z}$$

4）求最大转角和最大挠度。应用以上两个方程，很容易求出梁各个截面的转角和挠度。由图 8-31 可见，梁 B 端截面有最大转角和最大挠度，把 B 端截面坐标 $x = l$ 代入以上方程得

$$\theta_B = \frac{M_0 l}{EI_z} \qquad y_B = \frac{M_0 l^2}{2EI_z}$$

值得注意的是：应用积分法求梁的变形，当梁上作用的载荷将梁分为几段时，梁的弯矩方程是分段定义的函数，转角方程和挠曲线方程要分段积分；对于阶梯形梁，由于其抗弯刚度已不是常量，要分段进行积分计算。

三、用叠加法求梁的变形

在复杂载荷情况下，由于梁的分段很多，积分和积分常量的运算相当麻烦。工程实际中，一般并不需要计算整个梁的挠曲线方程，只需要计算最大挠度和最大转角，所以应用叠

加法求指定截面的挠度和转角较方便。

从例 8-13 可以看出，梁的挠度和转角都与载荷成线性关系，且变形为弹性小变形，材料服从胡克定律。这样，梁上由某一载荷所引起的变形，不会受其他作用载荷的影响，即每个载荷对梁的弯曲变形是相互独立的，因此当梁上同时作用几个载荷时，梁截面的总变形就等于每个载荷单独作用时产生变形的代数和，这种方法称为**叠加法**。梁在简单载荷作用下的变形见附录 B。应用叠加法，便可求得在复杂载荷作用下梁的变形。

例 8-14 图 8-32 所示简支梁，试用叠加法求梁跨中点 C 的挠度 y_C 和支座处截面的转角 θ_A、θ_B。

解 梁上的作用载荷可以分为两个简单载荷（图 8-32b、c）。应用附录 B 查出它们分别作用时产生的相应变形，然后叠加求代数和，得

$$y_C = y_{Cq} + y_{CM} = -\frac{5ql^4}{384EI} - \frac{M_0 l^2}{16EI}$$

$$\theta_A = \theta_{Aq} + \theta_{AM} = -\frac{ql^3}{24EI} - \frac{M_0 l}{3EI}$$

$$\theta_B = \theta_{Bq} + \theta_{BM} = \frac{ql^3}{24EI} + \frac{M_0 l}{6EI}$$

例 8-15 图 8-33 所示悬臂梁，已知 EI、l、F、q，试用叠加法求梁的最大挠度和最大转角。

解 梁上的作用载荷分别为两种受力形式（图 8-33b、c）。从悬臂梁在载荷作用下自由端有最大变形知，梁 B 端有最大挠度和最大转角。应用附录 B 查出它们分别作用时产生的相应变形，然后叠加求代数和，得

$$y_{\max} = y_{Bq} + y_{BF} = -\frac{ql^4}{8EI} - \frac{Fl^3}{3EI}$$

$$\theta_{\max} = \theta_{Bq} + \theta_{BF} = -\frac{ql^3}{6EI} - \frac{Fl^2}{2EI}$$

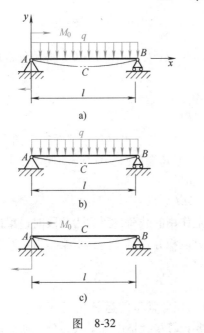

图 8-32

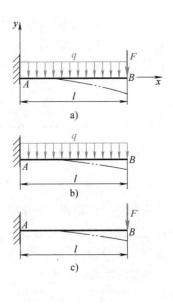

图 8-33

四、梁的弯曲刚度计算

设计梁时，除了进行强度计算外，还应考虑进行刚度计算，需要把梁的最大挠度和最大转角限制在一定的允许范围内，即梁的刚度设计准则为

$$|y|_{max} \leq [y]$$
$$|\theta|_{max} \leq [\theta] \qquad (8\text{-}15)$$

式中，$[y]$ 为许用挠度；$[\theta]$ 为许用转角。其值可根据梁的工作情况及要求查阅有关设计手册。

例 8-16 图 8-34a 所示为机床空心主轴的平面简图，已知轴的外径 $D = 80$mm，内径 $d = 40$mm，AB 跨长 $l = 400$mm，$a = 100$mm，材料的弹性模量 $E = 210$GPa，设切削力在该平面的分力 $F_1 = 2$kN，齿轮啮合力在该平面分力 $F_2 = 1$kN。若轴 C 端的许可挠度 $[y_C] = 0.0001l$，B 截面的许用转角 $[\theta_B] = 0.001$rad。设全轴(包括 BC 段工件部分)近似为等截面梁，试校核机床主轴的刚度。

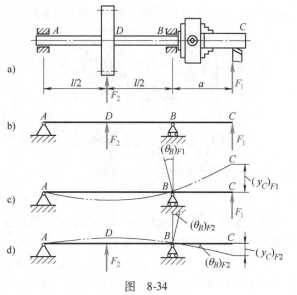

图 8-34

解 1）求主轴的惯性矩。

$$I = \frac{\pi D^4}{64}(1 - \alpha^4) = \frac{\pi \times 80^4}{64}\left[1 - \left(\frac{40}{80}\right)^4\right]\text{mm}^4 = 1.88 \times 10^6 \text{mm}^4$$

2）建立主轴的力学模型，如图 8-34b 所示，分别画出 F_1、F_2 作用在梁上的变形，如图 8-34c、d 所示。然后，应用叠加法计算 C 截面的挠度和 B 截面的转角为

$$y_C = (y_C)_{F1} + (y_C)_{F2} = \frac{F_1 a^2(l+a)}{3EI_z} - \frac{F_2 l^2}{16EI_z}a$$

$$= \frac{2 \times 10^3 \times 100^2 \times (400+100)}{3 \times 210 \times 10^3 \times 1.88 \times 10^6}\text{mm} - \frac{1 \times 10^3 \times 400^2}{16 \times 210 \times 10^3 \times 1.88 \times 10^6} \times 100\text{mm}$$

$$= (8.44 - 2.53) \times 10^{-3}\text{mm} = 5.91 \times 10^{-3}\text{mm}$$

$$\theta_B = (\theta_B)_{F1} + (\theta_B)_{F2} = \frac{F_1 a l}{3EI_z} - \frac{F_2 l^2}{16EI_z}$$

$$= \frac{2 \times 10^3 \times 100 \times 400}{3 \times 210 \times 10^3 \times 1.88 \times 10^6}\text{rad} - \frac{1 \times 10^3 \times 400^2}{16 \times 210 \times 10^3 \times 1.88 \times 10^6}\text{rad}$$

$$= 4.23 \times 10^{-5}\text{rad}$$

3）校核主轴的刚度。主轴的许用挠度为

$$[y_C] = 0.0001l = 0.0001 \times 400\text{mm} = 4.0 \times 10^{-2}\text{mm}$$

主轴的许用转角为

$$[\theta_B] = 0.001\text{rad} = 1.0 \times 10^{-3}\text{rad}$$

因为　　　　　　　$y_C = 5.91 \times 10^{-3}\text{mm} < [y_C]$，$\theta_B = 4.23 \times 10^{-5}\text{rad} < [\theta_B]$

所以主轴的刚度满足要求。

五、提高弯曲刚度主要措施——增加约束，减小跨长

从梁的变形表可以看出，挠度与长度的三次方量级成比例，而梁转角与梁长度的二次方量级成比例。可见，减少梁的跨长是提高梁刚度的主要措施之一。如果梁的长度无法减小，则可通过增加多余约束，使其成为静不定梁。例如，当车床加工细长工件时，为了提高加工精度，可增加一个中间支架或在工件末端加上尾架顶针（图 8-35a）；再如镗刀杆加上内支架（图 8-35b）。

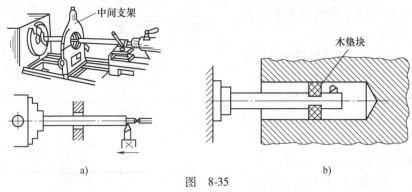

图　8-35

梁的刚度还取决于材料的弹性模量 E，但是各类钢材的弹性模量值都很接近，采用优质高强度钢材对提高刚度的意义不大。

必需指出，工程上对有些梁的刚度要求并不高，而是希望梁在保证强度要求的前提下，能产生较大的弹性变形，以增加其柔度。例如，安装在汽车车轴上的减振叠板弹簧。

第十节　简单静不定梁的解法

用静力学平衡方程不能求解出全部约束力的梁，称为**静不定梁**。工程上为了提高梁的强度和刚度，或因结构上的需要，往往给静定梁再增加约束，这时梁就成为静不定梁。多于静力学平衡方程个数的约束称为多余约束。例如，图 8-36a 所示的车床车削工件时，卡盘将工件夹紧，工件卡紧一端简化为固定端，工件即为静定的悬臂梁。但在车削细长工件时，需要用尾架顶针将工件末端顶住，顶针可简化为活动铰支座（图 8-36b）；必要时还可使用跟刀架，也可简化为活动铰支座。这就是用增加多余约束的方法，使静定梁变成静不定梁，以提高工件的刚度，减小加工误差。

求解静不定梁，可将多余约束去掉，代之以约束力。去掉多余约束后的静定梁，称为原静不定梁的**静定基**。对于同一个静不定梁，可选择不同的多余约束，去掉多余约束后，就得到不同的静定基，图 8-36c、d 都是图 8-36b 静不定梁的不同静定基。在静定基上画出全部外载荷，并在去掉多余约束处画出多余约束力，就得到

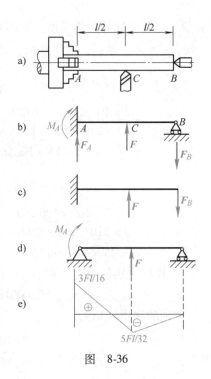

图　8-36

了静定梁的相当系统。查变形表比较外载荷和多余约束力在多余约束处的变形,即可解出多余约束力,使静不定梁求解。

例 8-17 图 8-36a 所示机床车削工件示意图,已知工件的 EI、l,车刀 C 在图示平面的分力为 F,试求工件的约束反力,并画出工件的弯矩图。

解 1)建立工件的力学模型,如图 8-36b 所示,为静不定梁。

2)去掉 B 端活动铰支座约束,得悬臂梁为静定基,在静定基上画出外载荷 F 和多余约束力 F_B,得图 8-36c 所示的相当系统。

3)查变形表,比较 F 和 F_B 分别作用时 B 铰处的变形,因 $y_B = 0$,所以,得出变形协调方程为

$$y_B = (y_B)_F + (y_B)_{F_B} = \frac{F(l/2)^2}{6EI_z}\left(3l - \frac{l}{2}\right) - \frac{F_B l^3}{3EI_z} = \frac{5Fl^3}{48EI_z} - \frac{F_B l^3}{3EI_z} = 0$$

解得

$$F_B = \frac{5F}{16}$$

4)列平衡方程求得

$$F_A = -\frac{11F}{16}, \quad M_A = \frac{3Fl}{16}$$

5)画工件的弯矩图,如图 8-36e 所示。

若选取简支梁为静定基,建立图 8-36d 的相当系统,因 $\theta_A = 0$,比较 A 端的变形得

$$\theta_A = (\theta_A)_F + (\theta_A)_{M_A} = \frac{Fl^2}{16EI_z} - \frac{M_A l}{3EI_z} = 0$$

$$M_A = \frac{3Fl}{16}$$

列平衡方程求得

$$F_A = -\frac{11F}{16}, \quad F_B = \frac{5F}{16}$$

阅读与理解

一、用剪力图面积求任一截面的弯矩

由第三节利用简便方法画剪力、弯矩图可知,画弯矩图时需要求一些截面的弯矩值。若把微分关系 $\frac{dM(x)}{dx} = F_Q(x)$ 分离变量进行积分,即任意 x 截面的弯矩就应为

$$M(x) = \int_0^x F_Q(x)\,dx + M_0$$

由数学分析知,积分 $\int_0^x F_Q(x)\,dx$ 表示由坐标原点到任意 x 截面的剪力图与 x 轴围成面积的代数和,面积有正负之分。M_0 表示由坐标原点到 x 截面这段梁上作用集中力偶矩的代数和,顺时针转向的力偶为正,反之为负。

上式表明：**任意 x 截面的弯矩值，等于该截面左段梁上剪力图面积的代数和加上 x 截面左段梁上集中力偶矩的代数和。**

例 8-18 外伸梁作用载荷如图 8-37 所示，已知 F，$M_0 = 2Fa$，试用微分关系画梁的剪力、弯矩图。

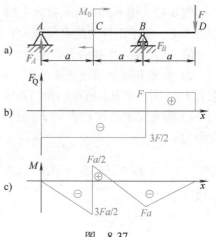

解 1）求支座约束力 $F_A = -3F/2$，$F_B = 5F/2$。

2）将梁分段。集中力、集中力偶把梁分为 AC、CB、BD 三段。

3）画剪力图。从梁的左端开始，A 点集中力 F_A 作用向下突变；AC 段，剪力为常量 $-3F/2$；C 点处集中力偶作用，剪力值不变；CB 段剪力为常量 $-3F/2$；B 点处集中力 F_B 作用向上突变；BD 段剪力为常量 F；D 点处 F 力作用，剪力图向下突变 F，回到坐标轴。即得图 8-37b 所示的剪力图。

图 8-37

4）画弯矩图。从梁的左端开始，AC 段剪力为常量 $-3F/2$，弯矩图为直线（斜率为 $-3F/2$），用截面左段梁剪力图的面积确定 AC 段两端临近截面 A_+、C_- 的弯矩值，$M_{A+} = -3F/2 \times \Delta = 0$，$M_{C-} = -3F/2 \times a = -3Fa/2$，过该两点坐标作直线；$CB$ 段无载荷作用，弯矩图为直线，用截面左段梁剪力图的面积加上集中力偶，确定 CB 段两端临近截面 C_+、B_- 的弯矩值，$M_{C+} = -3F/2 \times a + 2Fa = Fa/2$、$M_{B-} = -3F/2 \times 2a + 2Fa = -Fa$，过该两点坐标作直线；$BD$ 段无载荷作用，弯矩图为直线，用截面左段梁剪力图的面积加上集中力偶，确定 BD 段两端临近截面 B_+、D_- 的弯矩值，$M_{B+} = -3F/2 \times 2a + 2Fa = -Fa$，$M_{D-} = -3F/2 \times 2a + Fa + 2Fa = 0$，过该两点坐标作直线，即得图 8-37c 所示的弯矩图。

二、纯弯曲正应力公式推证

1. 几何关系

在梁截面建立图 8-38b 所示的坐标系，y 轴为截面的对称轴，方向向下；z 轴为中性轴。如图 8-38a 所示，截取梁上一微段 dx 进行分析，$m\text{-}m$，$n\text{-}n$ 截面绕中性轴转动了一相对转角 $d\theta$，设中性层的曲率半径为 ρ，则距中性轴为 y 坐标处的纵向纤维变形前后的长度分别为

$$bb = o'o' = \rho d\theta, \quad b'b' = (\rho + y)\, d\theta$$

其应变为

$$\varepsilon = \frac{b'b' - bb}{bb} = \frac{(\rho + y)\, d\theta - \rho d\theta}{\rho d\theta} = \frac{y}{\rho} \tag{a}$$

式（a）表明，距中性轴为 y 坐标处纵向纤维的线应变 ε 与 y 坐标成正比。

2. 物理关系

因假设纵向纤维不相互挤压，只发生了单向的拉伸或压缩变形，当应力不超过材料的比例极限时，材料符合胡克定律，即 $\sigma = E\varepsilon$，将式（a）代入得

$$\sigma = E\frac{y}{\rho} \tag{b}$$

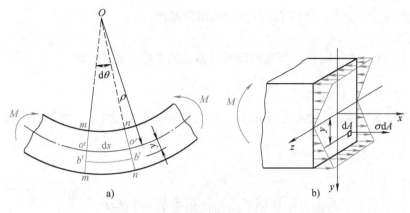

图 8-38

式（b）表明，横截面上任一点的正应力与该点到中性轴的距离 y 成正比，即正应力呈线性分布（图 8-38b），中性轴上的正应力为零。

3. 静力学关系

由于中性轴的位置尚未确定，中性层的曲率也是未知量，因此还不能应用式（b）计算截面的正应力，还需用应力与内力间的静力学关系来确定。

在图 8-38b 所示梁的横截面上，无数个微面积 $\mathrm{d}A$ 上的微内力 $\sigma\mathrm{d}A$ 组成了一空间平行力系，由于纯弯曲时横截面上只有弯矩，所以微内力 $\sigma\mathrm{d}A$ 沿 x 轴方向的总和为零，即

$$\int_A \sigma \mathrm{d}A = 0 \tag{c}$$

将式（b）代入式（c），即

$$\int_A E \frac{y}{\rho} \mathrm{d}A = \frac{E}{\rho} \int_A y \mathrm{d}A = 0 \tag{d}$$

式中，E/ρ 是常数且不等于零，由第四章形心坐标公式知，积分 $\int_A y\mathrm{d}A = S_z$ 为截面对 z 轴的静矩。满足式（d），截面对 z 轴的静矩必须为零，即**中性轴通过截面的形心**。

横截面上微内力对 z 轴力矩的总和等于该截面的弯矩，即

$$M = \int_A y \sigma \mathrm{d}A \tag{e}$$

将式（b）代入式（e）得

$$M = \int_A \frac{E}{\rho} y^2 \mathrm{d}A = \frac{E}{\rho} \int_A y^2 \mathrm{d}A$$

令

$$I_z = \int_A y^2 \mathrm{d}A \tag{f}$$

则

$$\frac{1}{\rho} = \frac{M}{EI_z} \tag{g}$$

$I_z = \int_A y^2 \mathrm{d}A$ 称 为**截面对中性轴 z 的惯性矩**。式（g）是研究弯曲变形的基本公式，$1/\rho$ 表示梁轴线（中性层）弯曲的曲率，$1/\rho$ 值越大，梁弯曲越厉害。EI_z 与 $1/\rho$ 成反比，表示

了梁抵抗弯曲变形的能力，所以 EI_z 称为梁的**抗弯刚度**。

4. 正应力公式

将式（g）代入式（b），可得梁纯弯曲时截面的正应力公式，即

$$\sigma = \frac{My}{I_z}$$

式中，σ 表示横截面上任一点处的正应力；M 为横截面上的弯矩；y 表示横截面上该点到中性轴的距离。

三、截面惯性矩的积分计算

1. 矩形截面

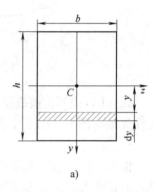

由惯性矩定义知，截面对中性轴 z 的惯性矩为 $I_z = \int_A y^2 \mathrm{d}A$。求宽为 b，高为 h 的矩形截面（图 8-39a 所示）的惯性矩，需要确定积分变量 $\mathrm{d}A$ 并进行积分。在距 z 轴为 y 坐标处用 y 坐标的微量 $\mathrm{d}y$ 截取一狭长微面积 $\mathrm{d}A = b\mathrm{d}y$，得

$$I_z = \int_A y^2 \mathrm{d}A = \int_{-h/2}^{h/2} y^2 b \mathrm{d}y = b \frac{y^3}{3}\bigg|_{-h/2}^{h/2} = \frac{bh^3}{12}$$

同理，可得截面对 y 轴的惯性矩 $I_y = \dfrac{hb^3}{12}$。

2. 圆形截面

设圆形截面直径为 D，在距轴为 ρ 处，截取一微面积 $\mathrm{d}A$，则截面对轴线 x 的**极惯性矩**（见第七章阅读与理解）为 $I_\rho = \dfrac{\pi D^4}{32}$。

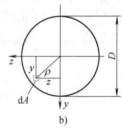

截面对中性轴 z 的惯性矩 $I_z = \int_A y^2 \mathrm{d}A$。圆形截面内任意点处的微面积 $\mathrm{d}A$ 距各轴的距离有 $\rho^2 = y^2 + z^2$（图 8-39b 所示），由圆形截面的极惯性矩可知

图 8-39

$$I_\rho = \int_A \rho^2 \mathrm{d}A = \int_A \left(y^2 + z^2\right)\ \mathrm{d}A = \int_A y^2 \mathrm{d}A + \int_A z^2 \mathrm{d}A = I_z + I_y = 2I_z$$

上式中 $\int_A y^2 \mathrm{d}A = \int_A z^2 \mathrm{d}A$，由此得圆形截面对中性轴的惯性矩等于极惯性矩的一半，即

$$I_z = \frac{I_p}{2} = \frac{\pi D^4}{64}$$

四、横力弯曲时正应力与切应力的比较

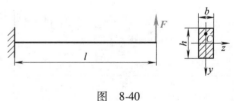

梁弯曲时，决定弯曲强度的主要因素是弯曲正应力，而弯曲切应力则是次要的。这里，不妨比较一下，矩形截面梁在横力弯曲时的最大正应力和最大切应力。如图 8-40 所示矩形截面悬臂

图 8-40

梁，在自由端受到集中载荷 F 作用，这时梁的最大弯矩和最大剪力分别为

$$M_{max} = Fl, \qquad |\ F_Q\ |_{max} = F$$

由式（8-4）和式（8-10）可得梁的最大弯曲正应力与最大弯曲切应力为

$$\sigma_{\max} = \frac{6Fl}{bh^2}$$

$$\tau_{\max} = \frac{3F}{2bh}$$

将二者予以比较

$$\frac{\sigma_{\max}}{\tau_{\max}} = \frac{6Fl}{bh^2} \bigg/ \frac{3F}{2bh} = 4\left(\frac{l}{h}\right)$$

可见，跨度远大于截面高度的梁，其横截面上的最大正应力比最大切应力大很多，因此，对于一般细长梁来说，主要应进行弯曲正应力强度设计。而在某些特殊情形下，如焊接或铆接的工字形截面薄臂梁、短跨梁及在支座附近有较大集中力作用、各向异性材料的梁（如木材的顺纹与横纹方向抗剪强度有较大差异，又如组合截面粘胶层的抗剪强度需计算），受载荷作用时，它们的切应力可能达到很大数值，致使结构发生强度失效，这时就需将最大切应力限制在许用范围内。既要保证梁的最大正应力满足强度准则，又要保证最大切应力同时满足强度准则。在设计计算时，一般先按弯曲正应力强度准则设计出截面尺寸，然后再按弯曲切应力强度准则进行校核。

五、开口薄臂梁在横向力作用下的弯曲

对于开口薄臂截面梁，由于横截面存在与剪力方向不一致的切应力，横截面上切应力对加力点简化的结果不仅有主矢，而且有主矩，从而使梁截面在横向平面产生了转动。这时梁除了发生弯曲变形外，还将产生扭转变形。图 8-41 所示为开口薄壁圆环梁、不等边角钢梁、槽形截面梁横力弯曲时的变形情形。

由于开口薄壁截面梁扭转时横截面将发生翘曲，在很多情形下，各横截面翘曲的程度又各不相同，因而在横截面上产生附加正应力，同时还会产生附加切应力。这些都是工程构件设计所不希望的。

并不是所有开口薄壁梁在横力弯曲时都发生扭转变形，材料力学的研究结果表明，当横向力作用线通过横截面弯曲中心时，横向作用力将使杆只发生弯曲而不产生扭转。

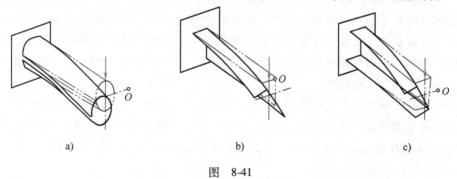

a)   b)   c)

图 8-41

小 结

一、直梁平面弯曲

受力与变形特点是：外力沿横向作用于梁的纵向对称平面，梁的轴线弯成一条平面曲线。静定梁的应用性力学模型是简支梁、外伸梁、悬臂梁。

二、弯曲的内力——剪力和弯矩

任意 x 截面的剪力，等于 x 截面左段梁或右段梁上外力的代数和；左段梁上向上的外力或右段梁上向下的外力产生正值剪力，反之产生负值剪力。任意 x 截面的弯矩，等于 x 截面左段梁或右段梁上外力对 x 截面形心力矩的代数和；左段梁上顺时针转向或右段梁上逆时针转向的外力矩产生正值弯矩，反之产生负值弯矩，即简述为

$F_Q(x)$ = x 截面左（或右）段梁上外力的代数和，左上右下为正。

$M(x)$ = x 截面左（或右）段梁上外力距的代数和，左顺右逆为正。

三、剪力图和弯矩图

剪力图和弯矩图是分析梁危险截面的重要依据。正确、熟练地画出剪力图、弯矩图是本章的重点和难点。① 列剪力、弯矩方程画剪力图、弯矩图是基本方法。② 应用简便画法比较简捷实用。

四、$M(x)$、$F_Q(x)$、$q(x)$ 的微分关系

利用 $M(x)$、$F_Q(x)$、$q(x)$ 间的微分关系可检查剪力、弯矩图的画法是否正确。

五、弯曲应力和强度计算

1. 直梁平面纯弯曲时，由平面假设可知，梁的每个横截面绕其自身中性轴（中性轴过截面的形心）转动了一个角度。有一层既不伸长又不缩短的中性层，中性层上、下两侧一侧纵向纤维拉长，另一侧纵向纤维缩短。其应力分布公式和最大应力公式分别为

$$\sigma_y = \frac{My}{I_z}$$

$$\sigma_{max} = \frac{M_{max}}{W_z}$$

2. 弯曲正应力强度准则为

$$\sigma_{max} = \frac{M_{max}}{W_z} \leqslant [\sigma]$$

六、组合截面的惯性矩

由惯性矩的定义知，组合截面的惯性矩就等于各简单图形面积对中性轴惯性矩的总和。根据塑性材料抗拉与抗压性能相同的特性，宜采用上、下对称于中性轴的组合截面形状；而对脆性材料抗拉与抗压性能不相同的特性，宜采用上、下不对称于中性轴的组合截面形状。

七、提高梁抗弯强度的措施

提高梁的抗弯强度，可通过降低梁的最大弯矩、提高截面惯性矩和抗弯截面系数来实现。所采用具体措施是：① 集中力远离简支梁中心；② 将载荷分散作用；③ 简支梁支座向梁内移动；④ 选择合理的截面形状；⑤ 根据材料性能选择截面；⑥ 采用等强度梁。

八、弯曲切应力简介

横力弯曲时的最大切应力发生在截面中性轴上。梁的弯曲切应力强度准则为

$$\tau_{max} \leqslant [\tau]$$

设计时，对于细长梁（$l/h > 5$），一般只进行正应力强度计算；但对于薄壁梁或短跨梁，则既要进行正应力强度计算，又要进行切应力强度计算。

九、梁的变形和刚度计算

梁的变形用挠度 y 和转角 θ 度量。① 可通过积分法求出梁的挠曲线、转角方程，确定

指定截面的挠度和转角。② 梁的变形和作用载荷为线性关系，求复杂载荷作用下梁的变形一般应用叠加法。

十、简单静不定梁的解法

用变形比较法求解静不定梁，先解除多余约束确定静定基，即建立静定梁的相当系统，再比较载荷和多余约束力的变形并满足变形条件，解出多余约束力；然后，列平衡方程可解出全部约束力。

思 考 题

8-1　什么情况下梁发生平面弯曲变形？

8-2　图 8-42 所示悬臂梁受集中力 F 作用，F 作用线沿梁截面图示方向，当截面为圆形、正方形、长方形时，梁是否发生平面弯曲？

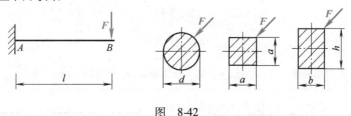

图　8-42

8-3　求任意截面剪力、弯矩时，截面为什么不能取在集中力或集中力偶作用处，而是取在集中力或集中力偶作用处的临近？

8-4　在集中力作用处，剪力图有突变，弯矩图有折点，是否说明内力在该点处不连续，是否无法确定该点处的内力？

8-5　图 8-43a 所示梁受均布载荷 q 作用，能否应用静力等效的 $F = qa$（图 8-43b）代替均布载荷？

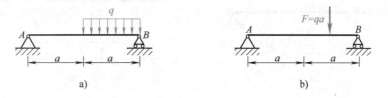

图　8-43

8-6　梁弯曲时的中性轴过截面的形心，中性轴是否一定是截面的对称轴？

8-7　横力弯曲时，最大正应力发生在横截面的什么位置？最大切应力发生在横截面的什么位置？

8-8　危险截面一定是梁的最大弯矩作用截面，对吗？

8-9　矩形截面梁的横截面高度增加到原来的两倍，梁的抗弯承载能力增大到原来的几倍？若宽度增加到原来的两倍，梁的抗弯承载能力增大到原来的几倍？

8-10　图 8-44 所示作用于圆形截面梁上的力 F，试画出力沿截面不同方位时，截面的中性轴，并标明最大拉、压应力的点。

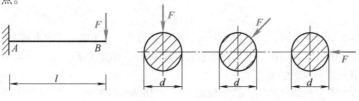

图　8-44

8-11 矩形截面梁（长宽比 $h/b=2$）竖放和平放，其抗弯强度和抗弯刚度有无变化？

8-12 矩形截面梁沿其纵向对称平面剖开为双梁，梁的承载能力有无变化？若沿其中性层剖为双梁，梁的承载能力有无变化？

8-13 图 8-45a 所示为铸铁 T 形截面梁，受力 F，作用线沿铅垂方向。试判断 T 形截面（1）、（2）两种放置方式中哪一种较合理。

8-14 图 8-45b 所示悬臂梁，若在其固定端处开一圆孔（横孔或竖孔，且孔径相同），试问横孔对梁的强度影响大还是开竖孔对梁的强度影响大？为什么？

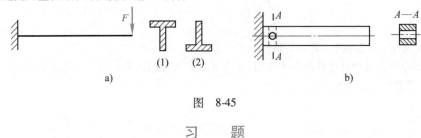

图　8-45

习　　题

8-1 已知图 8-46 所示各梁的 q、F、l、a，试求各梁指定截面上的剪力和弯矩。

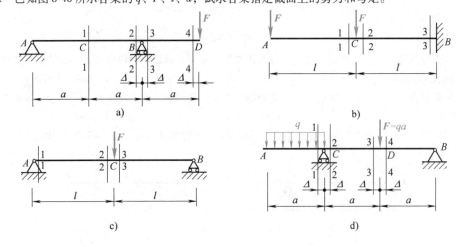

图　8-46

8-2 已知图 8-47 所示各梁的 q、F、M_0、l，列各梁的剪力、弯矩方程，并画出剪力、弯矩图。

8-3 已知图 8-48 所示各梁的 q、F、M_0、l、a，画出其剪力、弯矩图，并求出最大剪力和最大弯矩值。

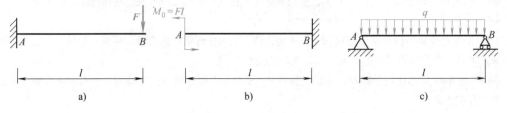

图　8-47

8-4 已知图 8-49 所示各梁的 q、F、M_0、l、a，画出其剪力、弯矩图，并求出最大剪力和最大弯矩值。

8-5 图 8-50 所示圆截面简支梁，已知截面直径 $d=50$mm，作用力 $F=6$kN，$a=500$mm，$[\sigma]=160$ MPa，试按正应力强度准则校核强度。

8-6 图 8-51 所示矩形截面悬臂梁，已知截面 $b \times h=60$ mm $\times 100$ mm，梁跨 $l=1000$ mm，$[\sigma]=170$ MPa，试确定该梁的许可载荷 $[F]$。

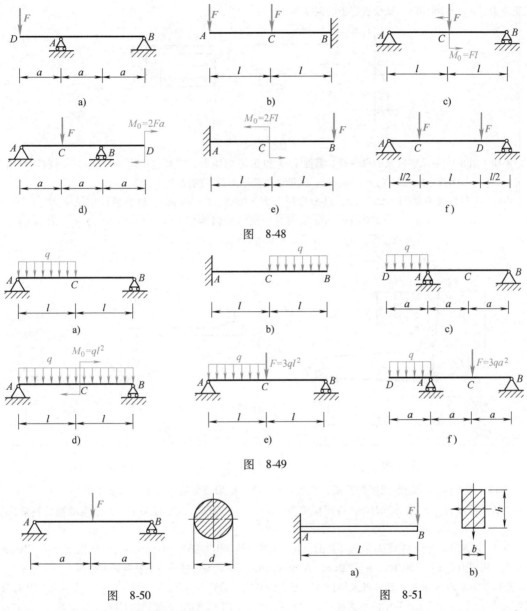

图 8-48

图 8-49

图 8-50　　　　　　　　　图 8-51

8-7 图 8-52 所示空心圆截面外伸梁，已知：$M_0 = 1.2\text{kN} \cdot \text{m}$，$l = 300\text{mm}$，$a = 100\text{mm}$，$D = 60\text{mm}$，$[\sigma]$ = 160MPa，试按正应力强度准则设计内径 d。

8-8 图 8-53 所示简支梁，已知作用均布载荷 $q = 10\text{kN/m}$，$l = 4\text{m}$，$[\sigma] = 160\text{MPa}$，按正应力强度准则为梁选择工字钢型号。

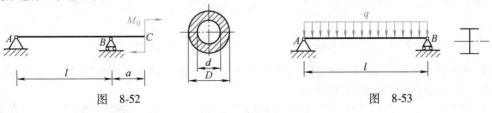

图 8-52　　　　　　　　　　　图 8-53

8-9 夹具压板的受力如图 8-54 所示，已知 A-A 截面为空心矩形截面，$F = 10$kN，$a = 40$mm，材料的许用正应力 $[\sigma] = 160$MPa，试校核压板的强度。

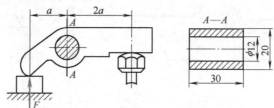

图 8-54

8-10 图 8-55 所示空气泵的操纵杆，截面 Ⅰ-Ⅰ 和 Ⅱ-Ⅱ 为矩形，其高宽比均为 $h/b = 3$，材料的许用正应力 $[\sigma] = 60$MPa，$F = 20$kN，$a = 340$mm，试设计这两矩形截面的尺寸。

8-11 T 形铸铁架如图 8-56 所示，已知作用力 $F = 10$kN，$l = 300$mm，材料的许用拉应力 $[\sigma^+] = 40$MPa，许用压应力 $[\sigma^-] = 120$MPa，n-n 截面对中性轴的惯性矩 $I_z = 2.0 \times 10^6$mm^4，$y_1 = 25$mm，$y_2 = 75$mm，各截面承载能力大致相同。试校核托架 n-n 截面的正应力强度。

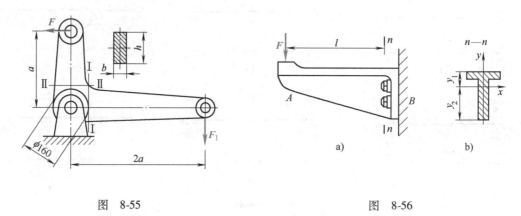

图 8-55   图 8-56

8-12 图 8-57 所示槽形截面铸铁梁，已知 $F = 30$kN，槽形截面对中性轴 z 的惯性矩 $I_z = 40 \times 10^6$mm^4，铸铁的许用拉应力 $[\sigma^+] = 30$MPa，许用压应力 $[\sigma^-] = 80$MPa。试按弯曲正应力强度准则校核梁的强度。

8-13 图 8-58a 所示为薄板轧制机示意图，其轧辊的计算简图如图 8-58b 所示。已知轧辊直径 $d = 700$mm，材料的许用应力 $[\sigma] = 80$MPa，$a = 400$mm，$l_0 = 800$mm，试求轧辊所能承受的轧制许可载荷 $[q]$。

8-14 图 8-59 所示桥式起吊机大梁由 32a 工字钢制成，梁跨 $l = 8$m，许用正应力 $[\sigma] = 160$MPa，许用切应力 $[\tau] = 90$MPa。若梁的最大起吊重量 $F = 50$kN，试按强度准则校核梁的强度。

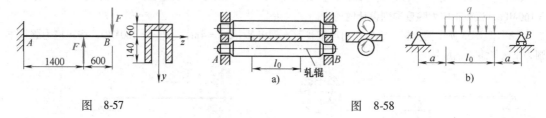

图 8-57   图 8-58

8-15 图 8-60 所示轧钢机滚道升降台简图，钢坯 D 重 G，在升降台 AB 上可从 A 移动到 C。欲提高梁的弯曲强度，试确定支座 B 的合理安放位置 x 值。

8-16 图 8-61 所示为桥式起吊机的横梁 AB 的平面简图，原设计最大起吊重量为 100kN，现需吊起重 G

=150kN 的设备，采用图示方法。试求 x 的最大值等于多少才能安全起吊。

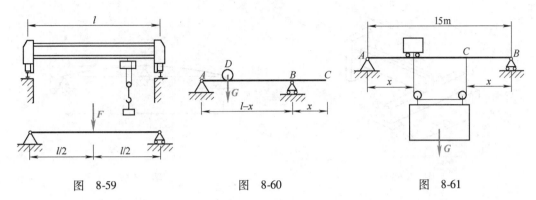

图　8-59　　　　　　图　8-60　　　　　　图　8-61

8-17　已知图 8-62 所示各梁的 EI_z、M_0、F、l，用叠加法求各梁的最大挠度和最大转角。

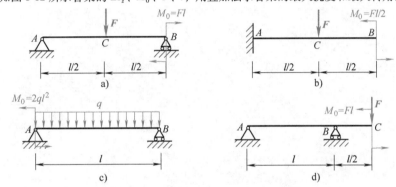

图　8-62

8-18　图 8-63 所示桥式起重机大梁为 32a 工字钢，材料的弹性模量 $E=200\text{GPa}$，梁跨 $l=8\text{m}$，梁的许可挠度 $[y]=l/500$，若起重机的最大载荷 $F=20\text{kN}$，试校核梁的刚度。

8-19　图 8-64 所示简支梁由两槽钢组成，槽钢材料的弹性模量 $E=200\text{GPa}$，梁跨 $l=4\text{m}$，许可挠度 $[y]=l/400$。若梁承受的载荷 $F=20\text{kN}$，$q=10\text{kN/m}$，试按刚度设计准则为梁选择槽钢型号。

图　8-63　　　　　　　　　　　图　8-64

8-20　已知图 8-65 所示静不定梁的 EI_z、M_0、q、F、l，用变形比较法求梁的支座约束力。

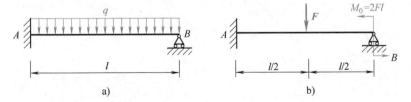

图　8-65

8-21　图 8-66 所示一受均布载荷 q 作用的梁 AB，其 A 端固定，B 端支承于 CD 梁的中点上，已知二梁的抗弯刚度 EI 相同，跨长均为 l，求此二梁的支座约束力。

8-22　如图 8-67 所示，三支点梁跨度 $l=200\text{mm}$，中间支座的同轴度相差 $\delta=0.1\text{mm}$，梁截面为圆形，

直径 $d = 60\text{mm}$，$E = 200\text{GPa}$，试求梁截面上最大的装配应力。

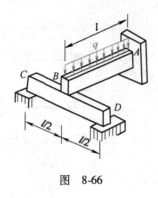

图 8-66

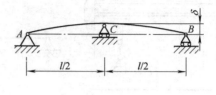

图 8-67

第 九 章
应力状态和强度理论

第一节　应力状态的概念

一、点的应力状态

对于受力弹性物体中的任意点，为了描述其应力状态，一般围绕这一点作一个正六面体。当六面体在三个方向的尺寸趋于无穷小时，六面体便趋于所考察的点。这时六面体称为**微单元体**，简称**微元体**。

以直杆拉伸为例（图9-1a），为了分析杆内任一点 A 的应力情况，假想地围绕 A 点截取一个微元体，并将其放大，如图9-1b所示。图9-1c则是微元体的平面简图。微元体的左右两侧面是杆件横截面的一部分，其应力为 $\sigma = F_N/A$。微元体上下前后的四个侧面均平行于杆件轴线，这些侧面上没有应力。但在 A 点周围按图9-1d的方式截取的微元体各侧面上应力也不同，一旦确定了微元体各个侧面上的应力，过这一点任意方向面上的应力均由平衡方法确定。因此，一点处的应力状态可用围绕该点的微元体及其各面上的应力描述。

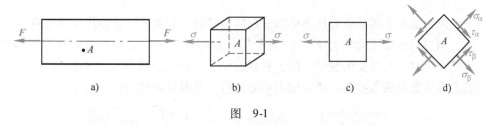

图　9-1

二、应力状态的分类

从受力构件中某一点处截取的任意微元体，一般情况下，其面上既有正应力也有切应力。弹性力学的研究结果表明，在该点处从不同方位截取的诸多微元体中，总存在一个特殊的微元体，在它相互垂直的三个面上只有正应力而无切应力。像这种各面上切应力都为零的单元体称为**主单元体**。切应力等于零的平面称为**主平面**。作用在主平面上的应力称为**主应力**，用 σ_1、σ_2、σ_3 表示，并按代数值排列，即 $\sigma_1 \geq \sigma_2 \geq \sigma_3$。按照主应力不等于零的数目将一点处的应力状态分为以下三类：

1. 单向应力状态

只有一个主应力不等于零的应力状态称为**单向应力状态**。例如图9-1c所示轴向拉伸的应力状态，横截面及与此相互垂直的两个纵向截面是单元体的三滚主平面，三个主应力依次是：$\sigma_1 = F_N/A$，$\sigma_2 = 0$，$\sigma_3 = 0$。轴向压缩时，三个主平面与拉抻时相同，但三个主应力依次是：$\sigma_1 = 0$，$\sigma_2 = 0$，$\sigma_3 = -F_N/A$。

2. 二向应力状态

有两个主应力不等于零的应力状态称为**二向应力状态**。如图9-2所示，圆轴扭转时，围

绕 *A* 点所截取的是一瓦形块微元体（图 9-2b），由于点的各边长都是趋近于无穷小的微量，所以这个瓦形块就非常接近于一个正六面体（图 9-2c）。这种只有切应力的应力状态称为**纯剪切应力状态**。通常表示成图 9-2d 所示的平面简图。纯剪切应力状态的主单元体如图 9-2e 示，其主应力依次为：$\sigma_1 = \sigma_{-45°} = \tau$，$\sigma_2 = 0$，$\sigma_3 = \sigma_{45°} = -\tau$。二向应力状态是工程实际中常见的一种应力状态。

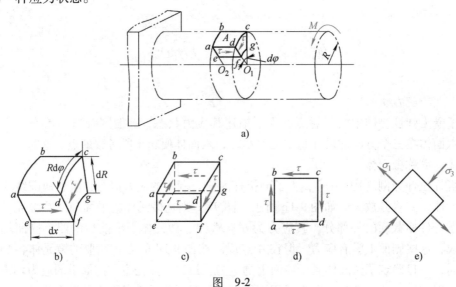

图 9-2

3. 三向应力状态

三个主应力都不为零的应力状态称为**三向应力状态**。例如，一立方体金属放在一个刚性的模具里，当进行冷锻承受压力 **F** 时，其中任一点均处于三向应力状态，如图 9-3a 所示。又如，冷拉圆钢时，与拉模接触的一段上各点也处于三向应力状态（图 9-3b）。二向、三向应力状态也称为**复杂应力状态**。单向应力状态也称为**简单应力状态**。

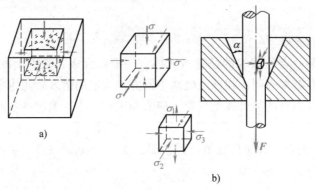

图 9-3

第二节　二向应力状态分析

一、斜截面上的应力

图 9-4a 中的应力状态中，正应力和切应力都处在同一平面内，而且上下两侧面和左右两

侧面都有正应力和切应力作用，故为平面应力状态的一般情形。取平面投影，简化为图 9-4b 所示的平面应力状态图。现用截面法来确定微元体的斜截面 *ef* 上的应力，斜面 *ef* 的外法线 *n* 与 *x* 轴的夹角用 α 表示，简称 α 截面。在 α 截面上的正应力与切应力分别用 σ_α 和 τ_α 表示。

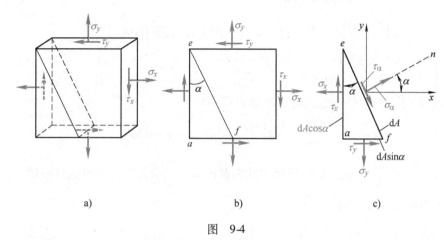

图 9-4

应力的正负规定为，拉应力为正，压应力为负。切应力以对微元体内任意一点之矩为顺时针转向为正，反之为负。α 角逆时针转向为正，反之为负。

应用截面法，假想地用截面沿 *ef* 将微元体分为两部分，取 *aef* 部分为研究对象（图 9-4c）。设 *ef* 面的面积为 $\mathrm{d}A$，则 *ae* 面和 *af* 面的面积分别为 $\mathrm{d}A\cos\alpha$ 与 $\mathrm{d}A\sin\alpha$。由切应力互等定律可知 $\tau_x = \tau_y$。微元体处于平衡，从微元上截开的任意部分也必然处于平衡。以斜截面 *ef* 的法线 *n* 及切向 τ 作为坐标轴，列平衡方程得

$$\Sigma F_n = 0 \quad \sigma_\alpha \mathrm{d}A - (\sigma_x \mathrm{d}A\cos\alpha)\,\cos\alpha + (\tau_x \mathrm{d}A\cos\alpha)\,\sin\alpha - \tag{a}$$
$$(\sigma_y \mathrm{d}A\sin\alpha)\,\sin\alpha + (\tau_x \mathrm{d}A\sin\alpha)\,\cos\alpha = 0$$

$$\Sigma F_\tau = 0 \quad \tau_\alpha \mathrm{d}A - (\sigma_x \mathrm{d}A\cos\alpha)\,\sin\alpha - (\tau_x \mathrm{d}A\cos\alpha)\,\cos\alpha + \tag{b}$$
$$(\sigma_y \mathrm{d}A\sin\alpha)\,\cos\alpha + (\tau_x \mathrm{d}A\sin\alpha)\,\sin\alpha = 0$$

将式（a）、式（b）整理后得

$$\left.\begin{aligned}\sigma_\alpha &= \frac{\sigma_x + \sigma_y}{2} + \frac{\sigma_x - \sigma_y}{2}\cos2\alpha - \tau_x\sin2\alpha \\ \tau_\alpha &= \frac{\sigma_x - \sigma_y}{2}\sin2\alpha + \tau_x\cos2\alpha\end{aligned}\right\} \tag{9-1}$$

式（9-1）适用于所有平面应力状态

例 9-1 微元体各侧面上的应力如图 9-5 所示，图中应力单位为 MPa。试求 $\alpha = 60°$ 斜截面上的正应力和切应力。

解 由所给的应力状态可知 $\sigma_x = -30\mathrm{MPa}$，$\sigma_y = 10\mathrm{MPa}$，$\tau_x = -20\mathrm{MPa}$，$\alpha = 60°$，将其代入式（9-1）得

$$\sigma_{60°} = \frac{\sigma_x + \sigma_y}{2} + \frac{\sigma_x - \sigma_y}{2}\cos2\alpha - \tau_x\sin2\alpha$$

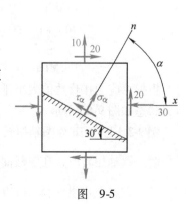

图 9-5

$$= \left[\frac{(-30) + 10}{2} + \frac{(-30) - 10}{2}\cos120° - (-20)\sin120° \right]\text{MPa}$$

$$= 17.3\ \text{MPa}$$

$$\tau_{60°} = \frac{\sigma_x - \sigma_y}{2}\sin2\alpha + \tau_x\cos2\alpha$$

$$= \left[\frac{(-30) - 10}{2}\sin120° + (-20)\cos120° \right]\text{MPa}$$

$$= -7.3\ \text{MPa}$$

二、主平面和主应力的确定

将式（9-1）中 σ_α 的表达式对 α 求导数得

$$\frac{\text{d}\sigma_\alpha}{\text{d}\alpha} = -2\left[\frac{\sigma_x - \sigma_y}{2}\sin2\alpha + \tau_x\cos2\alpha \right] \tag{a}$$

令 $\alpha = \alpha_0$，使 $\dfrac{\text{d}\sigma_\alpha}{\text{d}\alpha} = 0$，则 α_0 所确定的斜截面上，正应力有最大值或最小值。以 α_0 代入式（a）并令其等于零，得

$$\frac{\sigma_x - \sigma_y}{2}\sin2\alpha_0 + \tau_x\cos2\alpha_0 = 0 \tag{b}$$

由此知
$$\tan2\alpha_0 = -\frac{2\tau_x}{\sigma_x - \sigma_y} \tag{9-2}$$

代入式（9-1）σ_α 的表达式得

$$\left.\begin{array}{r}\sigma_{\max} \\ \sigma_{\min}\end{array}\right\} = \frac{\sigma_x + \sigma_y}{2} \pm \sqrt{\left(\frac{\sigma_x - \sigma_y}{2}\right)^2 + \tau_x^2} \tag{9-3}$$

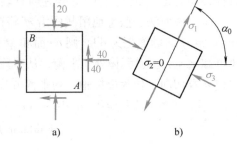

图 9-6

由式（b）可以看出，最大正应力作用的斜截面 α_0 上，切应力为零，是单元体的主平面，因此，$\sigma_{\max}$ 和 $\sigma_{\min}$ 是单元体的主应力。

主平面的主应力按代数值大小排列。

例 9-2 求图 9-6a 所示应力状态的主应力。图中应力单位为 MPa。

解 将 $\sigma_x = -40\text{MPa}$，$\sigma_y = -20\text{MPa}$，$\tau_x = -40\text{MPa}$ 代入式（9-3）得

$$\sigma_{\max} = \frac{(-40) + (-20)}{2}\text{MPa} + \frac{1}{2}\sqrt{[(-40) - (-20)]^2 + 4(-40)^2}\text{MPa}$$

$$= 11.23\text{MPa}$$

$$\sigma_{\min} = \frac{(-40) + (-20)}{2}\text{MPa} - \frac{1}{2}\sqrt{[(-40) - (-20)]^2 + 4(-40)^2}\text{MPa}$$

$$= -71.2\text{MPa}$$

根据主应力按代数值大小排列有 $\sigma_1 = 11.23\text{MPa}$，$\sigma_2 = 0$，$\sigma_3 = -71.2\text{MPa}$。主平面上的应力状态如图 9-6b 所示。

例 9-3 图 9-7b 为圆轴扭转时的应力状态，分析铸铁试件受扭时的破坏现象。

解 圆轴扭转时，在横截面的边缘处切应力最大，其值为 $\tau = \dfrac{T}{W_\text{p}}$ 在圆轴的最外层，按图 9-7a 所示方式取出微元体 $ABCD$。微元体上的应力状态如图 9-7b 所示。其 $\sigma_x = 0$，$\sigma_y = 0$，

$\tau_x = \tau$,是纯剪切应力状态。

把应力值代公式（9-3）得

$$\left.\begin{array}{c}\sigma_{\max} \\ \sigma_{\min}\end{array}\right\} = \frac{\sigma_x + \sigma_y}{2} \pm \sqrt{\left(\frac{\sigma_x - \sigma_y}{2}\right)^2 + \tau_x^2} = \pm\tau$$

主应力为　$\sigma_1 = \tau$，$\sigma_2 = 0$，$\sigma_3 = -\tau$。主平面位置如图 9-7b 所示。

圆截面铸铁试件扭转时，表面各点 σ_1 所在的主平面组成倾角为 45°的螺旋面。由于铸铁抗拉强度低，试件将沿这一螺旋面因拉伸而发生断裂破坏，如图 9-7c 所示。

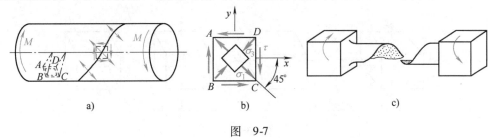

图　9-7

第三节　三向应力状态的最大切应力和广义胡克定律

一、三向应力状态的最大切应力

弹性力学的研究结果表明，三向应力状态的最大切应力为

$$\tau_{\max} = \frac{\sigma_1 - \sigma_3}{2} \qquad (9\text{-}4)$$

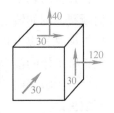

由于单向和二向应力状态是三向应力状态的特殊情况，上述结论同样适用于单向和二向应力状态。

例 9-4　求图 9-8 所示各应力状态的主应力 σ_1、σ_2、σ_3 和最大切应力。图中应力单位为 MPa。

图　9-8

解　由图示微元体可知，一个主应力为 -30MPa，$\sigma_x = 120$MPa，$\sigma_y = 40$MPa，$\tau_x = -30$MPa，求另外两个主应力。由主应力公式（9-3）可得

$$\left.\begin{array}{c}\sigma_{\max} \\ \sigma_{\min}\end{array}\right\} = \frac{\sigma_x + \sigma_y}{2} \pm \sqrt{\left(\frac{\sigma_x - \sigma_y}{2}\right)^2 + \tau_x^2} = \frac{120 + 40}{2}\text{MPa} \pm \sqrt{\left(\frac{120 - 40}{2}\right)^2 + (-30)^2}\text{MPa}$$

$$= 80\text{MPa} \pm 50\text{ MPa}$$

由此可知，微元体处于三向应力状态。三个主应力分别为

$$\sigma_1 = 130\text{MPa}，\ \sigma_2 = 30\text{MPa}，\ \sigma_3 = -30\text{MPa}$$

由式（9-4）得

$$\tau_{\max} = \frac{\sigma_1 - \sigma_3}{2} = \frac{130 - (-30)}{2}\text{MPa} = 80\text{MPa}$$

二、广义胡克定律

图 9-9 是从受力物体中某点处取出的主单元体。当应力未超过材料比例极限时，单元体在三个主应力方向的线应变，可用叠加法求得

$$\left.\begin{array}{l} \varepsilon_1 = \dfrac{1}{E}\left[\sigma_1 - \mu\left(\sigma_2 + \sigma_3\right)\right] \\[2mm] \varepsilon_2 = \dfrac{1}{E}\left[\sigma_2 - \mu\left(\sigma_1 + \sigma_3\right)\right] \\[2mm] \varepsilon_3 = \dfrac{1}{E}\left[\sigma_3 - \mu\left(\sigma_1 + \sigma_2\right)\right] \end{array}\right\}$$

(9-5)

此式称为**广义胡克定律**。

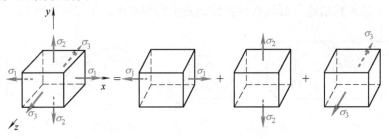

图 9-9

第四节 强 度 理 论

在强度问题中，失效包含了两种不同的含义，一是指在外力作用下，由于应力过大而导致的断裂，例如铸铁试件拉伸和扭转时的破坏；二是发生了一定量的塑性变形，例如低碳钢试件拉伸时其应力超过屈服极限产生的塑性变形。出现这两种情形中任意一种时，构件都会丧失正常工作的能力，称为**失效**。

大量实验表明，在常温静载作用下，材料在不同应力状态下的失效大致可分为**屈服失效**和**断裂失效**。

关于材料在不同应力状态下失效的假设称为**强度理论**。根据这些假设，就可以用单向拉伸的实验结果，推出在复杂应力状态下材料发生失效的判据，从而建立起相应的强度设计准则。本书从工程应用出发，简要介绍四种强度理论及其对应的强度准则。

一、最大拉应力理论（第一强度理论）

这一理论认为：不论材料处于何种应力状态，当其最大拉应力达到材料在单向拉伸断裂时的抗拉强度 σ_b 时，材料就发生断裂破坏。因此，材料发生破坏的条件是 $\sigma_1 = \sigma_b$，引入安全因数后，$\sigma_b / n_b = [\sigma]$。其相应的强度准则为

$$\sigma_{xd1} = \sigma_1 \leqslant [\sigma]$$

(9-6)

式中，σ_{xd1} 表示最大拉应力理论的相当应力。

实验结果表明，这一理论适用于材料在各种应力状态下发生脆性断裂的情形，主要用于铸铁、砖和石料等脆性材料制成的受力杆件。

二、最大拉应变理论（第二强度理论）

这一理论认为，最大拉应变是材料发生脆性断裂的原因。也就是说，不论材料处于何种应力状态，当其最大拉应变达到材料在单向拉伸断裂时的最大拉应变值 ε_1^0 时，材料就会发生断裂破坏。因此，材料发生断裂破坏的条件是 $\varepsilon_1 = \varepsilon_1^0$，由广义胡克定律得

$$\frac{1}{E}\left[\sigma_1 - \mu\left(\sigma_2 + \sigma_3\right)\right] = \frac{1}{E}\sigma_b$$

引入安全因数后，$\sigma_b/n_b = [\sigma]$，其相应的强度准则为

$$\sigma_{xd2} = \sigma_1 - \mu\left(\sigma_2 + \sigma_3\right) \leqslant [\sigma] \tag{9-7}$$

式中，σ_{xd2} 表示最大拉应变理论的相当应力。

实验结果表明，这一理论能够较好地解释石料、混凝土等脆性材料受轴向压缩时，沿纵向发生断裂的现象。

三、最大切应力理论（第三强度理论）

这一理论认为，最大切应力是材料发生塑性屈服失效的原因。也就是说，不论材料处在何种应力状态，只要其最大切应力 τ_{max} 达到材料单向拉伸屈服时的极限切应力值 τ^0 时，材料就发生屈服失效，即 $\tau_{max} = \tau^0$。

对于任意应力状态，都有 $\tau_{max} = \dfrac{\sigma_1 - \sigma_3}{2}$。材料单向拉伸屈服时，$\sigma_1 = \sigma_s$，故屈服时的极限切应力值为 $\tau^0 = \sigma_s/2$。由此得

$$\frac{\sigma_1 - \sigma_3}{2} = \frac{\sigma_s}{2}$$

引入安全因数后，$\sigma_s/n_s = [\sigma]$，则其相应的强度准则为

$$\sigma_{xd3} = \sigma_1 - \sigma_3 \leqslant [\sigma] \tag{9-8}$$

式中，σ_{xd3} 表示最大切应力理论的相当应力。

这一理论与多数塑性材料的实验结果相吻合。它只适用于发生屈服失效的情形。

四、形状改变比能理论（第四强度理论）

构件在变形过程中，假定外力所做的功全部转化为构件的弹性变形能。微元体的变形能包括体积改变能和形状改变能两部分。对应于单元体的形状改变而积蓄的变形能称为形状改变能，单位体积内的形状改变能称为**形状改变比能**，用 U_d 表示。在复杂应力状态下，形状改变比能与单元体主应力之间的关系（证明从略）为

$$U_d = \frac{(1+\mu)}{6E}\left[\left(\sigma_1 - \sigma_2\right)^2 + \left(\sigma_2 - \sigma_3\right)^2 + \left(\sigma_3 - \sigma_1\right)^2\right] \tag{a}$$

形状改变比能理论认为，形状改变比能是材料发生塑性屈服失效的原因。也就是说，不论材料处于何种应力状态，只要单元体的形状改变比能 U_d 达到材料在单向拉伸屈服时的形状改变比能 U_d^0，即 $U_d = U_d^0$，材料就会发生屈服失效。因此，材料的屈服条件为 $U_d = U_d^0$。

材料单向拉伸屈服时，$\sigma_1 = \sigma_s$，$\sigma_2 = 0$，$\sigma_3 = 0$，代入式（a）得

$$U_d^0 = \frac{(1+\mu)}{3E}\sigma_s^2 \tag{b}$$

将式（a）、式（b）代入 $U_d = U_d^0$，引入安全因数后，$\sigma_s/n_s = [\sigma]$，则其相应的强度准则为

$$\sigma_{xd4} = \sqrt{\frac{1}{2}\left[\left(\sigma_1 - \sigma_2\right)^2 + \left(\sigma_2 - \sigma_3\right)^2 + \left(\sigma_3 - \sigma_1\right)^2\right]} \leqslant [\sigma] \tag{9-9}$$

式中，σ_{xd4} 表示形状改变比能理论的相当应力。

大量塑性材料实验结果表明，形状改变比能理论比最大切应力理论更加接近实际。

各种强度理论的适用范围取决于危险点处的应力状态和构件材料的性质。一般对于脆性材料宜用第一强度理论，对于塑性材料宜用第三、第四强度理论。但三向拉应力状态下，不论是脆性材料还是塑性材料，都会发生断裂破坏，应采用第一强度理论。在三向压应力状态下，不论是脆性材料还是塑性材料，都会发生屈服失效，应采用第三强度理论或第四强度理论。

例 9-5　已知铸铁构件上危险点的应力状态如图 9-10 所示。若铸铁抗拉许用应力 $[\sigma^+]$ =30MPa，试校核该点的强度。

解　根据所给危险点的应力状态，单元体只有拉应力而无压应力，因此可以认为铸铁在这种应力状态下可能发生脆性断裂，故采用最大拉应力理论，即 $\sigma_1 \leqslant [\sigma^+]$，由所给应力状态，得

$$\left.\begin{array}{r}\sigma_{\max} \\ \sigma_{\min}\end{array}\right\} = \frac{\sigma_x + \sigma_y}{2} \pm \sqrt{\left(\frac{\sigma_x - \sigma_y}{2}\right)^2 + \tau_x^2}$$

$$= \frac{10 + 23}{2}\text{MPa} \pm \sqrt{\left(\frac{10 - 23}{2}\right)^2 + (-11)^2}\text{MPa}$$

$$= 16.5\text{MPa} \pm 12.78\text{MPa}$$

$$\sigma_1 = 29.28\text{MPa} \leqslant [\sigma^+]$$

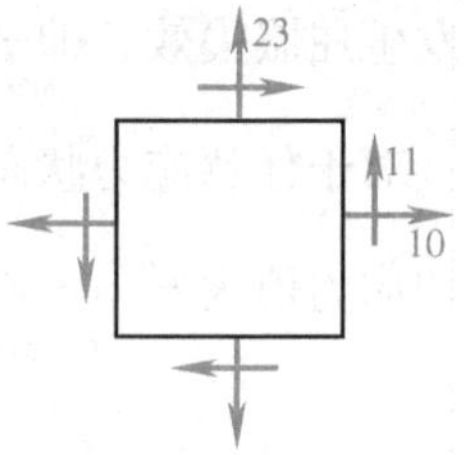

故此危险点的强度是足够的。

图　9-10

例 9-6　某钢构件上危险点的应力状态如图 9-11 所示，其中 $\sigma_x = 116\text{MPa}$，$\tau_x = 46\text{MPa}$，许用应力 $[\sigma] = 160\text{MPa}$，试校核此构件是否安全。

解　对于构件危险点的应力状态，求得其主应力为

$$\sigma_1 = \frac{\sigma_x}{2} + \frac{1}{2}\sqrt{\sigma_x^2 + 4\tau_x^2}, \ \sigma_2 = 0, \ \sigma_3 = \frac{\sigma_x}{2} - \frac{1}{2}\sqrt{\sigma_x^2 + 4\tau_x^2}$$

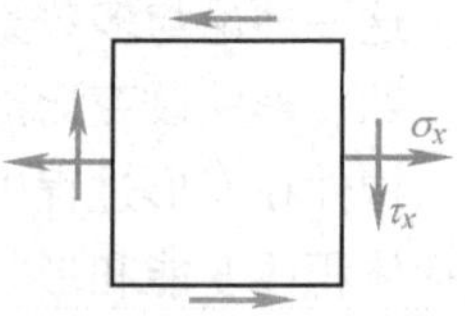

构件材料为钢，故可采用最大切应力理论和形状改变比能理论进行强度计算，对应的相当应力分别为

$$\sigma_{xd3} = \sigma_1 - \sigma_3 = \sqrt{\sigma_x^2 + 4\tau_x^2} = 149\text{MPa} < [\sigma]$$

图　9-11

$$\sigma_{xd4} = \sqrt{\frac{1}{2}\left[(\sigma_1 - \sigma_2)^2 + (\sigma_2 - \sigma_3)^2 + (\sigma_3 - \sigma_1)^2\right]} = \sqrt{\sigma_x^2 + 3\tau_{xy}^2} = 141.6\text{MPa} < [\sigma]$$

故此钢构件是安全的。

阅读与理解

薄壁容器的强度失效分析

工程上常用的圆筒薄壁容器，如蒸汽锅炉、液压缸、储气罐等，形状如图 9-12a 所示。设一圆筒薄壁容器受到的压强为 p，圆筒部分的平均直径为 D，壁厚为 t，试分析该圆筒薄壁容器的应力状态。

容器受内压作用，只是向外扩张，而无其他变形，圆筒壁的纵、横截面上都只有正应力而无切应力。

（1）求圆筒横截面上的正应力 σ'　假想用一横截面将圆筒截开，取右半边为研究对象

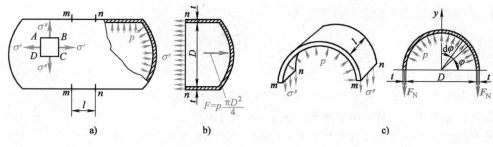

图 9-12

（图9-12b）。由圆筒及其受力的对称性可知，作用在筒底上压力 $F = p\dfrac{\pi D^2}{4}$，且沿圆筒的轴线方向。薄壁圆筒的横截面面积 $A = \pi D t$，由轴向拉伸的正应力公式可得

$$\sigma' = \frac{F}{A} = \frac{p\pi D^2/4}{\pi D t} = \frac{pD}{4t}$$

σ' 称为圆筒形薄壁容器的轴向应力。

（2）求圆筒纵截面上的应力 σ'' 用相距为 l 的两个横截面和一过直径的纵向平面，假想从圆筒中截取出一部分作为研究对象（图9-12c），在筒壁的纵向截面上的内力为 $F_N = \sigma'' t l$。圆筒内壁微面积上的压力为 $pl\dfrac{D}{2}d\varphi$，列平衡方程得

$$\sum F_y = 0 \qquad \int_0^\pi pl\frac{D}{2}\sin\varphi \ d\varphi - 2F_N = 0$$

$$2\sigma'' t l = plD$$

即

$$\sigma'' = \frac{pD}{2t}$$

σ'' 称为圆筒形薄壁容器的周向应力。由此看出，周向应力 σ'' 是轴向应力 σ' 的两倍。若圆筒由塑性材料制成，则按最大切应力理论和形状改变比能理论建立的强度准则分别为

$$\sigma_{xd3} = \frac{pD}{2t} < [\sigma]$$

$$\sigma_{xd4} = \frac{\sqrt{3}pD}{4t} < [\sigma]$$

小　结

1. 微元体的斜截面上的应力公式为

$$\sigma_\alpha = \frac{\sigma_x + \sigma_y}{2} + \frac{\sigma_x - \sigma_y}{2}\cos2\alpha - \tau_x\sin2\alpha$$

$$\tau_\alpha = \frac{\sigma_x - \sigma_y}{2}\sin2\alpha + \tau_x\cos2\alpha$$

2. 主应力的确定

$$\left.\begin{array}{c}\sigma_{max}\\ \sigma_{min}\end{array}\right\} = \frac{\sigma_x + \sigma_y}{2} \pm \sqrt{\left(\frac{\sigma_x - \sigma_y}{2}\right)^2 + \tau_x^2}$$

3. 三向应力状态下的最大切应力为

$$\tau_{\max} = \frac{\sigma_1 - \sigma_3}{2}$$

4. 强度理论

在复杂应力状态下，关于材料破坏原因的假设称为强度理论。

最大拉应力理论（第一强度理论）$\sigma_{xd1} = \sigma_1 \leqslant [\sigma]$

最大拉应变理论（第二强度理论）$\sigma_{xd2} = \sigma_1 - \mu(\sigma_2 + \sigma_3) \leqslant [\sigma]$

最大切应力理论（第三强度理论）$\sigma_{xd3} = (\sigma_1 - \sigma_3) \leqslant [\sigma]$

形状改变比能理论（第四强度理论）

$$\sigma_{xd4} = \sqrt{\frac{1}{2}\left[(\sigma_1 - \sigma_2)^2 + (\sigma_2 - \sigma_3)^2 + (\sigma_3 - \sigma_1)^2\right]} \leqslant [\sigma]$$

习 题

9-1 如图 9-13 所示，矩形截面简支梁受集中力 F 作用。在 A、B、C、D、E 五点取单元体，分析其应力状况，并指出各点单元体属于哪种应力状态。

9-2 图 9-14 所示各微元体的应力状态（应力单位为 MPa），试求 α 截面的正应力和切应力。

9-3 如图 9-15 所示各微元体的应力状态（应力单位为 MPa），试计算主应力，并分别求第三、第四强度理论的相当应力。

9-4 如图 9-16 所示微元体的应力状态（应力单位为 MPa），试求主应力和最大切应力。

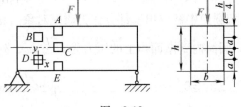

图 9-13

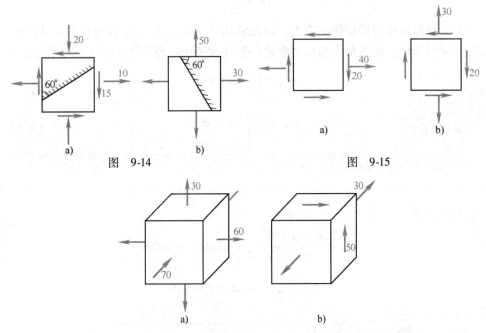

图 9-14　　　　图 9-15

图 9-16

第十章
组合变形

前面几章分别研究了杆件拉（压）、扭转和弯曲时的强度和刚度计算。但在工程实际中，有些杆件往往同时发生两种或两种以上的基本变形，这种变形称为**组合变形**。本章主要讨论工程上常见的拉伸（或压缩）与弯曲的组合变形，以及弯曲与扭转的组合变形。

第一节 拉（压）与弯曲组合变形

如图 10-1 所示，钻床立柱既发生拉伸变形，又发生弯曲变形，称为**拉（压）与弯曲组合变形**，简称为拉弯组合变形。现以图 10-1a 所示的钻床立柱为例来建立拉（压）与弯曲组合变形的强度准则。应用截面法将立柱沿 m-n 截面处截开，取上半段为研究对象。上半段在外力 F 及截面内力作用下处于平衡状态，故截面上有轴向内力 F_N 和弯矩 M，如图 10-1b 所示。根据平衡方程可得

$$F_N = F$$
$$M = Fe$$

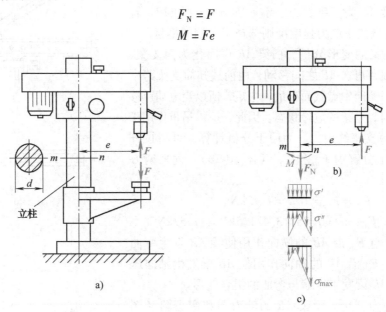

图　10-1

所以立柱将发生拉弯组合变形。其截面上各点均处于单向应力状态，既有均匀分布的拉伸正应力，又有不均匀分布的弯曲正应力，各点处同时作用的正应力可以进行叠加（图 10-1c 所示）。截面左侧边缘的点处有最大压应力，截面右侧边缘的点处有最大拉应力，其值为

$$\sigma_{max} = \frac{F_N}{A} + \frac{M}{W_z}$$

由此可知，拉（压）与弯曲组合变形时的最大正应力必发生在弯矩最大的截面上，该

截面称为危险截面。其强度准则为：最大正应力小于或等于其材料的许用应力。即

$$\sigma_{\max} = \frac{F_N}{A} + \frac{M_{\max}}{W_z} \leqslant [\sigma] \tag{10-1}$$

现应用式（10-1）的强度准则举例说明拉弯组合变形的强度计算。

例 10-1 如图 10-1a 所示钻床钻孔时，已知钻削力 $F = 15$kN，偏心距 $e = 0.4$m，圆截面铸铁立柱的直径 $d = 125$mm，许用拉应力 $[\sigma^+] = 35$MPa，许用压应力 $[\sigma^-] = 120$MPa，试校核立柱的强度。

解 1）求内力。由上述分析可知，立柱各截面发生拉弯组合变形，其内力分别为

$$F_N = F = 15\text{kN}$$

$$M = Fe = 15 \times 0.4\text{kN} \cdot \text{m} = 6\text{kN} \cdot \text{m}$$

2）强度计算。由于立柱材料为铸铁，其抗压性能优于抗拉性能，故应对立柱截面右侧边缘进行拉应力强度校核，即

$$\sigma_{\max}^+ = \frac{F_N}{A} + \frac{M_{\max}}{W_z} = \frac{15 \times 10^3}{\pi \times 125^2/4}\text{MPa} + \frac{6 \times 10^3}{0.1 \times 125^3}\text{MPa}$$

$$= 32.5\text{MPa} < [\sigma^+]$$

所以，立柱的强度满足。

例 10-2 图 10-2 所示简易起吊机，其最大起吊重量 $G = 15.5$kN，横梁 AB 为工字钢，许用应力 $[\sigma] = 170$MPa，若梁的自重不计，试按正应力强度准则选择工字钢的型号。

解 1）横梁的变形分析。横梁 AB 可简化为简支梁，由于起吊机电葫芦可在 AB 之间移动，由前述知简支梁跨中点作用集力，梁跨中点截面有最大弯矩，所以当电葫芦移动到梁跨中点时，是梁的危险状态。因此，应以吊重作用于梁跨中点来计算支座约束力。为便于分析计算，可将拉杆 BC 的作用力 F_B 分解为 F_{Bx} 和 F_{By}（图 10-2b），列平衡方程得

$$F_{By} = F_{Ay} = G/2 = 7.75\text{kN}$$

$$F_{Bx} = F_{Ax} = F_{Ay}\cot\alpha = 7.75 \times 3.4/1.5\text{kN} = 17.57\text{kN}$$

力 F_{Ay}、G 与 F_{By} 沿 AB 的横向作用使梁 AB 发生弯曲变形。力 F_{Ax} 与 F_{Bx} 沿 AB 的轴向作用使 AB 梁发生轴向压缩变形。所以 AB 梁发生压缩与弯曲的组合变形。

2）横梁内力分析。画梁 AB 的轴力图和弯矩图（图 10-2c、d）。当载荷作用于梁跨中点时，简支梁 AB 中点截面的弯矩值最大，其值为

$$M_{\max} = Gl/4 = 15.5 \times 3.4/4\text{kN} \cdot \text{m} = 13.18\text{kN} \cdot \text{m}$$

横梁各截面的轴向压力为

$$F_N = F_{Ax} = 17.57\text{kN}$$

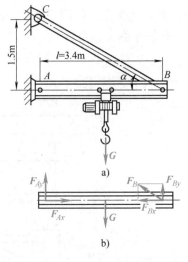

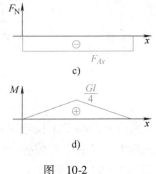

图 10-2

3）选择工字钢型号。由于在横梁跨长中点的截面上弯矩最大，故此截面为危险截面。最大压应力发生在该截面的上边缘各点处。由强度准则

$$\sigma_{max} = \frac{F_N}{A} + \frac{M_{max}}{W_z} \leqslant [\sigma]$$

确定工字钢型号。因强度准则含有截面 A 和抗弯截面系数 W_z 两个未知量，不易确定。为便于计算，可以先不考虑压缩正应力，只根据弯曲正应力强度准则进行初步选择，然后再按拉（压）与弯曲组合变形强度准则进行校核。由弯曲正应力强度准则

$$\sigma_{max} = \frac{M_{max}}{W_z} \leqslant [\sigma]$$

得 $\qquad W_z \geqslant \frac{M_{max}}{[\sigma]} = \frac{13.18 \times 10^6}{170} \text{MPa} = 77.5 \times 10^3 \text{mm}^3 = 77.5 \text{cm}^3$

查型钢表，选 14 号工字钢，其 $W_z = 102 \text{cm}^3 = 102 \times 10^3 \text{mm}^3$，$A = 21.5 \text{cm}^2 = 21.5 \times 10^2 \text{mm}^2$。

4）校核。初选工字钢型号后，再按拉（压）与弯曲组合强度准则校核。

$$\sigma_{max} = \frac{F_N}{A} + \frac{M_{max}}{W_z} = \frac{17.57 \times 10^3}{21.5 \times 10^2} \text{MPa} + \frac{13.18 \times 10^6}{102 \times 10^3} \text{MPa} = 137 \text{MPa} < [\sigma]$$

选用 14 号工字钢梁的强度满足。若强度不满足，可以放大工字钢一个型号进行校核，直到满足强度准则为止。

第二节　弯曲与扭转组合变形

一、弯扭组合变形的概念

工程机械中的轴类构件，大多发生弯曲与扭转组合变形。如图 10-3a 所示的一端固定、一端自由的圆轴，A 端装有半径为 R 的圆轮，在轮上缘 C 点作用一与 C 点相切的水平力 F。建立坐标系 $Axyz$，将梁简化并把力 F 向梁轴线平移，得到一横向平移力 F 和一附加力偶 M（图 10-3b），横向力 F 使轴在 xz 平面发生弯曲变形，力偶 M 使轴发生扭转变形。杆件这种既发生弯曲，又发生扭转的变形，称为**弯曲与扭转组合变形**，简称弯扭组合变形。本节主要讨论圆轴弯扭组合变形的强度计算。

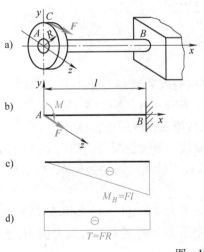
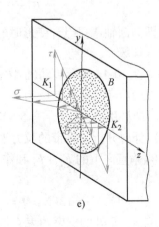

图　10-3

二、应力分析及强度准则

为了确定轴 AB 危险截面的位置，必须分析轴的内力。分别考虑横向力 F 和力偶 M 的作用（横向力 F 的剪切作用略去不计），画出轴 AB 的弯矩图（图 10-3c）和扭矩图（图 10-3d）。由图可见，圆轴各横截面上的扭矩相同，而弯矩则在固定端 B 截面为最大，故 B 截面为危险截面，其弯矩和扭矩值分别为 $M_B = Fl$，$T = FR$。

由于在横截面 B 上同时存在弯矩和扭矩，因此该截面上各点相应有弯曲正应力和扭转切应力，分布如图 10-3e 所示。由图可知，B 截面上 K_1 和 K_2 两点处，弯曲正应力和扭转切应力同时为最大值，所以这两点称为危险截面上的危险点。危险点上的正应力和切应力分别为

$$\sigma_{\max} = \frac{M_{\max}}{W_z}, \ \tau_{\max} = \frac{T}{W_P}$$

式中，$M_{\max}$ 和 T 分别为 B 截面上的弯矩和扭矩；W_z 和 W_P 分别为抗弯截面系数和抗扭截面系数。

由于弯扭组合变形中危险点上既有正应力，又有切应力，这种情况属于二向应力状态，正应力与切应力已不能简单地进行叠加。根据第九章应力状态分析和强度理论的讨论结果可知，塑性材料在弯扭组合变形这样的二向应力状态下，一般应用第三、第四强度理论建立的强度准则进行强度计算。其第三、第四强度理论的强度准则分别为

$$\sigma_{xd3} = \sqrt{\sigma^2 + 4\tau^2} \leqslant [\sigma]$$

$$\sigma_{xd4} = \sqrt{\sigma^2 + 3\tau^2} \leqslant [\sigma]$$

式中，σ_{xd3}、σ_{xd4} 分别表示第三、第四强度理论的相当应力。

将圆轴弯扭组合变形的弯曲正应力 $\sigma_{\max} = M_{\max}/W_z$ 和扭转切应力 $\tau_{\max} = T/W_P$ 代入上式，并用圆截面的抗弯截面系数 W_z 代替抗扭截面系数 W_P，$W_P = 2W_z$，即得到圆轴弯扭组合变形时的强度准则为

$$\sigma_{xd3} = \frac{\sqrt{M_{\max}^2 + T^2}}{W_z} \leqslant [\sigma] \tag{10-2}$$

$$\sigma_{xd4} = \frac{\sqrt{M_{\max}^2 + 0.75T^2}}{W_z} \leqslant [\sigma] \tag{10-3}$$

此两式即为圆轴弯扭组合变形时的强度准则。

三、强度计算

例 10-3 图 10-4a 所示传动轴 AB，在轴右端的联轴器上作用外力偶矩 M 驱动轴转动。已知带轮直径 $D = 0.5\text{m}$，带拉力 $F_T = 8\text{kN}$，$F_t = 4\text{kN}$，轴的直径 $d = 90\text{mm}$，轴间距 $a = 500\text{mm}$，若轴的许用应力 $[\sigma] = 50\text{MPa}$，试按第三强度理论校核轴的强度。

解 1）外力分析。将带的拉力平移到轴线，画轴的简图，如图 10-4b 所示，作用于轴上载荷有 C 点垂直向下的 $F_T + F_t$ 和作用面垂直于轴线的附加力偶矩 $(F_T - F_t)D/2$。其值分别为

$$F_T + F_t = (8+4) \text{kN} = 12\text{kN}, \ M = (F_T - F_t) D/2 = (8-4) \times 0.5/2\text{kN} \cdot \text{m} = 1\text{kN} \cdot \text{m}$$

$F_T + F_t$ 与 A、B 处的支座约束力使轴产生平面弯曲变形，附加力偶 M 与联轴器上外力偶矩使轴产生扭转变形，因此轴 AB 发生弯扭组合变形。

2）内力分析。作轴的弯矩图和扭矩图，如图 10-4c 所示，由图可知轴的 C 截面为危险截面，该截面上弯矩 M_C 和扭矩 T 分别为

$$M_C = (F_T + F_t)\ a/2$$
$$= (8 + 4)\ \times 0.5 \text{kN} \cdot \text{m}/2$$
$$= 3 \text{kN} \cdot \text{m}$$
$$T = M = 1 \text{kN} \cdot \text{m}$$

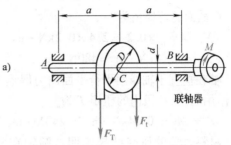

3）校核强度。由以上分析可知，依据第三强度理论的强度准则计算各截面的相当应力，全轴的最大相当应力在弯矩最大的 C 截面。C 截面上、下边缘的点是轴的危险点，其最大相当应力为

$$\sigma_{xd3} = \frac{\sqrt{M_{max}^2 + T^2}}{W_z}$$

$$= \frac{\sqrt{(3 \times 10^6)^2 + (1 \times 10^6)^2}}{0.1 \times 90^3} \text{MPa}$$

$$= 43.4 \text{MPa} < [\sigma]$$

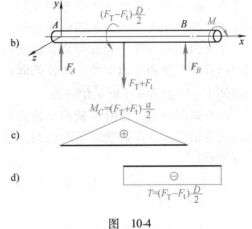

图　10-4

所以，轴的强度满足。

例 10-4　图 10-5a 所示传动轴，已知带拉力 $F_T = 5 \text{kN}$，$F_t = 2 \text{kN}$，带轮直径 $D = 160 \text{mm}$，齿轮的节圆直径 $d_0 = 100 \text{mm}$，压力角 $\alpha = 20°$，轴的许用应力 $[\sigma] = 80 \text{MPa}$，试按第三强度理论设计轴的直径。

解　1）外力分析与计算。将带的拉力 F_T、F_t、齿轮的圆周力 F_τ 平移到轴线，画轴的简图，如图 10-5b 所示，图中附加力偶矩为

$$M_1 = F_\tau d_0/2 = M_2 = (F_T - F_t)D/2 = (5 - 2) \times 0.16 \text{kN} \cdot \text{m}/2 = 0.24 \text{kN} \cdot \text{m}$$

由上式得圆周力为

$$F_\tau = \frac{2M_1}{d_0} = \frac{2 \times 0.24}{0.1} \text{kN} = 4.8\ \text{kN}$$

径向力为

$$F_r = F_\tau \tan 20° = 4.8 \times 0.364 \text{kN} = 1.747\ \text{kN}$$

作用于轴上的带拉力 F_T、F_t、径向力 F_r 和轴承约束力，使轴在 xy 平面内发生弯曲变形，圆周力 F_τ 和轴承约束力使轴在水平面 xz 平面发生弯曲变形，力偶矩使轴发生扭转变形，因此轴 AB 将发生双向弯曲与扭转的组合变形，它是弯扭组合变形较常见的一种组合变形。

2）内力分析。将轴的简图在铅垂面 xy 平面进行投影，求支座约束力并画轴在该平面内弯曲的弯矩图（图 10-5c、d）。支座约束力为 $F_{Ay} = 0.17 \text{kN}$，$F_{By} = 8.92 \text{kN}$。

C、B 截面的弯矩值分别为

$$M_{CZ} = F_{Ay} \times 0.2\ = 0.034 \text{kN} \cdot \text{m} = 34 \text{N} \cdot \text{m}$$

$$M_{BZ} = (F_T + F_t) \times 0.06\ = 7 \times 0.06\ \text{kN} \cdot \text{m} = 0.42 \text{kN} \cdot \text{m} = 420 \text{N} \cdot \text{m}$$

将轴的简图在水平面 xz 平面进行投影，求支座约束力，并画轴在该平面内的弯矩图（图

10-5e、f)。支座约束力为

$$F_{Az} = F_{Bz} = F_\tau/2 = (4.8/2)\text{kN} = 2.4\text{kN}$$

C 截面的弯矩值为

$$M_{Cy} = F_{Az} \times 0.2 = 2.4 \times 0.2\text{kN} \cdot \text{m}$$
$$= 0.48\text{kN} \cdot \text{m} = 480\text{N} \cdot \text{m}$$

轴在垂直于轴线两平行平面内力偶矩 M_1、M_2 作用下，CD 段内的扭矩 T 为

$$T = M_1 = 0.24\text{kN} \cdot \text{m} = 240\text{N} \cdot \text{m}$$

材料力学的研究结果表明：圆轴在两相互垂直平面内同时发生的平面弯曲变形，可以合成为另一个平面内的平面弯曲变形，其另一平面内的弯矩称为合成弯矩，合成弯矩仍使圆轴发生平面弯曲变形，其各截面合成弯矩的大小用式 $M = \sqrt{M_z^2 + M_y^2}$ 计算。

由弯矩图可见，轴的 C 截面是最大合成弯矩所在的截面，即是轴的危险截面。最大合成弯矩为

$$M_C = \sqrt{M_{Cz}^2 + M_{Cy}^2} = \sqrt{34^2 + 480^2}\text{N} \cdot \text{m}$$
$$= 481.1\text{N} \cdot \text{m}$$

若轴的最大合成弯矩不易看出，则需分别计算几个可能截面的合成弯矩并进行比较来确定。

3）设计轴的直径。由强度准则

$$\sigma_{xd3} = \frac{\sqrt{M_{max}^2 + T^2}}{W_z} = \frac{\sqrt{M_C^2 + T^2}}{0.1d^3} \leq [\sigma]$$

得

$$d \geqslant \sqrt[3]{\frac{\sqrt{M_C^2 + T^2}}{0.1[\sigma]}}$$

$$= \sqrt[3]{\frac{\sqrt{(481.1 \times 10^3)^2 + (240 \times 10^3)^2}}{0.1 \times 80}}\text{mm} = 40.6\text{mm}$$

所以，轴的直径取 $d = 41\text{mm}$。

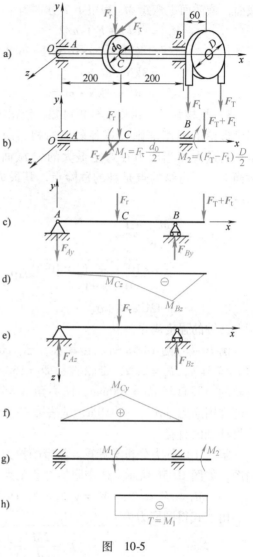

图 10-5

阅读与理解

一、双向弯曲与合成弯矩

工程实际中的轴类构件所发生的变形，常见的是在两个相互垂直的平面内同时发生了平面弯曲，称为**双向弯曲**。如图 10-6a 所示的圆截面轴 AB，若在其 B 端沿铅垂方向作用力 F_y，

AB 将在铅垂平面（xy 平面）发生平面弯曲，其任意截面的弯矩为 $M_z = F_y x$，A 端截面的最大弯矩 $M_{Az} = F_y l$（图 10-6b）。同时，在其 B 端沿水平方向作用力 F_z，AB 将在水平面（xz 平面）发生平面弯曲，任意 x 截面的弯矩为 $M_y = F_z x$，A 端截面的最大弯矩 $M_{Ay} = F_z l$（图 10-6c）。

若将 B 端作用力 F_y，F_z 合成为一个力 F，则 $F = \sqrt{F_y^2 + F_z^2}$，合力 F 使杆件在 F 力作用线与轴线确定的 n-n 平面发生平面弯曲，通常称为合成弯曲。则其任意横截面的弯矩称为该截面双向弯曲的合成弯矩，其值为

$$M_H = Fx = \sqrt{F_y^2 + F_z^2}\, x = \sqrt{(F_y x)^2 + (F_z x)^2} = \sqrt{M_z^2 + M_y^2}$$

式中 M_z、M_y 的下标代表弯曲时横截面的中性轴。如在 xy 平面弯曲，z 是其截面的中性轴，弯矩表示为 M_z。圆轴 AB 的最大合成弯矩在轴的 A 端，其值为

$$M_{Hmax} = \sqrt{M_{Az}^2 + M_{Ay}^2} = \sqrt{(F_y l)^2 + (F_z l)^2}$$

由以上分析可知，圆截面轴在两个相互垂直平面的弯曲变形，可以合成为另一平面的平面弯曲变形。其任意截面合成弯矩值的大小，等于两相互垂直平面弯矩值的平方和再开方。

值得注意的是，最大合成弯矩所在截面，是轴的危险截面。当两相互垂直平面弯矩值的平方和不宜看出时，要分别计算来确定危险截面。

由此也可以根据第三强度理论得出双向弯曲与扭转组合变形的强度准则，即

$$\sigma_{xd3} = \frac{\sqrt{M_{max}^2 + T^2}}{W_z} = \frac{\sqrt{M_z^2 + M_y^2 + T^2}}{0.1 d^3} \leq [\sigma]$$

同理也可以得出，圆轴任何一个平面弯曲，都能分解为两个相互垂直平面内的平面弯曲。

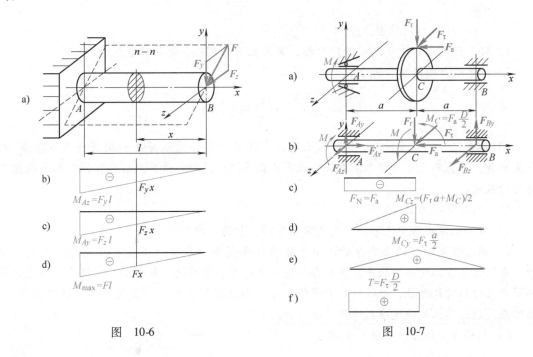

图 10-6　　　　　　　　　　　　图 10-7

二、圆轴的拉（压）、弯曲与扭转组合变形

工程实际中，圆柱斜齿轮轴和圆锥齿轮轴将发生较复杂的组合变形。如图 10-7a 所示的圆柱斜齿轮轴，在径向力 F_r、圆周力 F_τ 和轴向力 F_a 作用下，传动轴 AB 将发生压缩、双向弯曲与扭转组合变形。现分析一下其组合变形，并按第三强度理论建立轴的强度设计准则。轴 AB 的 A 端受向心推力轴承约束，B 端受向心轴承约束。将载荷向轴线简化（图 10-7b），圆周力 F_τ 有附加力偶矩 $M = F_\tau D/2$，轴向力 F_a 有附加力偶矩 $M_C = F_a D/2$。

简化后的轴向力 F_a 与 A 端轴向约束力使轴的 AC 段发生压缩变形，轴力图如图 10-7c 所示。径向力 F_r 和轴向力的附加力偶 M_C 使轴在 xy 平面发生弯曲变形，最大弯矩 $M_{Cz} = (F_r a + M_C)/2$，弯矩图如图 10-7d 所示。简化后的圆周力 F_τ 使轴在 xz 平面发生弯曲变形，最大弯矩 $M_{Cy} = F_\tau a/2$，弯矩图如图 10-7e 所示。圆周力的附加力偶与外力偶矩 M 使轴 AC 段发生扭转变形，其扭矩 $T = F_\tau D/2$，扭矩图如图 10-7f 所示。由此可知，传动轴 AB 将发生压缩、双向弯曲与扭转组合变形。应用第三强度理论的强度设计准则 $\sigma_{xd3} = \sqrt{\sigma^2 + 4\tau^2} \leqslant [\sigma]$，可得出这类轴组合变形的强度设计准则为

$$\sigma_{xd3} = \sqrt{\left(\frac{F_N}{A} + \frac{\sqrt{M_{Cz}^2 + M_{Cy}^2}}{W_z}\right)^2 + 4\left(\frac{T}{W_P}\right)^2} \leqslant [\sigma]$$

工程实际中，在对圆柱斜齿轮轴和圆锥齿轮轴进行强度设计时，由于其轴向压缩的应力比较小，一般可以忽略不计，则其第三强度理论的强度设计准则可近似地写为

$$\sigma_{xd3} \approx \frac{\sqrt{M_{Cz}^2 + M_{Cy}^2 + T^2}}{W_z} \leqslant [\sigma]$$

小 结

一、拉（压）与弯曲组合变形

1）杆件既发生拉伸（或压缩）变形，又发生弯曲变形，称为拉弯组合变形。

2）拉弯组合的强度准则为

$$\sigma_{max} = \frac{F_N}{A} + \frac{M_{max}}{W_z} \leqslant [\sigma]$$

3）拉弯组合的强度计算。设计截面时，因强度准则含有截面 A 和抗弯截面系数 W_z 两个未知量，不易确定。一般先根据弯曲正应力强度准则进行初选，然后再按拉弯组合强度准则进行校核。

二、弯曲与扭转组合变形

1）杆件既发生弯曲变形，又发生扭转变形，称为弯扭组合变形。

2）圆轴弯扭组合的应力分析。由于弯扭组合变形中危险点上既有正应力，又有切应力。危险点属于二向应力状态，正应力与切应力已不能简单地进行叠加。根据应力状态分析和强度理论的讨论结果，塑性材料在弯扭组合变形这样的二向应力状态下，一般应用第三、第四强度理论建立的强度准则进行强度计算。

3）圆轴弯扭组合时的强度准则为

$$\sigma_{xd3} = \frac{\sqrt{M_{max}^2 + T^2}}{W_z} \leqslant [\sigma]$$

$$\sigma_{xd4} = \frac{\sqrt{M_{max}^2 + 0.75T^2}}{W_z} \leqslant [\sigma]$$

4）圆轴弯扭组合的强度计算。圆轴在两相互垂直平面内同时发生的平面弯曲变形，称为双向弯曲。双向弯曲可以合成为另一个平面内的平面弯曲变形，其另一平面内的弯矩称为合成弯矩。合成弯矩用式 $M = \sqrt{M_z^2 + M_y^2}$ 计算。

如果圆轴发生双向弯曲与扭转组合变形，应用式（10-2）时，式中的最大弯矩应是最大合成弯矩。若轴的最大合成弯矩不易看出，则需分别计算几个可能截面的合成弯矩并进行比较来确定。

思 考 题

10-1 试分析图 10-8 所示曲杆的 *AB*、*BC*、*CD* 段各发生什么变形？

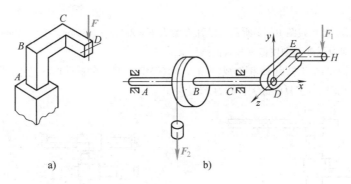

a) b)

图 10-8

10-2 压力机材料为铸铁，其受力如图 10-9 所示。从强度方面考虑，其横截面采用图 10-9 所示哪种截面形状较合理？

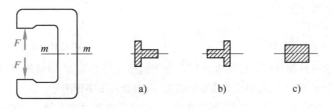

a) b) c)

图 10-9

10-3 拉（压）与弯曲组合变形的危险截面是如何确定的？危险点是如何确定的？

10-4 拉（压）与弯曲组合变形时的强度设计准则是怎样建立的？弯扭组合变形时的强度设计准则又是怎样建立的？

10-5 同时发生拉、弯、扭组合变形的圆截面杆件，按第三强度理论确定的强度设计准则是否可写成下式？为什么？

$$\sigma_{xd3} = \frac{F_N}{A} + \frac{\sqrt{M_{max}^2 + T^2}}{W} \leqslant [\sigma]$$

习 题

10-1 如图 10-10 所示，若在正方形截面短柱的中间开一切槽，使横截面面积减小为原面积的一半，试求最大正应力是不开槽时的几倍。

10-2 如图 10-11 所示，一斜梁 AB，其横截面为正方形，边长为 100mm，若 $F = 3$kN，试求 AB 梁的最大拉应力和最大压应力。

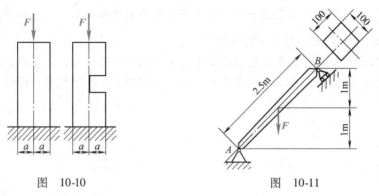

图 10-10　　　　　　　　　图 10-11

10-3 夹具的形状尺寸如图 10-12 所示。已知夹紧力 $F = 2$kN，$l = 50$mm，$b = 10$mm，$h = 20$mm，$[\sigma] = 160$MPa，试按正应力强度准则校核夹具臂的强度。

10-4 拆卸工具的两个爪杆由 45 钢制成，$[\sigma] = 160$MPa，爪杆的截面形状尺寸如图 10-13 所示，试按爪杆的正应力强度准则确定工具的最大拆卸力 F。

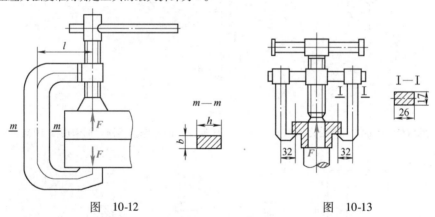

图 10-12　　　　　　　　　图 10-13

10-5 图 10-14 所示简易起吊机，已知电葫芦自重与起吊重量总和 $G = 16$kN，横梁 AB 采用工字钢，$[\sigma] = 170$MPa，梁长 $l = 3.6$m，试按正应力强度准则为 AB 梁选择工字钢型号。

10-6 图 10-15 所示曲拐在 C 端受力 $F = 3$kN 作用，其 AB 段圆截面的直径 $d = 30$mm，许用应力 $[\sigma] = 170$MPa，$l = 120$mm，$a = 90$mm。试按第三强度理论校核曲拐 AB 的强度。

10-7 绞车受力如图 10-16 所示，绞车轴径 $d = 30$mm，材料的许用应力 $[\sigma] = 160$MPa，试按第四强度理论确定绞车的许可载荷 $[G]$。

10-8 图 10-17 所示圆片铣刀的切削力 $F_\tau = 2$kN，径向力 $F_r = 0.8$kN，铣刀轴的 $[\sigma] = 100$MPa，$a = 160$mm，试按第三强度理论设计铣刀轴的直径 d。

10-9 图 10-18 所示传动轴的轴径 $d = 50$mm，$a = 200$mm，轴上的 C、D 轮直径分别为 $d_C = 150$mm，$d_D = 300$mm，作用于 C 轮的圆周力 $F_C = 10$kN，轴材料的许用应力 $[\sigma] = 140$MPa，试按第四强度理论校核传动轴的强度。

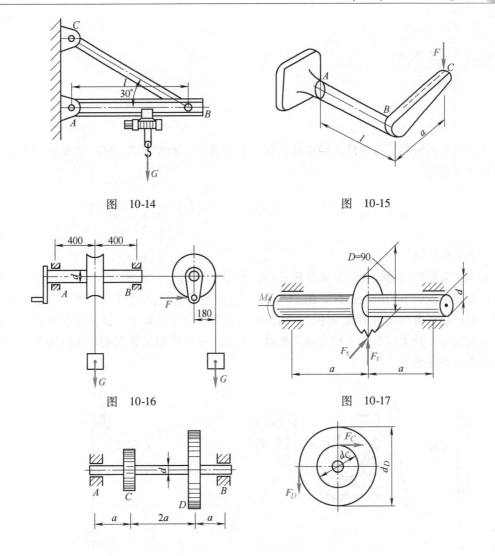

图 10-14

图 10-15

图 10-16

图 10-17

图 10-18

第十一章 压杆稳定

本章将主要研究受压杆件的稳定性问题，它与强度、刚度问题一样，也是材料力学所研究的基本问题之一。

第一节 压杆稳定的工程实例与力学模型

一、工程实例

工程结构和机械结构中有很多受压杆件，如图 11-1a 所示的桥梁的立柱，图 11-1b 所示的起重机或装载机中的液压挺杆，图 11-1c 所示的螺旋千斤顶的螺杆等。当压力超过某一限度时，其直线平衡形式将不能保持，从而使杆件丧失正常工作能力。这是区别于强度失效和刚度失效的又一种失效形式，称为**稳定失效**。因此，压杆的稳定性问题，在机械及其零部件设计中占有重要地位。

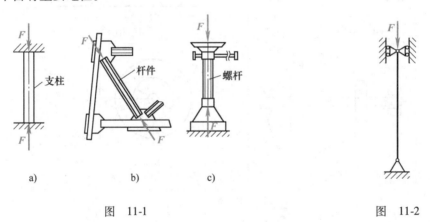

图 11-1   图 11-2

二、力学模型

杆件受轴向压力作用时，实际情况往往比较复杂，排除一些次要因素，将压杆抽象为由均质材料制成，轴线为直线，外加压力的作用线与压杆轴线重合的理想"中心受压直杆"，这种力学模型（图 11-2）。在建立这一力学模型时，对于工程实际中的受压杆件的杆端约束必须进行简化，例如两端铰支的约束模型（见图 11-2）。除此以外，还有两端固定，一端固定、一端自由，一端固定、一端铰支等约束模型。

第二节 压杆稳定的概念

为了研究细长压杆的稳定性问题，可以做如下的实验。如图 11-3 所示，取一根 30mm × 5mm 的矩形截面松木杆，截成 30mm 和 1m 长的两段，分别施加轴向压力。在万能机的示力表上就可以看到30mm长的木杆在力达到6kN时，才发生破坏，而1m长的木杆在力只达到30N时，就会突然变弯而丧失其工作能力。如果继续加力，就会发生弯曲折断现象。30mm长的杆所受压力符合轴向压缩的极限力 $F = \sigma_b A = 40 \times 10^6 \times 0.03 \times 0.005\text{N} = 6000\text{N}$，$\sigma_b$ 为松木的抗压强度。而1m长的松木杆承受的压力远远小于轴向压缩时的极限力。这说明细长压杆丧失工作能力不是强度不够，而是由于其轴线不能维持原有直线形状的平衡，这种现象称为**丧失稳定**，简称**失稳**。

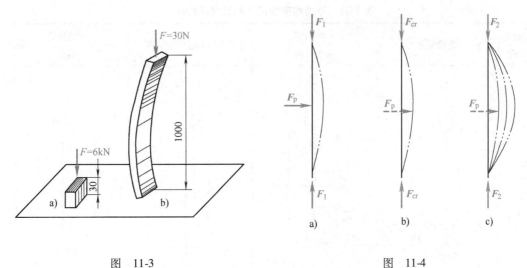

图 11-3   图 11-4

为了解决这个问题，对于中心受压直杆可以在它受轴向压力 F_1 作用时（图11-4），在杆上施加一微小的横向干扰力 F_p，以使杆直线发生微小弯曲变形。当干扰力 F_p 去掉后，杆经过几次摆动后，能恢复其原来的直线平衡位置，这表明受压杆件具有保持其原来直线平衡状态的能力。

当作用在杆上的轴向压力 F_2 超过某一限度时，作用干扰力 F_p 去掉后，杆就不能恢复到原来的直线平衡位置，微变形迅速增大，使压杆折断。通过以上分析不难看出，压杆能否保持稳定与压力 F 的大小密切相关。随着压力 F 的逐渐增大，压杆就会由稳定平衡状态过渡到不稳定平衡状态，这就是说，轴向压力的量变，必将引起压杆平衡状态的质变。压杆从稳定平衡过渡到不稳定平衡时的分界压力称为**临界力**，用 F_{cr} 表示临界力作用时，微变形在干扰力 F_p 去掉后，既不恢复，又不扩大，是微弯临界平衡状态。研究压杆的稳定性，关键是确定微弯临界平衡时压杆的临界力。

第三节 压杆的临界应力

一、临界力

当作用在细长压杆上的压力 $F = F_{cr}$ 时，杆受到扰动后，撤去干扰力 F_p，杆将处于微弯临界平衡状态，杆内应力不超过材料的比例极限情况下，根据弯曲变形理论可以求出临界力的大小为

$$F_{cr} = \frac{\pi^2 EI}{(\mu l)^2} \tag{11-1}$$

式中，I 为杆横截面对中性轴的惯性矩；l 为杆长；μ 为与支承情况有关的**长度系数**。μl 称为**相当长度**。

上式即为细长压杆的**欧拉公式**。

由上式可以看出，临界力与压杆的材料、截面形状、截面尺寸、杆长、两端的支承情况有关。实际应用时，要根据实际约束与哪种理想约束相近，或界于哪两种理想约束之间，从而确定实际问题的长度系数。几种理想杆端约束情况下的长度系数见表 11-1。

表 11-1 不同约束情况下的长度系数 μ

杆端约束情况	两端铰支	一端固定 一端自由	两端固定	一端固定 一端铰支
挠度曲线形状	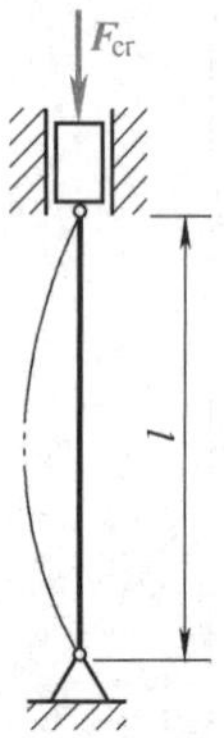	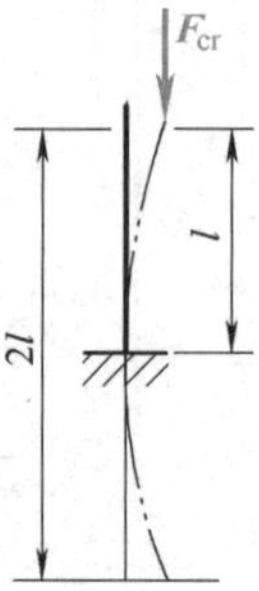	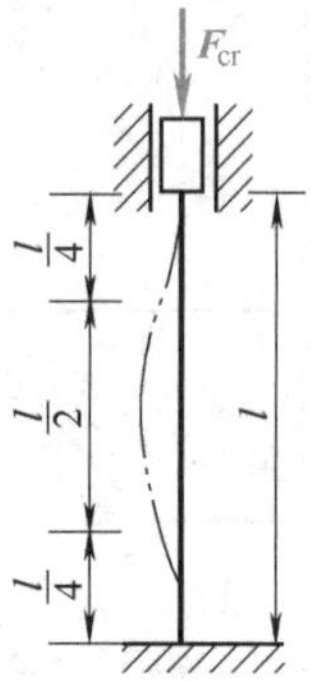	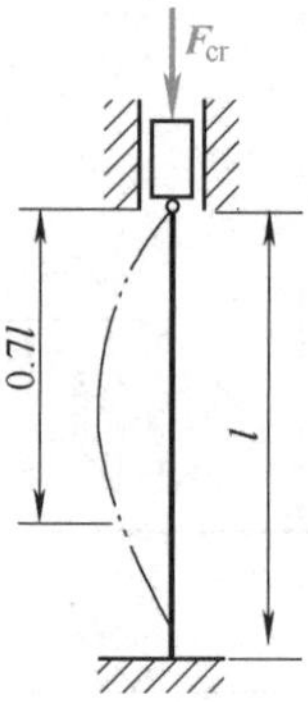
μ	1	2	0.5	0.7

二、临界应力

将细长压杆的临界压力除以横截面面积，便得到横截面上的应力，称为**临界应力**，用 σ_{cr} 表示。

$$\sigma_{cr} = \frac{F_{cr}}{A} = \frac{\pi^2 EI}{(\mu l)^2 A}$$

令式中的 $i^2 = \dfrac{I}{A}$，i 称为**压杆截面的惯性半径**，代入上式得

$$\sigma_{cr} = \frac{F_{cr}}{A} = \frac{\pi^2 EI}{(\mu l)^2 A} = \frac{\pi^2 E}{\left(\dfrac{\mu l}{i}\right)^2}$$

令

$$\lambda = \frac{\mu l}{i} \tag{11-2}$$

λ 称为**压杆的柔度**，它是一个量纲为 1 的量。将其代入上式得

$$\sigma_{cr} = \frac{\pi^2 E}{\lambda^2} \tag{11-3}$$

式（11-3）为欧拉公式的另一种形式。不难看出，λ 值越大，临界应力越小，压杆的稳定性越差。反之 λ 越小，其临界力就越大，压杆的稳定性越好。所以，柔度 λ 是压杆稳定性计算的一个重要参数。

三、欧拉公式的适用范围

由于欧拉公式是在材料服从胡克定律的条件下推导出来的，故临界应力在不超过材料比例极限条件下才能应用，即

$$\sigma_{cr} = \frac{\pi^2 E}{\lambda^2} \leqslant \sigma_p$$

或

$$\lambda \geqslant \sqrt{\frac{\pi^2 E}{\sigma_p}}$$

令 $\lambda_p = \sqrt{\dfrac{\pi^2 E}{\sigma_p}}$，$\lambda_p$ 称为**与比例极限相对应的柔度**。则得欧拉公式的应用范围为

$$\lambda \geqslant \lambda_p$$

对于 Q235A 钢，$E = 206\text{GPa}$，$\sigma_p = 200\text{MPa}$，得 $\lambda_p \approx 100$。因此，Q235A 钢只有在 $\lambda \geqslant 100$ 时，才能应用欧拉公式计算临界力或临界应力。$\lambda \geqslant \lambda_p$ 的压杆一般称为**细长杆**或**大柔度杆**。它的失稳是属于弹性范围内的失稳。几种常用材料的 λ_p 值见表 11-2。

表 11-2 直线公式的系数 a、b 及柔度 λ_p、λ_s

材　　料	a/MPa	b/MPa	λ_p	λ_s
Q235A	304	1.12	100	60
45 钢	578	3.744	100	60
铸铁	332.2	1.454	80	
木材	28.7	0.19	110	40

四、直线经验公式

对于不能应用欧拉公式计算临界应力的压杆，即当压杆的柔度 $\lambda < \lambda_p$ 时，但杆内的工作应力小于屈服极限，可应用在实验基础上建立的经验公式。经验公式有直线公式和抛物线公式等。这里仅介绍直线经验公式，即

$$\sigma_{cr} = a - b\lambda \tag{11-4}$$

式中，a 和 b 是与材料性质有关的常数，其单位为 Pa 或 MPa，一些常用材料的 a、b 值列于表 11-2 中。式（11-4）也有一个适用范围，例如，对塑性材料制成的压杆，要求其临界应力不得超过材料的屈服极限 σ_s，即

$$\sigma_{cr} = a - b\lambda < \sigma_s$$

或

$$\lambda > \frac{a - \sigma_s}{b}$$

令 $\lambda_s = \dfrac{a - \sigma_s}{b}$，称为**与屈服极限相对应的柔度**。如 Q235A 钢的 $\sigma_s = 240\text{MPa}$，$a = 310\text{MPa}$，$b = 1.12\text{MPa}$，将这些值代入上式得 $\lambda_s \approx 60$。直线经验公式的应用范围为

$$\lambda_s < \lambda < \lambda_p$$

柔度在该范围内的压杆称为**中长杆**或**中柔度杆**。

对于 $\lambda \leqslant \lambda_s$ 的杆，称为**粗短杆**或**小柔度杆**。此类压杆在失稳前应力已达到材料的屈服极限，属于强度问题。如果在形式上仍作为稳定性问题来考虑，则其临界应力为

$$\sigma_{cr} = \sigma_s \tag{11-5}$$

根据以上分析，可将各类柔度压杆的临界应力计算公式归纳如下：

1）对于细长杆（$\lambda \geqslant \lambda_p$），用欧拉公式 $\sigma_{cr} = \pi^2 E/\lambda^2$ 计算其临界应力。

2）对于中长杆（$\lambda_s < \lambda < \lambda_p$），用经验公式 $\sigma_{cr} = a - b\lambda$ 计算其临界应力。

3）对于短粗杆（$\lambda \leqslant \lambda_s$），用压缩强度公式 $\sigma_{cr} = \sigma_s$ 计算其临界应力。

五、临界应力总图

上述临界应力 σ_{cr} 与柔度 λ 之间的关系可用图 11-5 表示，该图称为**临界应力总图**。从图中可以看出，细长杆和中长杆的临界应力随柔度的增加而减小，而粗短杆的临界应力与柔度无关。

值得注意的是，上述讨论的压杆是以塑性材料为例的情况。若压杆为脆性材料，只需将屈服极限 σ_s 换成抗压强度 σ_b 即可，这时粗短杆的破坏不是屈服，而是压溃。

例 11-1 用 Q235A 钢制成三根压杆，两端均为铰支，横截面直径 $d = 50\text{mm}$，长度分别为 $l_1 = 2\text{m}$，$l_2 = 1\text{m}$，$l_3 = 0.5\text{m}$。试求这三根压杆的临界压力。

解 1）计算柔度，确定压杆的临界应力公式。

由于三根压杆的截面直径相同，$I_z = \dfrac{\pi d^4}{64}$，$A = \dfrac{\pi d^2}{4}$，则其圆截面的惯性半径均为 $i = \sqrt{I_z/A} = d/4$。

代入柔度的计算公式得

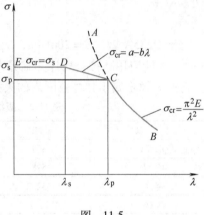

图 11-5

$$\lambda_1 = \frac{\mu l_1}{i} = \frac{\mu l_1}{d/4} = \frac{1 \times 2000 \times 4}{50} = 160$$

$\lambda_1 > \lambda_p = 100$，杆 1 是细长压杆，应用欧拉公式计算临界应力。

$$\lambda_2 = \frac{\mu l_2}{i} = \frac{\mu l_2}{d/4} = \frac{1 \times 1000 \times 4}{50} = 80$$

$\lambda_s = 60 < \lambda_2 < \lambda_p = 100$，杆 2 是中长压杆，应用直线经验公式计算临界应力。

$$\lambda_3 = \frac{\mu l_3}{i} = \frac{\mu l_3}{d/4} = \frac{1 \times 500 \times 4}{50} = 40$$

$\lambda_3 < \lambda_s = 60$，杆 3 是粗短压杆，其屈服极限为临界应力。

2）计算各杆的临界压力。

$$F_{cr1} = A\sigma_{cr1} = A\frac{\pi^2 E}{\lambda^2} = \frac{\pi d^2}{4} \frac{\pi^2 E}{\lambda^2}$$

$$= \frac{\pi^3 \times 50^2 \times 206 \times 10^3}{4 \times 160^2}\text{N} = 156 \times 10^3\text{N} = 156\text{kN}$$

$$F_{cr2} = A(a - b\lambda_2) = \frac{\pi d^2}{4}(a - b\lambda_2)$$

$$= \frac{\pi \times 50^2}{4} \times (304 - 1.12 \times 80)\text{N} = 421 \times 10^3\text{N} = 421\text{kN}$$

$$F_{cr3} = A\sigma_s = \frac{\pi \times 50^2}{4} \times 235\text{N}$$

$$= 461 \times 10^3\text{N} = 461\text{kN}$$

例 11-2 一压杆长 $l = 300\text{mm}$，矩形截面宽 $b = 2\text{mm}$，高 $h = 10\text{mm}$，压杆两端为球铰支座，材料为 Q235A 钢，$E = 200\text{GPa}$，试计算压杆的临界应力。

解 1）求惯性半径 i。因压杆采用矩形截面且两端球铰，故失稳必在其刚度较小的平面内产生，应求出截面的最小惯性半径。

$$i_{\min} = \sqrt{\frac{I_{\min}}{A}} = \sqrt{\frac{hb^3}{12}\frac{1}{bh}} = \frac{b}{\sqrt{12}}$$

2）求柔度 λ。因两端可简化为铰支，$\mu = 1$，故

$$\lambda = \frac{\mu l}{i} = \frac{\mu l \times \sqrt{12}}{b} = \frac{1 \times 300 \sqrt{12}}{2} = 519 > \lambda_p = 100$$

3）用欧拉公式计算其临界应力

$$\sigma_{\text{cr}} = \frac{\pi^2 E}{\lambda^2} = \frac{\pi^2 \times 200 \times 10^3}{519^2} \text{MPa} = 7.32\text{MPa}$$

第四节 压杆的稳定性计算

为了使压杆具有足够的稳定性，不仅要使压杆上的工作压力小于临界力或工作应力小于临界应力，而且还应有一定的安全储备，即

$$F \leqslant \frac{F_{\text{cr}}}{[n_{\text{w}}]} \text{或} \sigma \leqslant \frac{\sigma_{\text{cr}}}{[n_{\text{w}}]}$$

式中，$[n_{\text{w}}]$ 为规定稳定安全因数；F 为工作压力；σ 为工作应力。压杆的稳定性计算一般采用安全因数法。若记 $n_{\text{w}} = \dfrac{F_{\text{cr}}}{F} = \dfrac{\sigma_{\text{cr}}}{\sigma}$ 为压杆的工作安全因数，则上式可表示为

$$n_{\text{w}} = \frac{F_{\text{cr}}}{F} \geqslant [n_{\text{w}}] \text{或} n_{\text{w}} = \frac{\sigma_{\text{cr}}}{\sigma} \geqslant [n_{\text{w}}] \tag{11-6}$$

此式即为安全因数法表示的**压杆的稳定条件**。

由于压杆失稳大都具有突发性，且危害性比较大，故一般规定稳定安全因数要比强度安全因数大。对于钢 $[n_{\text{w}}] = 1.8 \sim 3.0$，铸铁 $[n_{\text{w}}] = 4.5 \sim 5.5$，木材 $[n_{\text{w}}] = 2.5 \sim 3.5$。

压杆的稳定性计算也可以解决三类问题，即校核稳定性、设计截面和确定许可载荷。

例 11-3 如图 11-6 所示螺旋千斤顶，螺杆旋出的最大长度 $l = 400\text{mm}$，螺纹小径 $d = 40\text{mm}$，最大起重量 $F = 80\text{kN}$，螺杆材料为 45 钢，$\lambda_p = 100$，$\lambda_s = 60$，规定稳定安全因数 $[n_{\text{w}}] = 4$。试校核螺杆的稳定性。

解 1）计算压杆的柔度。螺杆可简化为上端自由、下端固定的压杆（图 10-6），故支承系数 $\mu = 2.0$，螺杆的惯性半径为 $i = \sqrt{I_z/A} = d/4$，代入柔度公式得

$$\lambda = \frac{\mu l}{i} = \frac{\mu l}{d/4} = \frac{2 \times 400 \times 4}{40} = 80$$

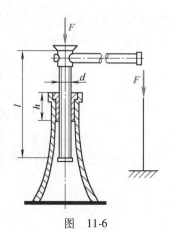

图 11-6

2）计算螺杆临界应力并校核其稳定性。因 $\lambda < \lambda_p = 100$，且 $\lambda > \lambda_s = 60$，故螺杆为中长杆，查表 11-2，$a = 578$，$b = 3.744$。应用经验公式计算其临界应力

$$\sigma_{cr} = (578 - 3.744 \times 80)\,\text{MPa} = 278.48\,\text{MPa}$$

螺杆的工作应力为

$$\sigma = \frac{F}{A} = \frac{80 \times 10^3}{\pi \times 40^2 / 4}\,\text{MPa} = 63.7\,\text{MPa}$$

螺杆的工作安全因数为

$$n_w = \frac{\sigma_{cr}}{\sigma} = \frac{278.48}{63.7} = 4.37 > [n_w]$$

故螺杆的稳定性足够。

例 11-4 图 11-7 所示为一根 Q235A 钢制成的矩形截面压杆 AB，A、B 两端用柱销连接。设连接部分配合精密。已知 $l = 2300\,\text{mm}$，$b = 40\,\text{mm}$，$h = 60\,\text{mm}$，$E = 206\,\text{GPa}$，$\lambda_p = 100$，规定稳定安全因数 $[n_w] = 4$，试确定该压杆的许用压力 F。

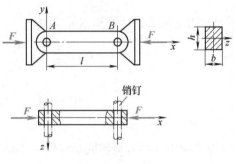

图 11-7

解 1）计算柔度 λ。在 xy 平面，压杆两端可简化为铰支，$\mu_{xy} = 1$，则

$$i_z = \sqrt{\frac{I_z}{A}} = \sqrt{\frac{bh^3}{12} \frac{1}{bh}} = \frac{h}{\sqrt{12}}$$

$$\lambda_z = \frac{\mu_{xy} l}{i_z} = \frac{\mu l \times \sqrt{12}}{h} = \frac{1 \times 2300 \sqrt{12}}{60} = 133 > \lambda_p = 100$$

在 xz 平面，压杆两端可简化为固定端，$\mu_{xz} = 0.5$，则

$$i_y = \sqrt{\frac{I_y}{A}} = \sqrt{\frac{hb^3}{12} \frac{1}{bh}} = \frac{b}{\sqrt{12}}$$

$$\lambda_y = \frac{\mu_{xz} l}{i_z} = \frac{\mu_{xz} l \sqrt{12}}{b} = \frac{0.5 \times 2300 \sqrt{12}}{40} = 100$$

2）计算临界力 F_{cr}。因为 $\lambda_z > \lambda_y$，故压杆最先在 xy 平面内失稳。按 λ_z 计算临界应力，因 $\lambda_z > \lambda_p$，即压杆在 xy 平面内是细长压杆，可用欧拉公式计算其临界压力，得

$$F_{cr} = A\sigma_{cr} = A \frac{\pi^2 E}{\lambda^2} = bh \frac{\pi^2 E}{\lambda^2}$$

$$= 40 \times 60 \times \frac{\pi^2 \times 206 \times 10^3}{133^2}\,\text{N} = 276 \times 10^3\,\text{N} = 276\,\text{kN}$$

3）确定该压杆的许用压力 F。由稳定条件 $n_w = \dfrac{F_{cr}}{F} \geq [n_w]$ 得

$$F \leq \frac{F_{cr}}{[n_w]} = \frac{276}{4}\,\text{kN} = 69\,\text{kN}$$

第五节 提高压杆稳定性的措施

由以上讨论可知，压杆的稳定性取决于压杆的临界应力，压杆临界应力越大，压杆的稳定性越好。而压杆稳定性与压杆的截面形状和尺寸、压杆的长度和约束条件及压杆的材料性质有关。因此，要提高压杆的稳定性，必须从以下几方面予以考虑。

一、选择合理的截面形状

由细长杆和中长杆的临界应力公式 $\sigma_{cr} = \pi^2 E/\lambda^2$，$\sigma_{cr} = a - b\lambda$ 可知，两类压杆的临界应力的大小均与其柔度有关，柔度越小，则临界应力越高，压杆抵抗失稳的能力越强。对于一定长度和支承方式的压杆，在横截面面积一定的前提下，应尽可能使材料远离截面形心，以加大惯性矩，从而减小其柔度。如图 11-8 所示，采用空心截面比实心截面更为合理。但应注意，空心截面的壁厚不能太薄，以防止出现局部失稳现象。

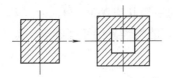

图 11-8

另外，压杆的失稳总是发生在柔度 λ 大的纵向平面内，因此，最理想的设计应该是使各个纵向平面内有相等或近似相等的柔度。根据 $\lambda = \mu l/i$ 可知，当压杆在其两个纵向平面内的约束类型不同时，应采用矩形或工字形截面，使压杆在两个纵向平面内有相等或近似相等的稳定性。

二、减小杆长，改善两端支承

由于柔度 λ 与 μl 成正比，因此在工作条件允许的前提下，应尽量减小压杆的长度 l。还可以利用增加中间支承的办法来提高压杆的稳定性。如图 11-9a 所示两端铰支的细长压杆，在压杆中点处增加一铰支座（图 11-9b），其柔度为原来的 $1/2$。

若将压杆的两端铰支约束加固为两端固定约束（图 11-9c），其柔度为原来的 $1/2$。

无论是压杆增加中间支承，还是加固杆端约束，都是提高压杆稳定性的有效方法。因此，压杆在与其他构件连接时，应尽可能制成刚性连接或采用较紧密的配合。

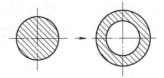

图 11-9

三、合理选择材料

对于细长杆，其临界应力 σ_{cr} 与材料弹性模量 E 成正比。但由于各种钢材的弹性模量 E 相差不大，因此，采用高强度钢并不能有效地提高细长压杆的临界力。工程上一般都采用普通碳素钢制造细长杆，这样既经济又合理。

但对于中长杆，其临界应力 σ_{cr} 与材料的强度有关。材料的强度越高，临界应力 σ_{cr} 也就越高。所以，选用优质钢材，可提高中长压杆的稳定性。

阅读与理解

一、稳定平衡状态与不稳定平衡状态

由静力学平衡方程可知，物体在平衡力系作用下必处于平衡状态。但是物体的平衡状态都存在稳定性的问题。如图 11-10 所示的球体，无论是放在凸出的光滑表面，还是放在凹进的光滑表面，只要球体重量 G 与支座约束力 F_N 共线，球体受力就满足二力平衡公理而处于平衡状态。但实质上物体的这两种平衡状态是有区别的。球体处于图 11-10a 的平衡状态，受到一个扰动（干扰力）后，原有的平衡状态随即被打破，球体将会寻会求新的平衡。**这种因受到扰动使平衡打破，而不能自行恢复的平衡状态，称为不稳定平衡状态**。若球体处于图 11-10b 所示的平衡状态，受到一个扰动后，原有的平衡状态瞬间被打破，但随后原有的平衡状态能够得以恢复。**这种因受到扰动使平衡打破，能够恢复的平衡状态，称为稳定平衡状态**。

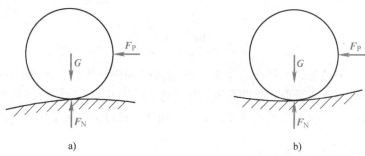

图　11-10

例如，杂技表演中的走钢丝、叠罗汉等，正是由于处于不稳定的平衡状态，所以人们才感觉到其惊险、技艺高超。

对于工程实际中的受压杆件，同样也存在有稳定平衡状态和不稳定平衡状态。当作用轴向压力较小时，压杆就处于稳定的平衡状态。随着轴向压力的增大，压杆将从稳定平衡状态过渡到不稳定平衡状态。其稳定平衡状态与不稳定平衡状态的分界轴向压力，称为**临界力**。

二、稳定失效的几个工程实例

除本章所述的压杆外，其他构件也存在稳定失效问题。例如，蒸汽锅炉、圆柱形薄壁容器，在内压作用下，壁内应力为拉应力，这是一个强度问题。但是，圆柱形薄壳在均匀外压作用下，壁内应力变为压应力（图 11-11a），则当外压达到临界压力时，薄壳的圆形平衡就变为不稳定，一旦受到扰动后，会突然变成由双点画线所示的长圆形。与此相类似，如板条或薄壁工字梁在最大抗弯刚度平面内弯曲时，会因载荷达到临界载荷而发生侧向弯曲（图 11-11b）。还有像薄壁圆截面杆在轴向压力或扭矩作用下，当压力或扭矩达到临界值时，也会发生局部折皱。这些都是工程实际中值得注意的平衡稳定性问题。

三、压杆失稳的历史教训

压杆失稳与强度和刚度失效有着本质的区别，前者失效时的载荷远远低于后者，而且往

往是突发性的，因而常常造成灾难性后果。历史上曾有过多次由于压杆失稳造成灾难事故。

19世纪末，当一辆客车通过瑞士的一座铁路桥时，桥桁架压杆失稳，致使桥发生灾难性坍塌，大约200人遇难。类似事故在一些国家也曾发生过。

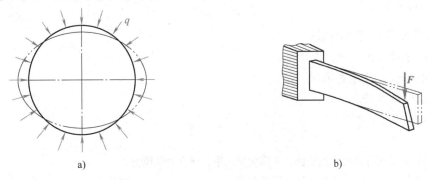

图 11-11

虽然科学家和工程师们早就面对着这类灾难，进行了大量的研究，采取了很多有效的防范措施，但直到现在还不能完全终止这种灾难的发生。

1983年×月×日，地处北京某科研楼建筑工地的钢管脚手架在距地面五六米处突然外弓，刹那间，这座高达54.2m、长17.25m、总重565.4kN的大型脚手架轰然坍塌。造成5人死亡，7人受伤；脚手架所用材料大部分报废，经济损失4.6万元；工期推迟一个月。现场调查结果表明，钢管脚手架结构本身存在严重缺陷，致使结构失稳坍塌，是这次灾难性事故的直接原因。脚手架由里、外层竖杆和横杆绑结而成。调查中发现支搭技术上存在以下问题：①钢管脚手架是在未经清理和夯实的地面上搭起的。这样在自重和外载荷作用下必然使某些竖杆受力大，另外一些受力小。②脚手架未设"扫地横杆"，各大横杆之间的距离太大，最大达2.2m，比规定值大0.5m。两横杆之间的竖杆，相当于两端铰支的压杆，横杆之间的距离越大，竖杆的临界载荷便越小。③高层脚手架在每一层均应设有与建筑物墙体相连的牢固连接点，而这座脚手架竟有八层无与墙体的连接点。④这类脚手架的稳定安全因数规定为3.0，而这座脚手架的稳定安全因数里层杆为1.75，外层杆为1.11。这些便是导致脚手架失稳坍塌的必然因素。

需要指出的是，对于单个细长压杆，虽然发生弹性失稳后仍能继续承载，但对于结构，由于其中的一根或几根压杆发生了失稳，将可能导致整个结构发生坍塌。因此，对于这种危害性必须给予重视。

小　结

一、压杆的稳定性

当压力小于或等于临界力时，压杆的直线平衡状态是稳定的；当压力大于临界力时，压杆的直线平衡状态是不稳定的。若要使压杆具有足够的稳定性，其轴向压力必须小于临界力。

二、临界应力

对于细长杆（$\lambda \geqslant \lambda_p$），用欧拉公式 $\sigma_{cr} = \pi^2 E / \lambda^2$ 计算其临界应力。

对于中长杆（$\lambda_s < \lambda < \lambda_p$），用经验公式 $\sigma_{cr} = a - b\lambda$ 计算其临界应力。

三、稳定性计算

压杆的稳定条件为

$$n_w = \frac{F_{cr}}{F} = \frac{\sigma_{cr}}{\sigma} \geqslant [n_w]$$

四、提高压杆稳定性的措施

1）选择合理截面形状。

2）减小杆长，改善支承。

3）合理选择材料。

思 考 题

11-1 试列举受压杆件的工程实例，并简化其约束，建立力学模型。

11-2 什么是柔度？它的大小与哪些因素有关？

11-3 如何区分大、中、小柔度杆？它们的临界应力是如何确定的？

11-4 如图 11-12 所示的截面，若压杆两端均用球形铰链，失稳时截面绕哪根轴转？

11-5 图 11-13 所示三根细长压杆，材料截面均相同，问哪一根临界力最大？哪一根最小？哪一根最不稳定？

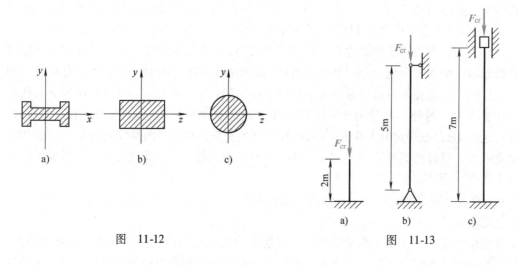

图 11-12　　　　　　　　　　　　图 11-13

习 题

11-1 三根圆截面压杆，其直径均为 $d = 160\text{mm}$，材料均为 Q235A 钢，$E = 200\text{GPa}$，$\sigma_s = 235\text{MPa}$，$\lambda_p = 100$，$\lambda_s = 60$。已知压杆两端均为铰支，长度分别为 $l_1 = 2\text{m}$，$l_2 = 3.2\text{m}$，$l_3 = 4.8\text{m}$，试求各压杆的临界应力。

11-2 图 11-14 所示三根截面不同的细长压杆，两端均为球形铰支座，杆材料为 Q235A 钢，弹性模量 $E = 200\text{GPa}$。试用欧拉公式计算下列三种情况的临界力：1）圆截面，$d = 25\text{mm}$，$l = 1\text{m}$；2）矩形截面，$h = 2b = 40\text{mm}$，$l = 1\text{m}$；3）16 号工字钢，$l = 2\text{m}$。

11-3 图 11-15 所示为一矩形截面木柱，其约束在两相互垂直的纵向平面内分别简化为两端铰支和两端固定，截面尺寸为 $40\text{mm} \times 60\text{mm}$，长度 $l = 4\text{m}$，木材的 $E = 10\text{GPa}$，$\lambda_p = 112$，试求木柱的临界应力。

11-4 由 Q235A 钢制成 20a 工字钢压杆，两端为球铰，杆长 $l = 4\text{m}$，弹性模量 $E = 200\text{GPa}$，试求压杆的临界应力和临界力。

11-5 已知某型号柴油机的挺杆两端均为铰支，直径 $d = 8\text{mm}$，长度 $l = 257\text{mm}$，45 钢材料 $E = 210\text{GPa}$，$\lambda_p = 100$，$\lambda_s = 60$，若挺杆所受最大压力 $F_{\text{max}} = 1.76\text{kN}$，规定稳定安全因数 $[n_w] = 3.2$。试校核挺杆的稳定性。

11-6 千斤顶的最大承载重量 $F = 150\text{kN}$，螺杆小径 $d = 52\text{mm}$，长度 $l = 500\text{mm}$，材料为 45 钢。试求螺杆的工作安全因数。

11-7 25a 工字钢压杆长 $l = 7\text{m}$，两端固定，材料为 Q235 钢，$E = 200\text{GPa}$，规定稳定安全因数 $[n_w]$ = 3。试求钢压杆的许用轴向压力 F。

11-8 图 11-16 所示托架中，$F = 10\text{kN}$，$a = 500\text{mm}$，杆 AB 的外径 $D = 50\text{mm}$，内径 $d = 40\text{mm}$，两端为球铰，材料为 Q235A 钢，$E = 200\text{GPa}$，规定稳定安全因数 $[n_w]$ = 3.0。试校核 AB 杆的稳定性。

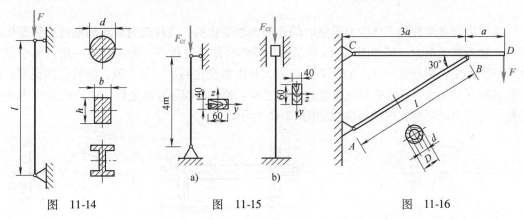

图 11-14   图 11-15   图 11-16

第十二章
交变应力与疲劳破坏

第一节　交变应力的工程实例及其循环特征

工程中许多构件的工作应力是随时间作周期性变化的。**这种随时间作周期性交替变化的应力，称为交变应力**。例如图 12-1a 所示的齿轮啮合传动过程中，轴每旋转一周，每个轮齿啮合一次，轮齿齿根处一点 A 的弯曲正应力，就由零变化到某一最大值，然后再回到零。轴不断旋转，A 点的应力也就不断地重复上述过程。若以时间 t 为横坐标，以弯曲正应力为纵坐标，应力随时间变化的关系曲线如图 12-1b 所示。

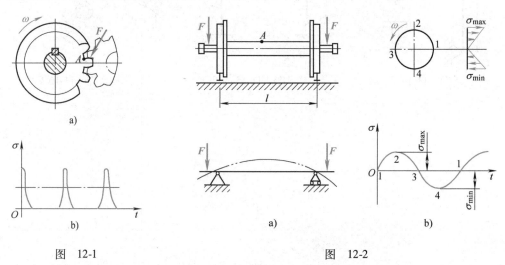

图　12-1

图　12-2

又如图 12-2a 所示的火车轮轴工作时，外载荷虽基本不变，但因轴在转动，轴横截面边缘上一点 A 的位置将从 $1\to2\to3\to4\to1$ 变化，A 点的应力也经历了从 $0\to\sigma_{max}\to0\to\sigma_{min}\to0$ 的变化，应力随时间的变化曲线如图 12-2b 所示。

从以上实例可见，构件产生交变应力的原因，一种是构件受交变载荷的作用；另一种是载荷不变，而构件本身在转动，从而引起构件内部应力发生交替变化。

为清楚地表明交变应力随时间的变化规律，可将应力 σ 随时间 t 的变化绘成图 12-3 所示的曲线，称为 σ-t 曲线。构件在交变应力作用下，应力每重复变化一次，**称为一个应力循环**，重复变化的次数称为**循环次数**，用 N 表示。通常用最小应力和最大应力的比值来说明应力的变化规律，该比值称为**循环特征**，用 r 表示，即

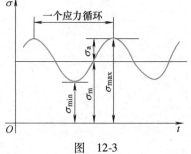

图　12-3

$$r = \frac{\sigma_{\min}}{\sigma_{\max}} \tag{12-1}$$

最大应力和最小应力的代数平均值，称为**平均应力**，用 σ_{m} 表示；最大应力和最小应力之差的一半称为**应力幅度**，用 σ_{a} 表示，即

$$\left.\begin{array}{l} \sigma_{m} = \dfrac{1}{2} \left(\sigma_{\max} + \sigma_{\min}\right) \\[2mm] \sigma_{a} = \dfrac{1}{2} \left(\sigma_{\max} - \sigma_{\min}\right) \end{array}\right\} \tag{12-2}$$

图 12-2b 所示的 $\sigma\text{-}t$ 曲线中，$\sigma_{\max} = -\sigma_{\min}$，其循环特征 $r = -1$，这种应力循环称为**对称循环**。$r \neq -1$ 的应力循环可统称为**非对称循环**。在非对称循环中，若 $\sigma_{\min} = 0$，则循环特征 $r = 0$，这就是工程中较为常见的**脉动循环**（图 12-1b）。

第二节 疲劳破坏与持久极限

一、疲劳破坏的特征

实践表明，长期交变应力作用下的构件，虽然其最大工作应力远低于材料静载作用下的极限应力，也会突然发生断裂。即便是塑性较好的材料，例如碳钢，断裂前也无明显的塑性变形。**构件在交变应力作用下发生的这种断裂破坏，称为疲劳破坏**。观察图 12-4 所示的构件断口，明显呈现出两个不同的区域，一个是光滑区，一个是粗糙区。

这种破坏通常是构件经历长期使用后突然发生的。最初曾认为这是由于材料的"疲劳"所引起的，这种说法已被近代的实验研究所否定，但人们习惯上仍称其为疲劳破坏。

大量的实验研究表明，金属材料产生疲劳破坏的原因是：当交变应力超过一定限度时，首先在构件的应力最大处或材料缺陷处产生细微裂纹而形成裂纹源，裂纹尖端处有严重的应力集中，因而在交变应力反复作用下导致裂纹

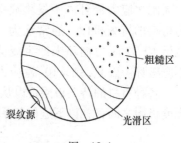

图 12-4

的扩展。裂纹两边的材料时分时合，不断撕裂和挤压，形成了断口的光滑区。随着裂纹的不断扩展，截面的有效面积逐渐减小，应力集中随之增大。当截面削弱到一定程度时，构件突然断裂，形成断口的粗糙区。所以说**构件的疲劳破坏实质上就是裂纹的产生、扩展和最后断裂的全过程**。

由于疲劳破坏是在没有明显塑性变形的情况下突然发生的，故常会产生严重后果。

二、材料的持久极限

试验表明，在交变应力作用下，若最大应力不超过某一极限值，则**材料能够经历无限次应力循环而不发生疲劳破坏的极限应力值**，称为材料的**持久极限**，用 σ_{r} 表示，r 为交变应力的循环特征。材料的持久极限与循环特征有关，在不同循环特征的交变应力作用下，有着不同的持久极限，以对称循环下的持久极限 σ_{-1} 为最低。因此，通常都将对称循环下的持久极限 σ_{-1} 作为材料在交变应力下的主要强度指标。

材料的持久极限可以通过疲劳试验机测定。图 12-5 是弯曲疲劳试验的示意图。试验时，

准备 6~8 根直径 $d = 7 ~ 10mm$ 的光滑标准小试件，调整载荷，一般将第一根试件的载荷调整至使试件内最大弯曲正应力为 $(0.5 ~ 0.6) \sigma_b$。开机后，试件每旋转一周，其横截面上各点就经历一次对称的应力循环，经过 N 次循环后，试件断裂；然后依次逐根降低试件的最大应力，记录下每一根试件断裂时的最大应力和循环次数。若以最大应力 σ_{max} 为纵坐标，以断裂破坏时的循环次数 N 为横坐标，绘制成一条 σ-N 曲线（图 12-6），称为**疲劳曲线**。

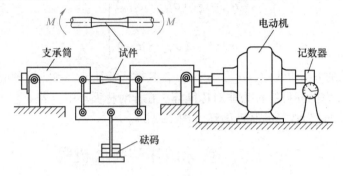

图 12-5

从疲劳曲线可以看出，试件断裂前所经历的循环次数，随着试件内最大应力的减小而增加，当应力降低到某一数值后，循环次数无限增加，疲劳曲线趋于水平，即疲劳曲线有一条水平渐近线，只要应力不超过这一水平渐近线对应的应力值，标准试件就可以经历无限次应力循环而不发生疲劳破坏，这一应力值即为材料的持久极限。通常认为，钢制光滑标准小试件经历 10^7 次应力循环未产生疲劳破坏，则继续试验也

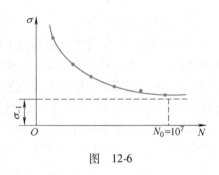

图 12-6

不会破坏。因此，$N = 10^7$ 次应力循环对应的最大应力值，即为材料的持久极限 σ_{-1}。

各种材料的持久极限可以从有关手册中查得。试验表明，材料的持久极限与其静载下的强度极限之间存在以下近似关系：$\sigma_{-1拉} \approx 0.28\sigma_b$，$\sigma_{-1弯} \approx 0.4\sigma_b$，$\sigma_{-1扭} \approx 0.22\sigma_b$。

第三节　构件的持久极限与疲劳强度计算

一、构件的持久极限

材料的持久极限是由标准小试件测定的，而工程实际构件的持久极限与材料的持久极限并不是完全相同的。影响构件持久极限的主要因素可归纳为以下三个方面：

1. 应力集中的影响

工程构件由于工艺和实用要求，常需钻孔、开槽或设台阶等，致使构件截面发生突然变化。试验表明，在截面突变处，将出现应力集中现象。由于应力集中会促使疲劳裂纹的形成与扩展，使持久极限降低，因此构件的持久极限要比标准试件的持久极限低。通常用光滑小试件与有应力集中试件的持久极限之比，来表示应力集中对构件持久极限的影响程度。这一比值称为**有效应力集中系数**，用 K_σ 表示。在对称循环下的应力集中系数 $K_\sigma = \sigma_{-1}/\sigma_{-1}^k$，$\sigma_{-1}$ 和 σ_{-1}^k 分别表示对称循环下无应力集中与有应力集中试件的持久极限。

K_σ 是一个大于 1 的系数，可以通过实验确定。一些常见情况的有效应力集中系数，可从有关设计手册中查阅。

从材料的有效应力集中系数图表可知，相同形状的构件，其材料的强度极限越高，有效应力集中系数越大。因此，应力集中对高强度材料的持久极限的影响较大。工程应用中，对于轴类零件，截面尺寸突变处要采用圆角过渡（图 12-7a），圆角半径越大，其有效应力集中系数越小。若结构需要直角过渡，则需在直径大的轴段上设卸荷槽或退刀槽（图 12-7b、c）。

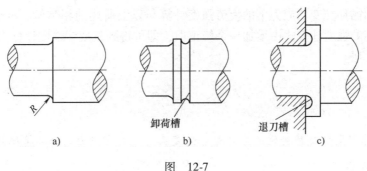

图 12-7

2. 构件尺寸的影响

试验表明，材料、形状相同的两构件，若尺寸大小不同，其持久极限也不相同。构件尺寸越大，其内部所包含的杂质和缺陷越多，产生裂纹的可能性也越大，其持久极限则相应降低。构件尺寸对持久极限的影响可用**尺寸系数** ε_σ 表示。对称循环下的尺寸系数 $\varepsilon_\sigma = \sigma^d_{-1}/\sigma_{-1}$。$\sigma^d_{-1}$ 表示对称循环下大尺寸光滑试件的持久极限。

ε_σ 是一个小于 1 的系数。常用材料的尺寸系数可从有关设计手册中查阅。

3. 表面加工质量的影响

构件的最大应力一般发生于表层，疲劳裂纹也多于表层形成。由于标准光滑小试件是经过磨削加工的，而实际构件的表面加工质量往往低于标准试件，就会因表面存在的刀痕或擦伤引起应力集中，疲劳裂纹将由此产生并扩展，降低了持久极限。表面加工质量对持久极限的影响用**表面质量系数** β 表示。对称循环下的表面质量系数 $\beta = \sigma^\beta_{-1}/\sigma_{-1}$。$\sigma^\beta_{-1}$ 表示对称循环下表面质量不同试件的持久极限。

β 是一个小于 1 的系数。常用材料的表面质量系数可从有关设计手册中查阅。随着表面加工质量的降低，高强度钢的 β 值下降更为明显。因此优质钢材必须进行高质量的表面加工，才能提高疲劳强度。此外，强化构件的表面，如渗氮、渗碳、滚压、喷丸或表面淬火等措施，都可以提高构件的持久极限。

综上所述，构件在对称循环交变正应力下的持久极限为

$$\sigma^0_{-1} = \frac{\varepsilon_\sigma \beta}{K_\sigma} \sigma_{-1} \tag{12-3}$$

构件的持久极限除以上主要影响因素外，还有如介质的腐蚀、温度的变化等因素的影响，这些影响可以用修正系数来表示。

二、构件的疲劳强度计算

考虑到一定的安全储备，用 n 表示规定的安全因数，则构件在对称循环交变正应力下的许用应力 $[\sigma^0_{-1}]$ 就等于其持久极限除以安全因数。则构件的**疲劳强度准则**为

$$\sigma_{max} \leqslant \left[\sigma_{-1}^{0} \right] = \frac{\varepsilon_{\sigma}\beta}{nK_{\sigma}}\sigma_{-1} \tag{12-4}$$

式中，σ_{max} 是构件危险点的最大工作应力。在机械设计中，一般疲劳强度计算采用安全因数法。若令 n_{σ} 为工作安全因数，则有

$$n_{\sigma} = \frac{\sigma_{-1}^{0}}{\sigma_{max}} = \frac{\varepsilon_{\sigma}\beta\sigma_{-1}}{K_{\sigma}\sigma_{max}} \geqslant n \tag{12-5}$$

构件在对称循环交变切应力下的疲劳强度计算与以上所述的相类似。对于非对称循环，只要在对称循环的强度计算式中增加一个修正项，即可得到其疲劳强度计算式，具体参数可查阅有关设计手册。

小　结

1. 随时间作周期性交替变化的应力称为交变应力。交变应力的循环特征为

$$r = \frac{\sigma_{min}}{\sigma_{max}}$$

$r = -1$ 的应力循环称为对称循环，$r \neq -1$ 的应力循环统称为非对称循环。$r = 0$ 的非对称循环为脉动循环。

2. 构件在交变应力作用下发生的断裂破坏称为疲劳破坏。其断口有明显的光滑区和粗糙区。其疲劳破坏的原因是：在交变应力作用下，构件内应力最大处或材料缺陷处产生细微裂纹而形成裂纹源，随着裂纹产生和扩展，有效面积逐渐减小，当截面削弱到一定程度时，发生突然断裂。疲劳破坏实质上就是裂纹的产生、扩展和最后断裂的全过程。

3. 标准试件经历无限次应力循环而不发生疲劳破坏的最大应力值称为材料的持久极限。对称循环交变正应力下材料的持久极限用 σ_{-1} 表示。

4. 综合考虑应力集中、构件尺寸和表面加工质量的影响，构件在对称循环交变正应力下的持久极限为

$$\sigma_{-1}^{0} = \frac{\varepsilon_{\sigma}\beta}{K_{\sigma}}\sigma_{-1}$$

5. 疲劳强度计算的安全因数法为

$$n_{\sigma} = \frac{\sigma_{-1}^{0}}{\sigma_{max}} = \frac{\varepsilon_{\sigma}\beta\sigma_{-1}}{K_{\sigma}\sigma_{max}} \geqslant n$$

思 考 题

12-1 何谓交变应力？试举交变应力的工程实例，并指出其循环特征。

12-2 疲劳破坏产生的原因是什么？如何根据断口判断构件是因疲劳破坏还是过载破坏？

12-3 试区分以下概念：材料的强度极限与持久极限，材料的持久极限与构件的持久极限。

12-4 判断以下说法是否正确？为什么？

（1）每一种材料仅有一个持久极限。（2）构件的持久极限总是小于材料的持久极限。（3）提高疲劳强度的根本措施在于消除裂纹源。（4）应力集中对高强度材料的持久极限影响较大。（5）优质钢材进行高质量的表面加工，是为了提高其表面质量系数。

12-5 工程实际中采用什么方法来避免或消除应力集中？用什么工艺处理来强化构件表面？

第十三章
构件运动学基础

第一节　运动构件上一点的运动

构件运动学的主要任务是研究构件在空间的位置随时间的变化规律。

研究构件上一点的运动，就是研究动点在所选参考系上的几何位置随时间的变化规律，其中包括点的运动方程、轨迹、速度和加速度。描述一动点运动有多种坐标方法，本节主要介绍自然坐标法和直角坐标法。

一、自然坐标法描述点的运动

1. 运动方程

自然坐标法是以动点的已知轨迹建立自然坐标轴来确定动点的位置。设动点 M 的轨迹为一已知曲线，如图 13-1a 所示，在轨迹上任选取一点 O 为原点，在原点两侧的轨迹曲线规定出正负方向。

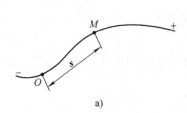 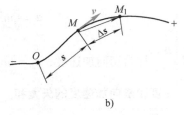

图　13-1

动点 M 的位置用弧长 OM 来表示。显然，OM 是个代数量，称为动点 M 的弧坐标或自然坐标，用 s 表示。动点沿轨迹运动时，其弧坐标 s 可表示为时间 t 的单值连续函数，即

$$s = f(t) \tag{13-1}$$

上式称为用**自然法表示的点的运动方程**。

值得注意的是，点在任一瞬间的弧坐标和路程有不同的含义。弧坐标表示某一瞬时动点在轨迹上的位置，是一个代数量，它与原点的位置有关。路程则是动点在某一时间间隔（两瞬时之间）内沿轨迹所走过的弧长，其值为正值，与原点位置无关。

2. 自然坐标法表示点的速度、加速度

如图 13-1b 所示，设动点 M 沿平面曲线运动，瞬时 t 的弧坐标为 s，经过时间间隔 Δt，即在 $t + \Delta t$ 瞬时动点运动到 M_1 位置，其弧坐标为 $s_1 = s + \Delta s$，即在时间间隔 Δt 内由点 M 移动到点 M_1，矢径 $\overrightarrow{MM_1}$ 称为动点 M 的位移。当 $\Delta t \to 0$ 时，位移 $\overrightarrow{MM_1}$ 趋近于弧长 Δs，即 $|\overrightarrow{MM_1}| \approx \Delta s$，因此动点瞬时速度的大小为

$$v = \lim_{\Delta t \to 0} \frac{|\overrightarrow{MM_1}|}{\Delta t} = \lim_{\Delta t \to 0} \frac{\Delta s}{\Delta t} = \frac{ds}{dt} \qquad (13\text{-}2)$$

当 $\Delta t \to 0$，M_1 趋近于 M，$\overrightarrow{MM_1}$ 的极限方向与 M 点的切线方向重合，所以动点瞬时速度的方向是沿轨迹上该点的切线，并指向运动的一方。

式（13-2）表明，**动点作曲线运动的瞬时速度的大小等于弧坐标对时间的一阶导数，其方向沿轨迹的切线方向**。若 $\dfrac{ds}{dt} > 0$，则动点沿弧坐标的正方向运动；若 $\dfrac{ds}{dt} < 0$，则动点沿弧坐标的负方向运动。

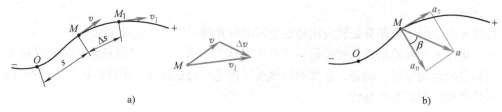

图 13-2

如图 13-2a 所示，设动点 M 在瞬时 t 的速度为 v，在 $t + \Delta t$ 瞬时的速度为 v_1，由矢量合成可知，速度增量 $v_1 - v = \Delta v = \Delta v_\tau + \Delta v_n$。即动点的加速度（推证见本章阅读与理解）就可以表示为

$$\boldsymbol{a} = \lim_{\Delta t \to 0} \frac{\Delta \boldsymbol{v}}{\Delta t} = \boldsymbol{a}_\tau + \boldsymbol{a}_n \qquad (13\text{-}3)$$

式中，$\boldsymbol{a}_\tau = \lim\limits_{\Delta t \to 0} \dfrac{\Delta v_\tau}{\Delta t}$ 称为切向加速度；$\boldsymbol{a}_n = \lim\limits_{\Delta t \to 0} \dfrac{\Delta v_n}{\Delta t}$ 称为法向加速度。此式表明，**动点瞬时加速度等于切向加速度和法向加速度的矢量和**。

（1）切向加速度

$$a_\tau = \frac{dv}{dt} = \frac{d^2 s}{dt^2} \qquad (13\text{-}4)$$

上式表明，**动点的切向加速度反映了速度大小随时间的变化率，其大小等于速度对时间的一阶导数，或弧坐标对时间的二阶导数，方向沿轨迹的切线方向**。当 $a_\tau = dv/dt > 0$ 时，切向加速度指向轨迹的正方向；当 $a_\tau = dv/dt < 0$ 时，切向加速度指向轨迹的负方向。a_τ 的正负号不能说明点是作加速还是减速运动，只有当 dv/dt 与 v 同号时，点作加速运动，dv/dt 与 v 异号时，点作减速运动。

（2）法向加速度

$$a_n = \frac{v^2}{\rho} \qquad (13\text{-}5)$$

式中，$\dfrac{1}{\rho}$ 为动点轨迹曲线在 M 点处的曲率，ρ 为曲线在该点处的曲率半径。

上式表明，**动点的法向加速度反映了速度方向随时间的变化率，其大小等于该点速度的平方与曲率半径之比，方向沿法向指向轨迹曲线的曲率中心**。

（3）全加速度　由上述可知，点作曲线运动时的加速度是由切向加速度和法向加速度组成的。在自然坐标系中，称点的加速度为**全加速度**，即 $a = a_\tau + a_n$（图 13-2b）。全加速度大小和方向为

$$\left.\begin{array}{c} a = \sqrt{a_\tau^2 + a_n^2} = \sqrt{\left(\dfrac{\mathrm{d}v}{\mathrm{d}t}\right)^2 + \left(\dfrac{v^2}{\rho}\right)^2} \\[3mm] \tan\beta = \dfrac{|a_\tau|}{a_n} \end{array}\right\} \tag{13-6}$$

3. 匀变速曲线运动

当动点作匀变速曲线运动时，a_τ 为常量，$a_n = v^2/\rho$。若已知运动的初始条件，即当 $t = 0$ 时，$v = v_0$，$s = s_0$，由微分式 $a_\tau = \mathrm{d}v/\mathrm{d}t$、$v = \mathrm{d}s/\mathrm{d}t$ 分离变量进行积分得

$$\left.\begin{array}{c} v = v_0 + a_\tau t \\[2mm] s = s_0 + v_0 t + \dfrac{1}{2}a_\tau t^2 \\[2mm] v^2 = v_0^2 + 2a_\tau(s - s_0) \end{array}\right\} \tag{13-7}$$

由此可见，点的匀变速曲线运动公式，与大家熟悉的匀变速直线运动公式相类似。只需以 a_τ 代替匀变速直线运动公式中的 a 即可。

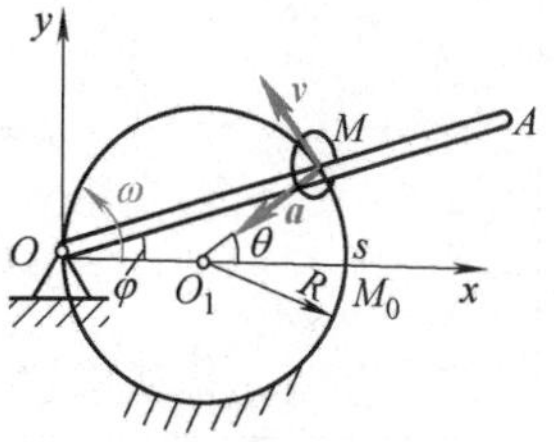

例 13-1　如图 13-3 所示，在半径为 R 的铁环上套一小环 M，OA 杆穿过小环 M，并以匀角速度 ω 绕 O 点转动，开始时杆 OA 位于水平位置。试求小环 M 的运动方程、速度和加速度。

解　由于小环的运动轨迹已知，可用自然法求解。小环 M 的轨迹是以 O_1 为圆心，以 R 为半径的圆弧。取 M_0 为弧坐标原点，逆时针为弧坐标的正方向。任意瞬时 t，OA 杆转动的角度 $\varphi = \omega t$，由图中几何关系得小环 M 的运动方程为

图 13-3

$$s = R\theta = R \times 2\varphi = 2R\omega t$$

对运动方程求一阶导数，得小环 M 的速度为

$$v = \frac{\mathrm{d}s}{\mathrm{d}t} = 2R\omega$$

小环 M 的切向加速度、法向加速度、全加速度分别为

$$a_\tau = \frac{\mathrm{d}v}{\mathrm{d}t} = 0, \quad a_n = \frac{v^2}{\rho} = \frac{(2R\omega)^2}{R} = 4R\omega^2, \quad a = \sqrt{a_\tau^2 + a_n^2} = 4R\omega^2$$

全加速度方向沿 MO_1 指向 O_1，可知小环 M 沿圆弧作匀速运动。

例 13-2　图 13-4 所示为料斗提升机示意图，料斗通过钢丝绳由绕水平轴 O 转动的卷筒提升。已知卷筒的半径 $R = 160\mathrm{mm}$，料斗沿铅垂方向提升的运动方程为 $y = 20t^2$。求卷筒边缘上一点 M 在 $t = 4\mathrm{s}$ 时的速度和加速度。

解　以卷筒边缘上一点 M 为研究对象。建立图 13-4 所示弧坐标，卷筒上 M 点作圆周运动，取 M_0 为弧坐标原点，则 M 点用自然法表示的运动方程为

$$s = 20t^2$$

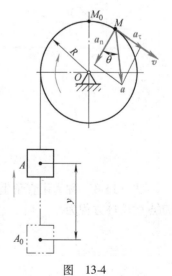

图 13-4

M 点的速度方程为

$$v = \frac{\mathrm{d}s}{\mathrm{d}t} = 40t$$

M 点的切向加速度、法向加速度、全加速度方程分别为

$$a_{\tau} = \frac{\mathrm{d}v}{\mathrm{d}t} = 40\mathrm{mm/s^2}$$

$$a_{\mathrm{n}} = \frac{v^2}{R} = \frac{(40t)^2}{160} = 10t^2$$

$$a = \sqrt{a_{\tau}^2 + a_{\mathrm{n}}^2} = \sqrt{40^2 + (10t^2)^2} = 10\sqrt{16 + t^4}$$

$$\theta = \arctan\frac{|a_{\tau}|}{a_{\mathrm{n}}} = \arctan\frac{40}{10t^2} = \arctan\frac{4}{t^2}$$

当 $t = 4\mathrm{s}$ 时，该瞬时 M 点的速度、加速度分别为

$$v = 40 \times 4\mathrm{mm/s} = 160\mathrm{mm/s}$$

$$a_{\tau} = 40\mathrm{mm/s^2}$$

$$a_{\mathrm{n}} = 10t^2 = 160\mathrm{mm/s^2}$$

$$a = 10\sqrt{16 + t^4} = 10\sqrt{16 + 4^4}\mathrm{mm/s^2} = 165\mathrm{mm/s^2}$$

$$\theta = \arctan\frac{4}{t^2} = \arctan\frac{4}{4^2} = \arctan 0.25 = 14°2'$$

二、直角坐标法描述点的运动

1. 运动方程

如图 13-5a 所示，设动点 M 在平面内作曲线运动。取直角坐标 Oxy 作为参考系，当动点 M 运动时，其位置坐标 x、y 随时间而变化，因此动点 M 在任一瞬时的位置坐标 x、y 可表示为时间 t 的单值连续函数，即

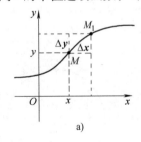 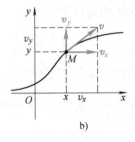 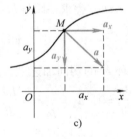

图 13-5

$$\left.\begin{array}{l} x = f_1(t) \\ y = f_2(t) \end{array}\right\} \tag{13-8}$$

式（13-8）称为用直角坐标法表示的运动方程。若从上两式中消去时间参数 t，即得到动点的轨迹方程为

$$y = \phi(x) \tag{13-9}$$

2. 直角坐标法表示点的速度和加速度

如图 13-5a 所示，设动点 M 在平面内作曲线运动，其运动方程 $x = f_1(t)$，$y = f_2(t)$。在瞬

时 t 动点位于 M，经时间间隔 Δt，动点位于 M_1 处。在 Δt 时间内 M 点的位移 $\overrightarrow{MM_1}$。若位移 $\overrightarrow{M_1M_2}$ 沿平面直角坐标分解为 Δx、Δy 两个分量，于是 $\overrightarrow{M_1M_2} = \Delta \boldsymbol{x} + \Delta \boldsymbol{y}$，则动点的速度（推证见本章阅读与理解）就可以表示（见图 13-5b）为

$$v = \lim_{\Delta t \to 0} \frac{\overrightarrow{MM_1}}{\Delta t} = v_x + v_y \tag{13-10}$$

此式表明，动点某瞬时的速度等于 x 轴方向速度分量与 y 轴方向速度分量的矢量和。速度分量的大小为

$$\left. \begin{aligned} v_x &= \frac{\mathrm{d}x}{\mathrm{d}t} \\ v_y &= \frac{\mathrm{d}y}{\mathrm{d}t} \end{aligned} \right\} \tag{13-11}$$

式（13-11）表明，动点速度在直角坐标各轴上的投影，等于对应坐标对时间的一阶导数。其速度的大小和方向为

$$\left. \begin{aligned} v &= \sqrt{v_x^2 + v_y^2} = \sqrt{\left(\frac{\mathrm{d}x}{\mathrm{d}t}\right)^2 + \left(\frac{\mathrm{d}y}{\mathrm{d}t}\right)^2} \\ \tan\alpha &= \left| \frac{v_y}{v_x} \right| \end{aligned} \right\} \tag{13-12}$$

同理，若将其速度增量 Δv 分解为 Δv_x、Δv_y 两个分量，于是 $\Delta v = \Delta v_x + \Delta v_y$。动点的加速度（推证见本章阅读与理解）就可以表示（见图 13-5c）为

$$\boldsymbol{a} = \lim_{\Delta t \to 0} \frac{\Delta v}{\Delta t} = \boldsymbol{a}_x + \boldsymbol{a}_y \tag{13-13}$$

此式表明，动点某瞬时的加速度等于 x 轴方向加速度分量与 y 轴方向加速度分量的矢量和。加速度分量的大小为

$$\left. \begin{aligned} a_x &= \frac{\mathrm{d}v_x}{\mathrm{d}t} = \frac{\mathrm{d}^2 x}{\mathrm{d}t^2} \\ a_y &= \frac{\mathrm{d}v_y}{\mathrm{d}t} = \frac{\mathrm{d}^2 y}{\mathrm{d}t^2} \end{aligned} \right\} \tag{13-14}$$

式（13-14）表明，动点加速度在直角坐标各轴上的投影，等于对应坐标的速度投影对时间的一阶导数，或等于对应位置坐标对时间的二阶导数。其加速度的大小和方向分别为

$$\left. \begin{aligned} a &= \sqrt{\left(\frac{\mathrm{d}v_x}{\mathrm{d}t}\right)^2 + \left(\frac{\mathrm{d}v_y}{\mathrm{d}t}\right)^2} = \sqrt{\left(\frac{\mathrm{d}^2 x}{\mathrm{d}t^2}\right)^2 + \left(\frac{\mathrm{d}^2 y}{\mathrm{d}t^2}\right)^2} \\ \tan\beta &= \left| \frac{a_y}{a_x} \right| \end{aligned} \right\} \tag{13-15}$$

例 13-3　图 13-6 所示为椭圆规机构平面简图。已知 $AC = CB = OC = r$，曲柄 OC 绕 O 点以角速度 ω 转动，t 瞬时的转角 $\varphi = \omega t$，OC 带动杆 AB 运动，A、B 两滑块分别在铅直和水平槽内滑动。求 BC 中点 M 的运动方程、速度和加速度。

解　1）求运动方程。因 M 点运动轨迹未知，故采用直角坐标法。选 O 为原点，作直角

坐标系 Oxy。已知 $AC = CB = OC = r$，$\varphi = \omega t$。

由几何关系，得 M 点运动方程为

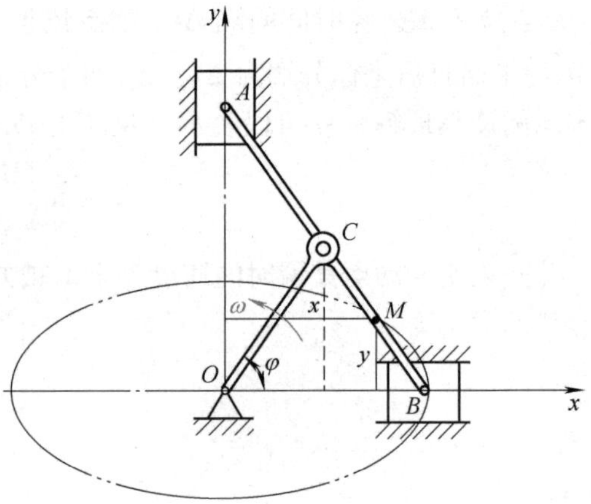

$$x = r\cos\varphi + \frac{r}{2}\cos\varphi = \frac{3}{2}r\cos\omega t$$

$$y = r\sin\varphi - \frac{r}{2}\sin\varphi = \frac{1}{2}r\sin\omega t$$

从 M 点运动方程中消去参变量 t，则 M 点的轨迹方程为

$$\frac{x^2}{(3r/2)^2} + \frac{y^2}{(r/2)^2} = 1$$

2）求速度。

图 13-6

$$v_x = \frac{dx}{dt} = -\frac{3}{2}r\omega\sin\omega t \quad v_y = \frac{dy}{dt} = \frac{1}{2}r\omega\cos\omega t$$

$$v = \sqrt{v_x^2 + v_y^2} = \frac{1}{2}r\omega \sqrt{9\sin^2\omega t + \cos^2\omega t} = \frac{1}{2}r\omega \sqrt{1 + 8\sin^2\omega t}$$

3）求加速度。

$$a_x = \frac{dv_x}{dt} = -\frac{3}{2}r\omega^2\cos\omega t, \qquad a_y = \frac{dv_y}{dt} = -\frac{1}{2}r\omega^2\sin\omega t$$

$$a = \sqrt{a_x^2 + a_y^2} = \frac{1}{2}r\omega^2 \sqrt{9\cos^2\omega t + \sin^2\omega t} = \frac{1}{2}r\omega^2 \sqrt{1 + 8\cos^2\omega t}$$

例 13-4 已知点的运动方程为 $x = 2t$，$y = 2 - t^2$（坐标的单位为 m，时间 t 的单位为 s）。试求：（1）点的运动轨迹；（2）$t = 2s$ 时点的速度；（3）$t = 1s$ 时点的加速度。

解 1）运动轨迹。将运动方程消去 t，得轨迹方程为

$$y = 2 - \frac{1}{4}x^2$$

点的轨迹是一条抛物线。

2）求 $t = 2s$ 时的速度。

$$v_x = \frac{dx}{dt} = 2\text{m/s}, \qquad v_y = \frac{dy}{dt} = -2t$$

把 $t = 2s$ 代入得

$$v_x = 2\text{m/s}, \ v_y = -4\text{m/s}$$

$$v = \sqrt{v_x^2 + v_y^2} = \sqrt{2^2 + (-4)^2}\text{m/s} = 4.47\text{m/s}$$

v 与 x 轴夹角为

$$\alpha = \arctan\left|\frac{v_y}{v_x}\right| = \arctan\frac{4}{2} = 63.4°$$

3）求 $t = 1s$ 时点的加速度。

$$a_x = \frac{dv_x}{dt} = 0, \qquad a_y = \frac{dv_y}{dt} = -2\text{m/s}^2$$

$$a = \sqrt{a_x^2 + a_y^2} = \sqrt{(-2)^2}\text{m/s}^2 = 2\text{m/s}^2$$

第二节　构件的平面基本运动

一、构件的平动

构件运动时，如果构件内任一直线始终保持与原来的位置平行，则构件的这种运动称为**构件的平行移动**，简称**平动**。例如，图13-7a 所示车厢沿直线轨道的运动。在车厢上任取一直线 AB，车厢在运动过程中这条直线始终平行于原来的位置。又如图13-7b 所示摆式筛砂机筛子的运动，由于在结构上 $AC \parallel BD$，即 $ACDB$ 为一平行四边形结构，所以筛子在摆动过程中，CD 始终保持与初始位置平行。因此车厢及筛子的运动都是平行移动。

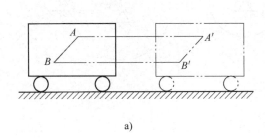
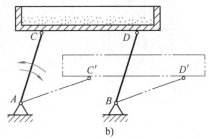

a)　　　　　　　　　　　b)

图　13-7

构件平动时，其上各点的轨迹若是直线，则称构件作**直线平动**。其上各点轨迹若是曲线，则称构件作**曲线平动**。

如图13-8 所示的构件平动时，构件内任一线段 AB 依次运动到 A_1B_1，A_2B_2，$\cdots$，A_nB_n 各位置，且 $AB = A_1B_1 = A_2B_2 = \cdots = A_nB_n$。根据构件平动的特点可知，$AB \parallel A_1B_1 \parallel A_2B_2 \parallel \cdots \parallel A_nB_n$，连接 AA_1，BB_1，显然 AA_1B_1B 是平行四边形。当时间间隔 Δt 取得无限小时，A、B 点的位移大小相等，即 $\overrightarrow{AA_1} = \overrightarrow{BB_1}$，方向相同。依次类推，构件上各点运动轨迹完全相同。

根据点的速度定义，在任一瞬时 t，A、B 两点的速度为

$$v_A = \lim_{\Delta t \to 0} \frac{\overrightarrow{AA_1}}{\Delta t} = \lim_{\Delta t \to 0} \frac{\overrightarrow{BB_1}}{\Delta t} = v_B$$

同理可以得到　　$\boldsymbol{a}_A = \boldsymbol{a}_B$

综上所述可得如下结论：**构件平动时，体内各点的轨迹相同；在同一瞬时，体内各点的速度相同，加速度相同。**因此，构件上任一点的运动就可以代表整个构件的运动，即构件的平动可以用点的运动来代替。

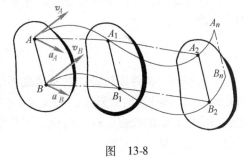

图　13-8

二、构件绕定轴转动

1. 工程实例与力学模型

在工程实际中经常遇到一些运动构件，如机床的主轴、发动机的转子、变速器中的齿轮等。这些构件运动时具有共同的特点，构件内有一条直线保持不动，不在这条直线上的各点都作圆周运动。这条不动的直线称为**固定转动轴**。构件的这种运动称为**构件绕定轴转动**。

如图 13-9a 所示，一构件绕定轴 z 轴转动。描述构件的定轴转动，需选择一个过 z 轴的固定参考平面 I 和一个过 z 轴的转动参考平面 II。任意瞬时 t，若两参考平面的夹角 φ 确定，则构件定轴转动的位置即得到确定。为使所研究的问题简便，通常在转轴 z 的垂直平面取构件的投影。转轴 z 的投影简化为固定铰链支座，用构件的投影轮廓线代替构件，就得到构件的平面力学简图，这是为定轴转动构件所建立的力学模型，如图 13-9b 所示。

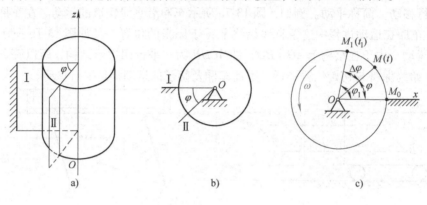

图 13-9

2. 转动方程

在定轴转动构件的平面力学简图上，固定参考平面的投影为 OM_0 线，转动参考平面的投影线为 OM 线。确定了两参考平面的夹角 φ，即确定了两投影线的夹角 φ，如图 13-9c 所示。φ 角称为转角，其单位是弧度（rad）。

构件绕定轴转动时，转角 φ 随时间 t 的变化而变化，可以表示成时间 t 的单值连续函数，即

$$\varphi = f(t) \tag{13-16}$$

上式称为**构件的转动方程**。转角 φ 是代数量，逆时针转动时 φ 取正值，反之为负。

3. 角速度

设瞬时 t 构件的转角为 φ，经历时间间隔 Δt，转角的增量为 $\Delta\varphi$。将比值 $\Delta\varphi/\Delta t$ 取极限，可得构件绕定轴转动的瞬时角速度。角速度是描述构件转动快慢和转动方向的物理量，用 ω 表示。即

$$\omega = \lim_{\Delta t \to 0} \frac{\Delta\varphi}{\Delta t} = \frac{d\varphi}{dt} \tag{13-17}$$

上式表明，**构件定轴转动的角速度等于转角 φ 对时间 t 的一阶导数**。角速度是代数量，当 $\omega > 0$ 时，构件逆时针转动；当 $\omega < 0$ 时，构件顺时针转动。工程上常用每分钟转过的圈数表示构件转动的快慢，称为转速，用符号 n 表示，单位是 r/min。转速 n 与角速度 ω 的关系为 $\omega = 2\pi n/60 = \pi n/30$。

4. 角加速度

设瞬时 t 构件的角速度为 ω，经历时间间隔 Δt，角速度的增量为 $\Delta\omega$。将比值 $\Delta\omega/\Delta t$ 取极限，可得构件绕定轴转动的瞬时角加速度。角加速度是描述构件角速度变化快慢的物理量，用 ε 表示，即

$$\varepsilon = \lim_{\Delta t \to 0} \frac{\Delta\omega}{\Delta t} = \frac{d\omega}{dt} = \frac{d^2\varphi}{dt^2} \tag{13-18}$$

上式表明，**构件定轴转动的瞬时角加速度等于角速度 ω 对时间 t 的一阶导数，或等于转角对时间的二阶导数。**

角加速度也是代数量，当 $\varepsilon > 0$ 时，角加速度逆时针转向；当 $\varepsilon < 0$ 时，角加速度顺时针转向。ε 的正负不能说明构件是加速转动还是减速转动。只有当 ε 与 ω 同号时，表示角速度的绝对值随时间的增加而增大，构件作加速运动；反之，作减速运动。角加速度的单位是 $\mathrm{rad/s^2}$。

转角 φ、角速度 ω、角加速度 ε 都是描述构件转动的物理量，称之为**角量**。因为在同一时间间隔内，构件上各点转过的角位移都相等，所以在同一瞬时，构件角量中的 ω 和 ε 对构件内各点都是相同的。

5. 匀速、匀变速转动

（1）匀速转动　构件绕定轴匀速转动时，其角速度不变，即 $\omega =$ 常量。设 $t = 0$ 时，$\varphi = \varphi_0$，参照点的匀速直线运动公式，可得

$$\varphi = \varphi_0 + \omega t \tag{13-19}$$

（2）匀变速转动　构件绕定轴匀变速转动时，其角加速度不变，即 $\varepsilon =$ 常量。设 $t = 0$ 时，$\varphi = \varphi_0$，$\omega = \omega_0$。参照点的匀变速曲线运动公式，可得

$$\left.\begin{array}{l} \omega = \omega_0 + \varepsilon t \\[2mm] \varphi = \varphi_0 + \omega_0 + \dfrac{1}{2}\varepsilon t^2 \\[2mm] \omega^2 = \omega_0^2 + 2\varepsilon\,(\varphi - \varphi_0) \end{array}\right\} \tag{13-20}$$

构件绕定轴转动的角量与点的直线运动的线量之间，存在着对应关系，可列表 13-1 进行对照。

表 13-1　角量与线量之间的对应关系

点的直线运动		构件定轴转动	
运动方程	$s = f(t)$	转动方程	$\varphi = f(t)$
速度	$v = \dfrac{\mathrm{d}s}{\mathrm{d}t}$	角速度	$\omega = \dfrac{\mathrm{d}\varphi}{\mathrm{d}t}$
加速度	$a_\tau = \dfrac{\mathrm{d}v}{\mathrm{d}t} = \dfrac{\mathrm{d}^2 s}{\mathrm{d}t^2}$	角加速度	$\varepsilon = \dfrac{\mathrm{d}\omega}{\mathrm{d}t} = \dfrac{\mathrm{d}^2\varphi}{\mathrm{d}t^2}$
匀速运动	$s = s_0 + v_0 t$	匀速转动	$\varphi = \varphi_0 + \omega t$
匀变速运动	$v = v_0 + a_\tau t$ $s = s_0 + v_0 t + \dfrac{1}{2} a_\tau t^2$ $v^2 - v_0^2 = 2 a_\tau s \quad (s_0 = 0)$	匀变速转动	$\omega = \omega_0 + \varepsilon t$ $\varphi = \varphi_0 + \omega t + \dfrac{1}{2}\varepsilon t^2$ $\omega^2 = \omega_0^2 + 2\varepsilon\varphi \quad (\varphi_0 = 0)$

例 13-5　已知发动机主轴的转动方程为 $\varphi = t^3 + 4t - 3$（φ 的单位为 rad，t 的单位为 s），试求 $t = 1\mathrm{s}$、$t = 2\mathrm{s}$ 时，主轴转动的角速度和角加速度。

解　求角速度、角加速度方程

$$\omega = \frac{\mathrm{d}\varphi}{\mathrm{d}t} = 3t^2 + 4, \quad \varepsilon = \frac{\mathrm{d}\omega}{\mathrm{d}t} = 6t$$

当 $t = 1\mathrm{s}$、$t = 2\mathrm{s}$ 时，主轴的角速度、角加速度分别为

$$\omega_1 = 3t^2 + 4 = (3 \times 1^2 + 4)\,\mathrm{rad/s} = 7\mathrm{rad/s}, \quad \varepsilon_1 = 6t = 6 \times 1\mathrm{rad/s^2} = 6\mathrm{rad/s^2}$$

$$\omega_2 = 3t^2 + 4 = (3 \times 2^2 + 4)\,\text{rad/s} = 16\,\text{rad/s}, \quad \varepsilon_2 = 6t = 6 \times 2\,\text{rad/s}^2 = 12\,\text{rad/s}^2$$

例 13-6 已知车床主轴的转速 $n_0 = 300\,\text{r/min}$，要求主轴在两转后立即停车，以便很快反转。设停车过程是匀变速转动，求主轴的角加速度。

解 由题意知初角速度 ω_0、末角速度 ω、停车过程的转角 φ 分别为

$$\omega_0 = \frac{2\pi n}{60} = \frac{2\pi \times 300}{60}\,\text{rad/s} = 10\pi\,\text{rad/s}$$

$$\omega = 0$$

$$\varphi = 2\pi N = 2\pi \times 2\,\text{rad} = 4\pi\,\text{rad}$$

由匀变速转动公式 $\omega^2 - \omega_0^2 = 2\varepsilon\varphi$ 得

$$0 - (10\pi)^2 = 2\varepsilon \times 4\pi$$

故

$$\varepsilon = -\frac{100\pi^2}{8\pi} = -39.5\,\text{rad/s}^2$$

因 ε 与 ω 异号且 ε 为常量，所以主轴作匀减速转动。

三、转动构件上点的速度和加速度

设构件绕 z 轴转动，其某瞬时角速度为 ω，角加速度为 ε，如图 13-10a 所示。构件上任一点 M，经历时间 t 后由初始位置 M_0 运动到 M，则用自然法确定 M 点的运动方程、速度、切向加速度和法向加速度分别为

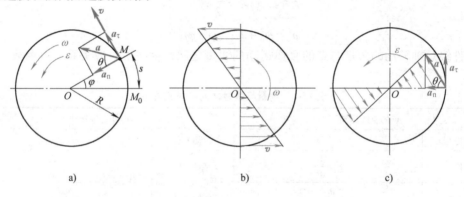

图 13-10

$$\left.\begin{aligned} s &= R\varphi \\ v &= \frac{\mathrm{d}s}{\mathrm{d}t} = R\frac{\mathrm{d}\varphi}{\mathrm{d}t} = R\omega \\ a_\tau &= \frac{\mathrm{d}v}{\mathrm{d}t} = R\frac{\mathrm{d}\omega}{\mathrm{d}t} = R\varepsilon \\ a_\mathrm{n} &= \frac{v^2}{R} = R\omega^2 \end{aligned}\right\} \tag{13-21}$$

全加速度的大小和方向为

$$\left.\begin{aligned} a &= \sqrt{a_\tau^2 + a_\mathrm{n}^2} = R\sqrt{\varepsilon^2 + \omega^4} \\ \tan\theta &= \frac{|a_\tau|}{a_\mathrm{n}} = \frac{|\varepsilon|}{\omega^2} \end{aligned}\right\} \tag{13-22}$$

由上述分析可得如下结论（图 13-12b、c）：

1）任一瞬时，转动构件上各点的速度、切向加速度、法向加速度和全加速度的大小分别与其转动半径成正比。同一瞬时转动半径上各点的速度、加速度呈线性分布。

2）任一瞬时，转动构件上各点的速度方向垂直转动半径，其指向与角速度的转向一致；各点的切向加速度垂直转动半径，其指向与角加速度转向一致；各点的法向加速度方向沿半径指向转轴。

3）任一瞬时，各点的全加速度与转动半径的夹角相同。

例 13-7　图 13-11 所示鼓轮由轮 I 和轮 II 固连，半径分别为 R_1 和 R_2，在轮 I 上绕有不可伸长的细绳，绳端挂重物 A。若重物自静止以匀加速度 a 下降，带动鼓轮转动。求当重物下降 h 高度时，II 轮边缘上 B_2 点的速度和加速度。

解　1）重物由 $v_0 = 0$ 下降高度 h 时，由匀变速直线运动公式知 $v^2 = 2ah$，故 $v = \sqrt{2ah}$。轮缘 B_1 点与细绳在该点无相对滑动，速度相同。即轮缘 B_1 点的速度 $v_1 = v$，由此可得鼓轮该瞬时的角速度、角加速度为

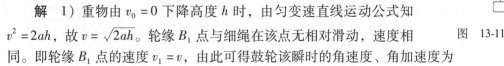

图　13-11

$$\omega = \frac{v_1}{R_1} = \frac{v}{R_1} = \frac{\sqrt{2ah}}{R_1}$$

$$\varepsilon = \frac{a_1}{R_1} = \frac{a}{R_1}$$

2）轮 II 边缘上 B_2 点的速度 v_2、加速度 a_2 大小为

$$v_2 = R_2\omega = \frac{R_2\sqrt{2ah}}{R_1}$$

$$a_{2\tau} = R_2\varepsilon = \frac{R_2 a}{R_1}$$

$$a_{2n} = R_2\omega^2 = \frac{2R_2 ah}{R_1^2}$$

$$a_2 = \sqrt{a_{2\tau}^2 + a_{2n}^2} = \sqrt{\left(\frac{R_2 a}{R_1}\right)^2 + \left(\frac{2R_2 ah}{R_1^2}\right)^2} = \frac{R_2 a}{R_1^2}\sqrt{R_1^2 + 4h^2}$$

例 13-8　图 13-12 所示一对外啮合齿轮，已知齿轮 I、II 的节圆半径分别为 R_1、R_2，齿轮 I 的瞬时角速度为 ω_1，角加速度为 ε_1。试求该瞬时齿轮 II 的角速度 ω_2 和角加速度 ε_2。

解　齿轮啮合可以看作是两节圆之间的啮合。设 A、B 是两齿轮的啮合点，该两点啮合时无相对滑动，因而 A、B 两啮合点有相等的速度和切向加速度，即 $v_A = v_B$，$a_{A\tau} = a_{B\tau}$。于是得

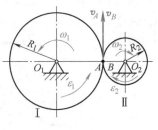

图　13-12

$$v_A = R_1\omega_1, \quad v_B = R_2\omega_2, \quad a_{1\tau} = R_1\varepsilon_1, \quad a_{2\tau} = R_2\varepsilon_2$$

该瞬时齿轮 II 的角速度 ω_2 和角加速度 ε_2 分别为

$$\omega_2 = \frac{R_1}{R_2}\omega_1$$

$$\varepsilon_2 = \frac{R_1}{R_2}\varepsilon_1$$

工程中将传动轮系两轴（或两轮）的转速之比称为**传动比**，用符号 i_{12} 表示。若轴 I 的转速为 n_1，轴 II 的转速为 n_2，则两轴的角速度分别为 $\omega_1 = 2\pi n_1/60$，$\omega_2 = 2\pi n_2/60$。因此两轴的传动比为

$$i_{12} = \frac{n_1}{n_2} = \frac{\omega_1}{\omega_2} = \frac{R_2}{R_1}$$

例 13-9 图 13-13 所示电动机带动卷扬机起吊重物，通过传送带传递动力。若主动轮 I 的转速 $n_1 = 100 \text{r/min}$，半径 $r_1 = 100 \text{mm}$，从动轮 II 的半径 $r_2 = 250 \text{mm}$，卷筒 III 的半径 $r_3 = 50 \text{mm}$，试求重物 E 上升的速度 v。

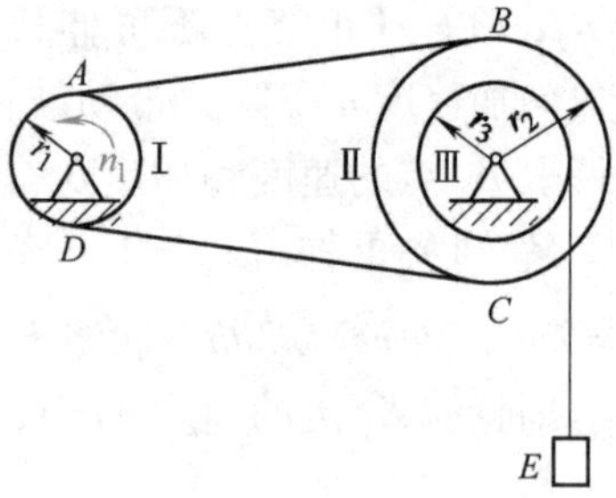

解 传送带 AB、CD 部分在同一瞬时作平动，其上各点的速度大小相等，假定传送带与带轮不打滑，轮缘各点与传送带速度相等，即 $v_A = v_B$，于是得

$$v_A = r_1 \omega_1 = r_1 \frac{2\pi n_1}{60}, \quad v_B = r_2 \omega_2 = r_2 \frac{2\pi n_2}{60}$$

由上式知

$$n_2 = \frac{r_1}{r_2} n_1 = \frac{100}{250} \times 100 \text{r/min} = 40 \text{r/min}$$

图 13-13

由于从动轮 II 和卷筒 III 固连一起，故 $n_3 = n_2$，因而 $\omega_3 = \omega_2$。由此得重物上升的速度为

$$\omega_3 = \omega_2 = \frac{2\pi n_2}{60}$$

$$v = r_3 \omega_3 = r_3 \frac{2\pi n_2}{60} = 50 \times \frac{2\pi \times 40}{60} \text{m/s} = 0.21 \text{m/s}$$

阅读与理解

一、动点切向加速度和法向加速度的推证

如图 13-14 所示，设动点 M 在瞬时 t 的速度为 v，在 $t + \Delta t$ 瞬时的速度为 v_1，由矢量合成知，速度增量 $\Delta v = v_1 - v$。若在速度 v_1 上截取一段 $MB = MA$，将速度增量 Δv 分解为 Δv_τ 和 Δv_n 两个分量，于是 $\Delta v = \Delta v_\tau + \Delta v_n$，即动点的加速度就可表示为

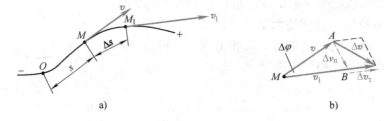

图 13-14

$$a = \lim_{\Delta t \to 0} \frac{\Delta v}{\Delta t} = \lim_{\Delta t \to 0} \frac{\Delta v_\tau}{\Delta t} + \lim_{\Delta t \to 0} \frac{\Delta v_n}{\Delta t} = \boldsymbol{a}_\tau + \boldsymbol{a}_n \tag{a}$$

此式表明，动点瞬时加速度等于切向加速度和法向加速度的矢量和。

1. 切向加速度

由图 13-14b 可见，速度增量的分量 Δv_τ 的大小 $|\Delta v_\tau| = v_1 - v = \Delta v$。当 $\Delta t \rightarrow 0$ 时，Δv_τ 的方向沿 M 点的切线，故称为切向加速度。即动点瞬时 t 的切向加速度的大小为

$$a_\tau = \lim_{\Delta t \to 0} \frac{|\Delta v_\tau|}{\Delta t} = \lim_{\Delta t \to 0} \frac{\Delta v}{\Delta t} = \frac{\mathrm{d}v}{\mathrm{d}t} = \frac{\mathrm{d}^2 s}{\mathrm{d}t^2} \qquad (b)$$

上式表明，动点的切向加速度反映了速度大小随时间的变化率，其大小等于速度对时间的一阶导数。或弧坐标对时间的二阶导数，方向沿轨迹的切线方向。

2. 法向加速度

由图 13-14b 可见，$\angle MAB = 90° - \Delta\varphi/2$，当 $\Delta\varphi \rightarrow 0$，$\angle MAB \rightarrow 90°$，因此 Δv_n 的极限方向趋于与速度 v 垂直，沿轨迹曲线法向指向内凹的一侧，故称为法向加速度。Δv_n 的大小 $|\Delta v_n| = 2v\sin\frac{\Delta\varphi}{2} \approx 2v\frac{\Delta\varphi}{2} = v\Delta\varphi$。即动点瞬时 t 的法向加速度的大小为

$$a_n = \lim_{\Delta t \to 0} \frac{|\Delta v_n|}{\Delta t} = \lim_{\Delta t \to 0} \frac{v\Delta\varphi}{\Delta t} = v \lim_{\Delta t \to 0} \frac{\Delta\varphi \Delta s}{\Delta s \Delta t} = \frac{v^2}{\rho} \qquad (c)$$

式中，$\lim\limits_{\Delta t \to 0}\dfrac{\Delta\varphi}{\Delta s} = \dfrac{1}{\rho}$ 为动点轨迹曲线在 M 点处的曲率，ρ 为曲线在该点处的曲率半径。

上式表明，动点的法向加速度反映了速度方向随时间的变化率，其大小等于该点速度的平方与曲率半径之比，方向沿法向指向轨迹曲线的曲率中心。

二、直角坐标系中动点速度和加速度的推证

如图 13-15a 所示，设动点 M 在平面内作曲线运动，其运动方程 $x = f_1(t)$；$y = f_2(t)$。在瞬时 t 动点位于 M，经时间间隔 Δt，动点位于 M_1 处。在 Δt 时间内 M 点发生了位移 $\overrightarrow{MM_1}$。将位移 $\overrightarrow{MM_1}$ 沿直角坐标正交分解为 Δx、Δy 两个分量，于是位移 $\overrightarrow{MM_1} = \Delta\boldsymbol{x} + \Delta\boldsymbol{y}$，则动点的速度就可以表示为

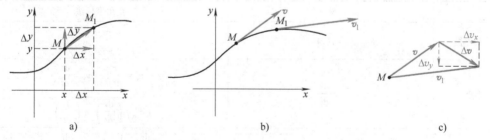

图 13-15

$$v = \lim_{\Delta t \to 0} \frac{\overrightarrow{MM_1}}{\Delta t} = \lim_{\Delta t \to 0} \frac{\Delta\boldsymbol{x}}{\Delta t} + \lim_{\Delta t \to 0} \frac{\Delta\boldsymbol{y}}{\Delta t} = v_x + v_y \qquad (d)$$

此式表明，动点某瞬时的速度等于 x 轴方向速度分量与 y 轴方向速度分量的矢量和。由于 $\Delta x = x_1 - x$、$\Delta y = y_1 - y$，且其速度分量的大小等于速度在坐标轴上的投影（图 13-15b），即 $|v_x| = v_x$，$|v_y| = v_y$，因此速度分量的大小为

$$\left.\begin{aligned} v_x &= \lim_{\Delta t \to 0} \frac{|\Delta\boldsymbol{x}|}{\Delta t} = \lim_{\Delta t \to 0} \frac{\Delta x}{\Delta t} = \frac{\mathrm{d}x}{\mathrm{d}t} \\ v_y &= \lim_{\Delta t \to 0} \frac{|\Delta\boldsymbol{y}|}{\Delta t} = \lim_{\Delta t \to 0} \frac{\Delta y}{\Delta t} = \frac{\mathrm{d}y}{\mathrm{d}t} \end{aligned}\right\} \qquad (e)$$

上式表明，动点速度在直角坐标轴上的投影，等于对应运动方程对时间的一阶导数。

同理，若将其速度增量 Δv 分解为 Δv_x、Δv_y 两个分量（见图 13-15c），于是 $\Delta v = \Delta v_x + \Delta v_y$。则动点的加速度就可以表示为

$$\boldsymbol{a} = \lim_{\Delta t \to 0} \frac{\Delta v}{\Delta t} = \lim_{\Delta t \to 0} \frac{\Delta v_x}{\Delta t} + \lim_{\Delta t \to 0} \frac{\Delta v_y}{\Delta t} = \boldsymbol{a}_x + \boldsymbol{a}_y \tag{f}$$

此式表明，动点某瞬时的加速度等于 x 轴方向加速度分量与 y 轴方向加速度分量的矢量和。由于 $\Delta v_x = v_{x1} - v_x$、$\Delta v_y = v_{y1} - v_y$，且其加速度分量的大小等于加速度在坐标轴上的投影，即 $|\boldsymbol{a}_x| = a_x$，$|\boldsymbol{a}_y| = a_y$ 因此加速度分量的大小为

$$\left.\begin{aligned} a_x &= \lim_{\Delta t \to 0} \frac{|\Delta v_x|}{\Delta t} = \lim_{\Delta t \to 0} \frac{\Delta v_x}{\Delta t} = \frac{\mathrm{d}v_x}{\mathrm{d}t} = \frac{\mathrm{d}^2 x}{\mathrm{d}t^2} \\ a_y &= \lim_{\Delta t \to 0} \frac{|\Delta v_y|}{\Delta t} = \lim_{\Delta t \to 0} \frac{\Delta v_y}{\Delta t} = \frac{\mathrm{d}v_y}{\mathrm{d}t} = \frac{\mathrm{d}^2 y}{\mathrm{d}t^2} \end{aligned}\right\} \tag{g}$$

上式表明，动点加速度在直角坐标各轴上的投影，等于对应坐标的速度投影对时间的一阶导数。或等于对应运动方程对时间的二阶导数。

小 结

运动学的主要任务是研究构件在空间的位置随时间的变化规律。

一、运动构件上点的运动

研究构件上点的运动，需选择合适的参考坐标系，建立点的运动方程，然后通过求导确定点的速度、加速度。二种坐标系反映点的运动规律，如表 13-2 所示。

表 13-2 自然法和直角坐标法表示点的运动规律

	自然法	直角坐标法
运动方程	$s = f(t)$	$x = f_1(t)$ $y = f_2(t)$
速度	$v = \dfrac{\mathrm{d}s}{\mathrm{d}t}$	$v_x = \dfrac{\mathrm{d}x}{\mathrm{d}t}, \quad v_y = \dfrac{\mathrm{d}y}{\mathrm{d}t}$ $v = \sqrt{\left(\dfrac{\mathrm{d}x}{\mathrm{d}t}\right)^2 + \left(\dfrac{\mathrm{d}y}{\mathrm{d}t}\right)^2}$
加速度	$a_\tau = \dfrac{\mathrm{d}v}{\mathrm{d}t} = \dfrac{\mathrm{d}^2 s}{\mathrm{d}t^2}, \quad a_\mathrm{n} = \dfrac{v^2}{\rho}$ $a = \sqrt{a_\tau^2 + a_\mathrm{n}^2} = \sqrt{\left(\dfrac{\mathrm{d}v}{\mathrm{d}t}\right)^2 + \left(\dfrac{v^2}{\rho}\right)^2}$	$a_x = \dfrac{\mathrm{d}v_x}{\mathrm{d}t} = \dfrac{\mathrm{d}^2 x}{\mathrm{d}t^2}, \quad a_y = \dfrac{\mathrm{d}v_y}{\mathrm{d}t} = \dfrac{\mathrm{d}^2 y}{\mathrm{d}t^2}$ $a = \sqrt{a_x^2 + a_y^2} = \sqrt{\left(\dfrac{\mathrm{d}v}{\mathrm{d}t}\right)^2 + \left(\dfrac{\mathrm{d}v_y}{\mathrm{d}t}\right)^2}$

二、构件的平动

构件平动时，体内各点的轨迹相同；在同一瞬时，体内各点的速度、加速度相同。

三、构件绕定轴转动

建立构件定轴转动的平面力学模型，通常在转轴 z 的垂直平面取构件的投影。转轴 z 的投影点简化为固定铰链支座，用构件的投影轮廓线代替构件。

转角方程、角速度、角加速度分别为

$$\varphi = f(t), \qquad \omega = \frac{d\varphi}{dt}, \qquad \varepsilon = \frac{d\omega}{dt} = \frac{d^2\varphi}{dt^2}$$

四、转动构件上点的速度和加速度

自然法表示的定轴转动构件上一点 M 的运动方程、速度、切向加速度、法向加速度分别为

$$s = R\varphi, \qquad v = R\omega, \qquad a_\tau = R\varepsilon, \qquad a_n = R\omega^2$$

思 考 题

13-1 动点的运动方程为 $s = a + bt$，其轨迹是否为一直线？若点的运动方程为 $s = bt^2$，其轨迹是否为一曲线？式中 a，b 均为常量。

13-2 点在某瞬时的速度为零，那么该瞬时点的加速度是否也等于零？

13-3 如图 13-16 所示，M 点作曲线运动，试就以下三种情况画出加速度的大致方向。在 M_1 作匀速运动；在 M_2 作加速度运动；在 M_3 作减速运动。

13-4 如图 13-17 所示，动点作曲线运动时，哪些瞬时是加速运动？哪些瞬时是减速运动？哪些瞬时是不可能出现的运动？

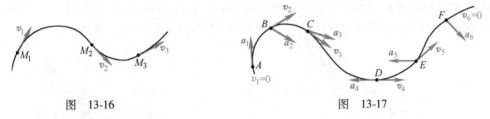

图 13-16 　　　　　　　　　　图 13-17

13-5 点在下列各种情况下作何种运动？

1) $a_\tau = 0$，$a_n = 0$　　2) $a_\tau \neq 0$，$a_n = 0$　　3) $a_\tau = 0$，$a_n \neq 0$　　4) $a_\tau \neq 0$，$a_n \neq 0$

13-6 如果构件上各点运动轨迹均为圆周曲线，该构件是否一定作定轴转动？

13-7 飞轮匀速转动，若半径增大 1 倍，轮缘上各点的速度、加速度是否都增大 1 倍？若转速增大 1 倍，轮缘上各点的速度、加速度是否也增大 1 倍？

13-8 当 $\omega < 0$，$\varepsilon < 0$ 时，构件是越转越快还是越转越慢？为什么？

13-9 图 13-18 所示各机构，已知匀角速度为 ω。试分析各构件 A、B 两点的瞬时速度、加速度的大小和方向。

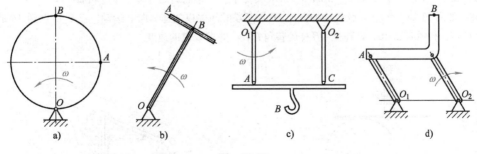

a)　　　　　　　b)　　　　　　　c)　　　　　　　d)

图 13-18

习 题

13-1 动点作直线运动，其运动方程为 $s = 40 + 2t + 0.5t^2$（s 以 m 计，t 以 s 计）。试求经过 10s 后，点的速度、加速度及所经过的路程。

13-2 试根据下面给定点的运动方程，求点的轨迹方程、初始位置、速度和加速度。

1）$x = 3t^2 + 4$，$y = 4t^2 - 3$ 2）$x = 3 + 5\sin t$，$y = 5\cos t$

13-3 图13-19所示曲柄滑动机构，曲柄 OA 以匀角速度 ω 绕 O 转动，通过连杆带动滑块 B 运动，已知 $OA = AB = r$。试求滑块 B 的运动方程、速度和加速度。

13-4 如图13-20所示半圆形凸轮以匀速 $v_0 = 1\text{cm/s}$ 水平向左运动，使活塞杆 AB 沿铅垂方向运动。已知开始时，活塞杆 A 端在凸轮的最高点。凸轮半径 $R = 8\text{cm}$。求活塞杆 A 端的运动方程和 $t = 4\text{s}$ 时的速度。

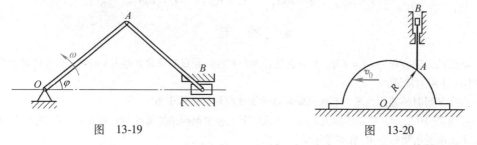

图 13-19   图 13-20

13-5 如图13-21所示，曲柄摆杆机构由摆杆 BC、滑块 A 和曲柄 OA 组成。已知曲柄 $OA = 10\text{cm}$，摆杆 BC 绕 B 点作 $\omega = 10\text{rad/s}$ 的匀速转动。试用直角坐标法求滑块 A 的运动方程、速度和加速度。

13-6 如图13-22所示，曲柄 OB 按 $\varphi = \omega t$ 绕 O 匀速转动，且 $\omega = 2\text{rad/s}$，通过 B 铰带动杆 AD 运动。已知 $AB = OB = BC = CD = r = 120\text{mm}$。求杆端 D 的运动方程和轨迹方程，以及当 $\varphi = 45°$ 时 D 点的速度。

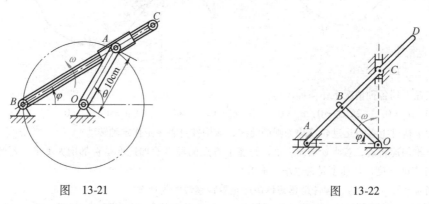

图 13-21   图 13-22

13-7 图13-23所示凸轮机构，已知凸轮半径 $r = 60\text{mm}$，偏心距 $e = 40\text{mm}$。凸轮以 $\varphi = \omega t$ 的规律绕 O 转动（φ 以 rad 计，t 以 s 计），且 $\omega = 5\text{rad/s}$，试求从动杆上点 M 的运动方程、速度和加速度。

13-8 如图13-24所示，正弦机构的滑杆 AB 在某段时间内以匀速 v 向上运动。已知 O 点到 AB 的距离为 H，$OC = l$，初瞬时 $\varphi = 0$，试建立 OC 杆的转角方程，并求 C 点的速度。

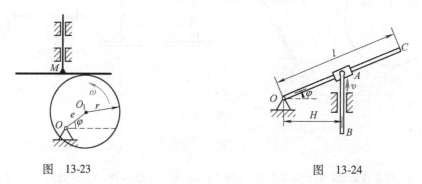

图 13-23   图 13-24

13-9 飞轮的半径 $R = 2\text{m}$，匀加速由静止开始转动。经过10s后，轮缘上各点获得线速度 $v = 10\text{m/s}$。

求当 $t = 15\mathrm{s}$ 时，轮缘上一点的速度以及切向和法向加速度。

13-10　圆盘的转动角速度按下列规律变化，$\omega = 20\left(1 + \dfrac{2}{3}t - \dfrac{1}{3}t^2\right)\mathrm{rad/s}$。求 $t = 3\mathrm{s}$ 时圆盘的角速度和加速度。

13-11　如图 13-25 所示平行连杆机构的曲柄 $OA = O_1C = r = 150\mathrm{mm}$，连杆 $AC = OO_1$，曲柄 OA 以匀角速 $\omega = 20\mathrm{rad/s}$ 转动。试求连杆 AC 上一点 B 的速度和加速度。

13-12　如图 13-26 所示，两平行曲柄 AB、CD 分别绕轴 A、C 摆动，带动托架 DBE 运动，因而可提升重物 G。已知某瞬时曲柄的角速度 $\omega = 4\mathrm{rad/s}$，角加速度 $\varepsilon = 2\mathrm{rad/s^2}$，曲柄 $AB = CD = r = 0.2\mathrm{m}$，求重物该瞬时的速度和加速度。

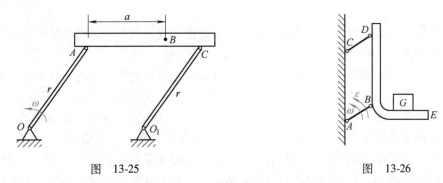

图　13-25

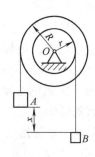

图　13-26

13-13　图 13-27 所示发电机的带轮 B 由蒸汽机轮 A 带动。两轮的半径分别为 $r_1 = 75\mathrm{cm}$，$r_2 = 30\mathrm{cm}$。当蒸汽机开动后 A 轮的角加速度 $\varepsilon_1 = 0.4\mathrm{rad/s^2}$，问经过多长时间后发电机 B 轮的转速达到 $n_2 = 300\mathrm{r/min}$。

13-14　如图 13-28 所示，鼓轮由两轮固连在一起构成，两轮半径分别为 $R = 10\mathrm{cm}$，$r = 5\mathrm{cm}$。鼓轮两侧通过细绳悬挂 A、B 两物体，已知 A 物体以运动方程 $x = 5t^2$ 向下运动（x 以 cm 计，t 以 s 计）。试求：1）鼓轮的转角方程及 $t = 2\mathrm{s}$ 时大轮缘上一点的速度和切向加速度；2）物体 B 的运动方程。

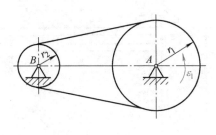

图　13-27

图　13-28

第十四章
合成运动和平面运动简介

第一节　点的合成运动概念

本节主要介绍点的运动合成与运动分解的方法，它是研究构件复杂运动的基础。这种分析方法，对于工程实际具有重要的意义。

前面我们研究点的运动和构件的基本运动时，都是以地球作为参考系的。其实，在不同参考系上描述同一物体的运动，会有不同的结论。例如，人站在地面上，看到车箱里的人随列车一起运动，可是坐在列车里的人看到车厢是静止的。为什么同一运动，会出现不同的结果呢？这是因为前者是以地面为参考系，后者是以车箱为参考系。又如图 14-1 所示，起重机起吊重物 M 时，重物既要随小车沿横梁向右运动，又要随卷扬机提升向上运动。显然，重物相对起重机向上运动，相对地面是向右上方运动。这种不同的运动由于选择了不同的参考系，因而运动结果也不相同。既然同一物体对不同的参考系的运动是不一样的，那么物体对不同的参考系的运动之间有什么关系呢？为此，我们建立合成运动的概念。

一、绝对运动、相对运动和牵连运动

为了便于研究，把图 14-1 中的重物 M 简化为质点，称为动点。把固连于地面的坐标系称为**固定参考系**，简称**定系**，用 Oxy 表示。把相对于地面运动的坐标系（如固连于小车上的坐标系）称为**动参考系**，简称**动系**，用 $O'x'y'$ 表示。为了区别动点对于不同参考系的运动，规定：**动点相对于定系的运动称为绝对运动，动点相对于动系的运动称为相对运动，动系相对于定系的运动称为牵连运动。**

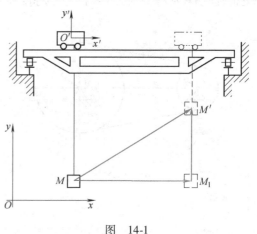

图　14-1

如图 14-1 中，定系固连于地面上，动系固连于小车上，重物 M 为动点。重物 M 相对于地面的曲线运动是绝对运动；重物 M 相对于小车沿铅垂方向的直线运动是相对运动；小车相对于地面的水平直线运动是牵连运动。

从以上三种运动关系可知，动点 M 相对于地面的绝对运动可分解为动点 M 相对于小车的相对运动，与小车相对于地面的牵连运动。显然，若没有牵连运动，则动点的相对运动就是它的绝对运动；若没有相对运动，则动点随动系所作的牵连运动就是它的绝对运动。由此可见，**动点的绝对运动可看成是动点的相对运动与动点随动系的牵连运动的合成。**因此，动点的绝对运动又称为**点的合成运动或复合运动**。

如图 14-2 所示的曲柄摇杆机构中，曲柄 O_1A 绕 O_1 轴转动，摇杆 $O'B$ 绕 O' 轴摆动，曲

柄端点与滑块 A 用铰链连接，滑块 A 可在摇杆的导槽内滑动。当曲柄转动时，通过滑块 A 带动摇杆绕 O' 轴摆动。曲柄摇杆机构的合成运动分析为：

选滑块 A 为动点；动系 $O'x'y'$ 固连在摇杆上；定系 Oxy 固连在地面上。所以，滑块 A 以 O_1A 为半径作的圆周运动为绝对运动；滑块 A 沿摇杆滑道的往复直线运动为相对运动；摇杆 $O'B$ 绕 O' 轴的摆动为牵连运动。

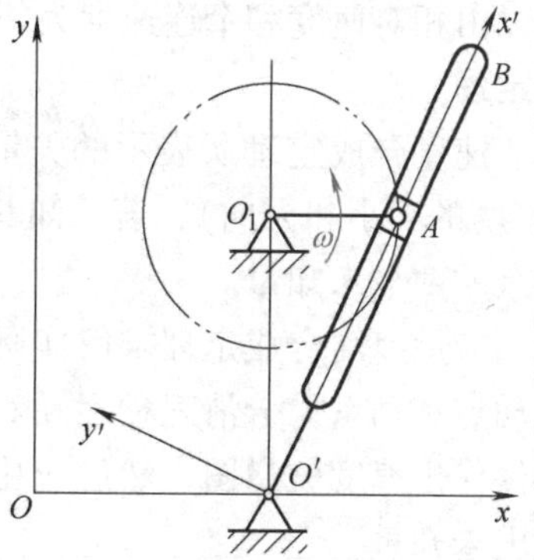

应当指出：动点的绝对运动、相对运动是点的运动，它可以是直线运动或者是曲线运动。而牵连运动是动系相对于定系的运动，也就是动系所固连的构件的运动，它可以是平动、定轴转动或者其他运动。

二、动点、动系的选取原则

1）**动点和动系不能选在同一个构件上。**即动点与动系必须存在相对运动。

2）**一般取常接触点为动点，瞬时接触点所在的构件为动系。**如图 14-2 所示的曲柄摇杆机构中，滑块 A 始终与摇杆滑道相接触，滑块 A 就称为常接触点。而滑道上与 A 的接触点在不断换位，称为瞬时接触点。

图 14-2

第二节　速度合成定理

本节主要介绍动点相对于不同参考系的速度之间的关系。

如图 14-3 所示，设运动平面 S 上有一曲线槽 AB，槽内有动点 M 沿槽运动，定参考系 Oxy 固连在地面上，动参考系 $O'x'y'$ 固连在运动平面 S 上。任意瞬时 t，动点位于动系 $O'x'y'$ 的 M 处，经过时间间隔 Δt 后，曲线槽随同动系运动到 $A'B'$ 位置，而动点 M 也沿曲线槽运动到 M''。则动点相对于定系的绝对位移为 $\overrightarrow{MM''}$；相对位移为 $\overrightarrow{M'M''}$；牵连位移为 $\overrightarrow{MM'}$。由图 14-3 可见

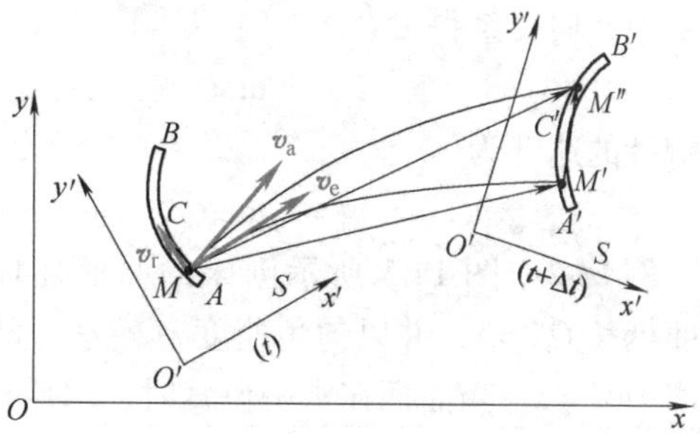

图 14-3

$$\overrightarrow{MM''} = \overrightarrow{MM'} + \overrightarrow{M'M''}$$

由点的速度定义知，动点 M 的速度为

$$\lim_{\Delta t \to 0} \frac{\overrightarrow{MM''}}{\Delta t} = \lim_{\Delta t \to 0} \frac{\overrightarrow{MM'}}{\Delta t} + \lim_{\Delta t \to 0} \frac{\overrightarrow{M'M''}}{\Delta t}$$

式中，$\lim\limits_{\Delta t \to 0} \dfrac{\overrightarrow{MM''}}{\Delta t}$ 是动点 M 在瞬时 t 相对于定系的瞬时速度，称为动点的**绝对速度**，用 v_a 表示，其方向沿绝对轨迹在 M 点的切线方向；$\lim\limits_{\Delta t \to 0} \dfrac{\overrightarrow{M'M''}}{\Delta t}$ 是动点 M 在瞬时 t 相对于动系的瞬时速度，称为动点的**相对速度**，用 v_r 表示，其方向沿相对轨迹在 M 点的切线方向；$\lim\limits_{\Delta t \to 0} \dfrac{\overrightarrow{MM'}}{\Delta t}$ 是动系上与动点的瞬时重合点（牵连点）在瞬时 t 相对定系的速度，称为**牵连速度**，用 v_e 表示，其方

向沿牵连点轨迹在 M 的切线方向。于是得

$$v_\mathrm{a} = v_\mathrm{e} + v_\mathrm{r} \tag{14-1}$$

此式表明：**动点的绝对速度等于它的牵连速度与相对速度的矢量和**。即动点的绝对速度可以由相对速度和牵连速度为邻边所组成的平行四边形的对角线来表示。此即为**点的速度合成定理**。

速度合成定理所表示的矢量方程，共包含有 6 个量（速度的大小和方向），若已知其中 4 个量，便可以求出其余的两个未知量。

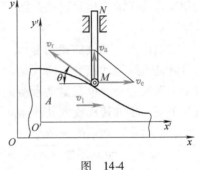

图　14-4

应用速度合成定理求解实际问题时，要注意正确选取动点和动系，分清三种运动和三个速度，再根据已知条件作出速度矢量图，然后应用几何关系或矢量投影式解出未知量。

例 14-1　图 14-4 所示的仿形铣床，当靠模 A 以速度 v_1 向右移运动时，推动探针 MN 沿铅垂方向运动，图示瞬时的角 θ 已知，试求该瞬时探针的速度。

解　1）选取动点和动系。探针上的端点 M 为动点；动系 $O'x'y'$ 固连在靠模上；定系 Oxy 固连在地面上。

2）运动和速度分析。动点 M 随探针所作的上下直线运动为绝对运动；动点 M 沿靠模表面的曲线运动为相对运动；靠模 A 向右作的直线平动为牵连运动。

3）用速度合成定理 $v_\mathrm{a} = v_\mathrm{e} + v_\mathrm{r}$ 作速度矢量图，即作速度合成的平行四边形（图 14-4）。由图中几何关系得

$$v_\mathrm{a} = v_\mathrm{e}\tan\theta$$

即探针的速度为

$$v_\mathrm{a} = v_1\tan\theta$$

例 14-2　图 14-5 所示刨床的曲柄摇杆机构，已知曲柄长 $OA = r$，并以匀角速度 ω 转动，两转动轴的距离 $OO' = l$。当曲柄在水平位置时，求摇杆的角速度 ω_1。

解　1）选取动点和动系。取滑块 A 为动点；动系 $O'x'y'$ 固连在摇杆上；定系 Oxy 固连在地面上。

2）运动和速度分析。动点 A 随曲柄 OA 作半径为 r 的圆周运动为绝对运动；滑块 A 沿摇杆滑道的往复直线运动为相对运动；摇杆绕 O' 轴的摆动为牵连运动。

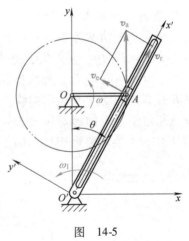

图　14-5

3）用速度合成定理 $v_\mathrm{a} = v_\mathrm{e} + v_\mathrm{r}$ 作速度矢量图，即作速度合成的平行四边形（图 14-5）。图中动点的绝对速度 $v_\mathrm{a} = OA\omega = r\omega$，$\sin\theta = \dfrac{OA}{O'A} = \dfrac{r}{\sqrt{l^2 + r^2}}$，动点的牵连速度（牵连点的速度）$v_\mathrm{e} = O'A\omega_1$。由图示几何关系得

$$v_e = v_a \sin\theta = r\omega\sin\theta = \frac{r^2}{\sqrt{l^2+r^2}}\omega$$

$$\omega_1 = \frac{v_e}{O'A} = \frac{r^2\omega}{\sqrt{l^2+r^2}} \frac{1}{\sqrt{l^2+r^2}} = \frac{r^2\omega}{l^2+r^2}$$

第三节　构件平面运动的特点与力学模型

平面运动是一种比较复杂的运动形式。本节将在点的合成运动和构件基本运动的基础上，来讨论构件平面运动分析及构件上各点速度的计算方法。

一、工程实例与力学模型

如图 14-6a 所示，车轮沿直线轨道滚动时，既不是平动又不是定轴转动，但其上某一平面，在运动过程中始终与一固定平面保持平行。如图 14-6b 所示，曲柄连杆机构中连杆 AB 的运动，也既不是平动又不是定轴转动，但构件上某一平面，在运动过程中始终与一固定平面保持平行。

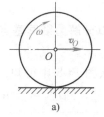
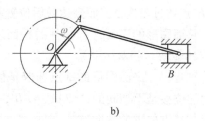

a)　　　　　　　　　　　　　　b)

图　14-6

以上两例构件运动的共同特点是：**构件在运动时，既不是平动又不是定轴转动，但其体内某一运动平面与一固定平面始终保持平行，这种运动称为构件的平面运动。**

根据构件平面运动的特点来建立构件平面运动的力学模型。如图 14-7 所示，设 S_0 为构件内的某一运动平面，Ⅰ 为一固定参考平面。为使问题得到简化，通常将作平面运动的构件，在所选的固定参考平面Ⅰ内进行投影，用构件的投影轮廓线来代替构件，建立起构件平面运动的平面力学简图。图 14-6a、b 即分别为车轮的平面力学模型和连杆机构的平面力学简图。运动平面 S_0 内任意两点 a、b 的连线 ab 的运动，可表示为 AB 连线在固定参考平面Ⅰ内的运动。

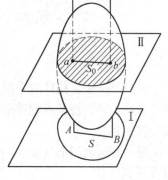

因此，**构件的平面运动，可以简化为平面图形 S 在其所选固定参考平面内的运动。此即为构件平面运动的力学模型。**

二、平面运动分解为平动与转动

图　14-7

如图 14-8 所示，设平面图形 S 作平面运动，其位置可以由图形 S 内任一线段 AB 的位置来确定。选定系 Oxy 固连于地面，若动系 $Ax'y'$ 固连在平面图形 S 的任一点 A 上。A 点即称为**基点**。显然线段 AB 的平面位置（亦即平面图形 S 的位置）用 x、y、φ 三个参数就能完全确定。由于 x、y、φ 都随时间 t 在不断地变化，可表示为时间 t 的单值连续函数，即

$$\left.\begin{array}{l} x = f_1(t) \\ y = f_2(t) \\ \varphi = f_3(t) \end{array}\right\} \qquad (14\text{-}2)$$

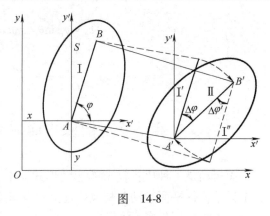

图　14-8

此式即为**构件平面运动方程**。

可以看出，如果平面图形 S 上，A 点固定不动，则构件作定轴转动。如果平面图形的 φ 角保持不变，则构件作平动。故构件的平面运动可以看成是平动和转动的合成运动。

设瞬时 t，线段 AB 在位置 I，经过时间间隔 Δt 后的瞬时 $(t + \Delta t)$，线段 AB 从位置 I 到位置 II。整个运动过程，可按以下两种情况讨论。

1）若以 A 为基点，线段 AB 先随固连于基点 A 的动系 $Ax'y'$ 平动至位置 I′，然后再绕 A' 点转过角度 $\Delta\varphi$ 而到达位置 II。

2）若以 B 为基点，线段 AB 先随固连于 B 点的动系 $Bx'y'$（图中未画出）。平动至位置 I″，然后再绕 B' 点转过角度 $\Delta\varphi'$ 而到达最后位置 II。

由此可见，**平面图形的运动**（即构件的平面运动）**可以分解为随同基点的平动**（牵连运动）**和绕基点的转动**（相对运动）。

这里应该特别指出，平面图形的基点选取是任意的。从图 14-8 中可知，选取不同的基点 A 和 B，平动的位移是不相同的，即 $\overline{AA'} \neq \overline{BB'}$，显然 $v_A \neq v_B$，同理，$\boldsymbol{a}_A \neq \boldsymbol{a}_B$。所以，平动的速度和加速度与基点位置的选取有关。

选取不同的基点 A 和 B，转动的角位移是相同的，即：$\Delta\varphi = \Delta\varphi'$，显然，$\omega = \omega'$，同理 $\varepsilon = \varepsilon'$。即在同一瞬时，图形绕其平面内任选的基点转动的角速度相同，角加速度相同。平面图形绕基点转动的角速度、角加速度分别称为**平面角速度**、**平面角加速度**。所以，平面图形的角速度、角加速度与基点的选取无关。

第四节　平面图形上点的速度合成法

一、基点法

从前节知道，构件的平面运动可分解为随同基点的平动和绕基点的转动。随同基点的平动是牵连运动，绕基点的转动是相对运动。因而平面运动构件上任一点的速度，可用速度合成定理来分析。

设平面运动图形（图 14-9 所示），A 点速度为 v_A，瞬时平面角速度为 ω，求图形上任一点 B 的速度。

图形上 A 点的速度已知，所以选 A 点为基点，则图形的牵连运动是随同基点的平动，B 点的牵连速度 v_e 就等于基点 A 的速度 v_A，即 $v_e = v_A$（图 14-9a 所示）。图形的相对运动是绕基点 A 的转动，B 点的相对速度 v_r，等于 B 点以 AB 为半径绕 A 点作圆周运动的速度 v_{BA}，即 $v_r = v_{BA}$，其大小 $v_{BA} = AB \cdot \omega$，方向 $\perp AB$，指向与角速度 ω 转向一致（图 14-9b 所示）。

由速度合成定理，如图 14-9c 所示，得

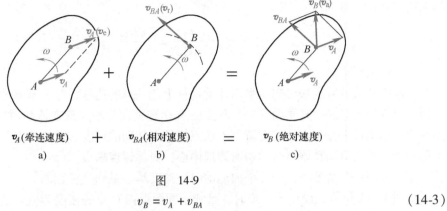

图　14-9

$$v_B = v_A + v_{BA} \tag{14-3}$$

由此得出结论：**在某一瞬时，平面图形上任一点的速度，等于基点的速度与该点相对于基点转动速度的矢量和。**用速度合成定理求解平面图形上任一点速度的方法，称为速度合成的**基点法**。

例 14-3　如图 14-10 所示，若已知曲柄 $OA = r$，以角速度 ω 绕 O 轴转动，试求当 $\alpha = 30°$ 时，滑块 B 的速度及连杆 AB 的角速度 ω_{AB}。

解　1）运动分析：曲柄 OA 绕 O 轴作定轴转动，滑块 B 沿水平方向作直线平动，连杆 AB 作平面运动。已知连杆 AB 上 A 点的速度 $v_A = r\omega$，方向垂直于 OA；B 点的速度方向已知，所以选 A 点为基点。

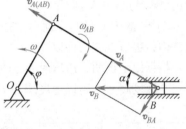

图　14-10

2）应用基点法，合成 B 点的速度，即 $v_B = v_A + v_{BA}$，作出速度矢量图。由几何关系得

$$v_B = \frac{v_A}{\cos\alpha} = \frac{r\omega}{\cos30°} = \frac{2\sqrt{3}r\omega}{3}$$

$$v_{BA} = v_B\sin30° = \frac{2\sqrt{3}r\omega}{3} \times \frac{1}{2} = \frac{\sqrt{3}r\omega}{3}$$

由于 $v_{BA} = \omega_{AB}AB$，故连杆 AB 该瞬时的平面角速度为

$$\omega_{AB} = \frac{v_{BA}}{AB} = \frac{\sqrt{3}r\omega}{3} \frac{1}{\sqrt{3}r} = \frac{1}{3}\omega$$

二、速度投影法

由图 14-9c 中可以看到，v_{BA} 总是垂直于 AB，则 v_{BA} 在 AB 连线上的投影等于零。因此，若把矢量方程式（14-3）在 AB 连线上投影，可得

$$[v_B]_{AB} = [v_A]_{AB} \tag{14-4}$$

此式表明：B 点的速度 v_B 和 A 点的速度 v_A 在 AB 连线上的投影相等。

由此得出结论：**当构件作平面运动时，其平面图形内任意两点的速度在这两点连线上的投影相等。**这一结论称为**速度投影定理**。若已知构件上一点速度的大小和方向，求另一点速度的大小或方向，用速度投影定理解题较方便。

将图 14-10 所示速度矢量图，用速度投影式 $[v_B]_{AB} = [v_A]_{AB}$ 在 AB 连线上投影得

$$v_B\cos\alpha = v_A\cos0°$$

故求得 B 点的速度为

$$v_B = \frac{v_A}{\cos 30°} = \frac{2\sqrt{3}r\omega}{3}$$

三、速度瞬心法

由速度合成的基点法可知，平面运动构件上任一点的速度，等于基点的速度与该点绕基点转动速度的矢量和。其平动部分与基点的选择有关，若基点选在该瞬时速度为零的点上，则平面运动构件上任一点的速度就等于该点绕基点转动的速度。把构件上某瞬时速度为零的点称为构件平面运动在该瞬时的**瞬时速度中心**，简称**速度瞬心**。

下面证明一般情形下，构件平面运动时，速度瞬心是确实存在的。

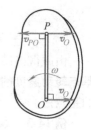

图　14-11

如图 14-11 所示，设在某一瞬时，已知平面图形内 O 点的速度为 v_O，其平面角速度为 ω。过 O 点作速度 v_O 的垂线，则垂线上必有一点 P 的速度 v_P，按基点法可得 $v_P = v_O + v_{PO}$。其中 $v_{PO} = OP\omega$，方向与 OP 垂直。若 P 点的相对速度 v_{PO} 与 v_O 正好等值、共线、反向，亦即 $v_{PO} = -v_O$，则 P 点的绝对速度 v_P 为零，故 P 点即为平面运动在该瞬时的速度瞬心。显然，瞬心 P 可能在构件内，也可能在构件以外。

根据以上证明，速度瞬心是存在的，且是惟一的。也就是说，任一瞬时，平面运动只存在一个速度瞬心。若以速度瞬心 P 为基点，则平面图形上任一点 B 的速度就可表示为

$$v_B = PB\omega \qquad (14-5)$$

上式表明，**构件作平面运动时，其平面图形内任一点的速度等于该点绕瞬心转动的速度**。其速度的大小等于构件的平面角速度与该点到瞬心距离的乘积，方向与转动半径垂直，并指向转动的一方。此即为构件平面运动的**速度瞬心法**。

确定构件平面运动的速度瞬心，有以下几种情况：

1）如图 14-12a 所示，已知 A、B 两点的速度方向，过两点速度作垂线，此两垂线的交点就是速度瞬心。

 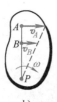 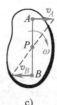 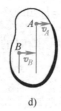 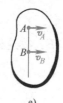 

a)　　　b)　　　c)　　　d)　　　e)　　　f)

图　14-12

2）如图 14-12b、c 所示，若 A、B 两点速度相互平行，并且速度方向垂直于两点的连线 AB，则速度瞬心必在连线 AB 与速度矢 v_A 和 v_B 端点连线的交点 P 上。

3）如图 14-12d、e 所示，若任意两点 A、B 的速度 $v_A \parallel v_B$，且 $v_A = v_B$，则速度瞬心在无穷远处，平面图形作**瞬时平动**。该瞬时运动平面上各点的速度相同。

4）如图 14-12f 所示，当构件作无滑动的纯滚动时，构件上只有接触点 P 的速度为零，故该点 P 为瞬心。

必须指出，瞬心的位置是不固定的，它的位置随时间变化而不断改变，可见速度瞬心是

有加速度的。即平面运动在不同的瞬时，有不同的瞬心。否则，瞬心位置固定不变，那就与定轴转动毫无区别了。同样，构件作瞬时平动时，虽然各点速度相同，但各点的加速度是不同的。否则，构件就是作平动了。

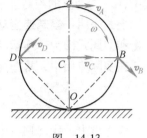

例 14-4　如图 14-13 所示，车轮沿直线纯滚动而无滑动，轮心某瞬时的速度为 v_C 水平向右，车轮的半径为 R。试求该瞬时轮缘上 A、B、D 各点的速度。

解　由于车轮作无滑动的纯滚动，轮缘与地面的瞬时接触点 O 是瞬心。由速度瞬心法知，轮心速度 $v_C = R\omega$，故车轮该瞬时的平面角速度 ω 为

图　14-13

$$\omega = \frac{v_C}{R}$$

轮缘上 A、B、D 点的速度分别为

$$v_A = OA\omega = 2R\frac{v_C}{R} = 2v_C, \qquad v_B = OB\omega = \sqrt{2}R\frac{v_C}{R} = \sqrt{2}v_C, \qquad v_D = OD\omega = \sqrt{2}R\frac{v_C}{R} = \sqrt{2}v_C$$

例 14-5　图 14-14 所示的四连杆机构中，$O_1A = r$，$AB = O_2B = 2r$，曲柄 O_1A 以角速度 ω_1 绕 O_1 轴转动，在图示位置时 $O_1A \perp AB$，$\angle ABO_2 = 60°$。试求该瞬时摇杆 O_2B 的角速度 ω_2。

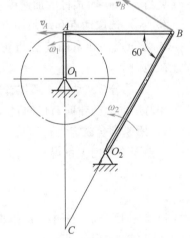

解　1）运动分析。曲柄 O_1A 和摇杆 O_2B 作定轴转动，连杆 AB 作平面运动。因 A、B 两点速度的方向均已知，即：$v_A \perp O_1A$，$v_B \perp O_2B$。过 A、B 两点作 v_A 和 v_B 的垂线，二垂线相交点 C，即为杆 AB 的瞬心。

2）用平面运动的速度瞬心法求解。设连杆 AB 的平面角速度为 ω_{AB}，故 $v_A = AC\omega_{AB}$，由此得连杆 AB 的平面角速度为

$$\omega_{AB} = \frac{v_A}{AC} = \frac{r\omega_1}{AB\tan 60°} = \frac{r\omega_1}{2r \times \sqrt{3}} = \frac{\sqrt{3}}{6}\omega_1$$

于是，得

$$v_B = \omega_{AB}BC = \frac{\sqrt{3}}{6}\omega_1 \times 4r = \frac{2\sqrt{3}}{3}r\omega_1$$

由构件的定轴转动知 $v_B = O_2B\omega_2$，故

图　14-14

$$\omega_2 = \frac{v_B}{O_2B} = \frac{2\sqrt{3}}{3}r\omega_1 \times \frac{1}{2r} = \frac{\sqrt{3}}{3}\omega_1$$

阅读与理解

一、牵连运动为平动时的加速度合成定理的应用

本节将简要介绍牵连运动为平动时的加速度合成定理及其应用。

动点的绝对加速度（证明从略）可用下式表示

$$a_a = a_e + a_r \tag{14-6}$$

式中，a_a 为动点的绝对加速度；a_e 为动点的牵连加速度；a_r 为动点的相对加速度。

上式表明：**当牵连运动为平动时，动点的绝对加速度等于其牵连加速度与相对加速度的矢量和**。此式即为牵连运动为平动时的**加速度合成定理**。

在实际应用中，常把加速度合成定理的矢量式变成投影式，即

$$\left.\begin{array}{l} a_{ax} = a_{ex} + a_{rx} \\ a_{ay} = a_{ey} + a_{ry} \end{array}\right\} \tag{14-7}$$

应当指出，式（14-6）的加速度合成定理，不能应用于牵连运动为转动时的加速度合成。因此在进行加速度合成时，必须注意分析牵连运动是平动还是转动，以便正确应用合成定理。

例 14-6 图 14-15 所示半圆形凸轮机构，凸轮水平向右运动可推动顶杆 AB 沿铅垂导槽作直线平动。设在图示瞬时凸轮水平向右运动的速度、加速度分别为 v_0、a_0，求当凸轮上点 C 和顶杆端点 A 的连线与水平线夹角 $\varphi = 60°$ 时顶杆的加速度。

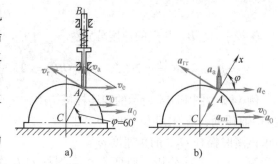

图 14-15

解 1）选取动点和动系。选取顶杆的端点 A 为动点；动系固连在凸轮上；定系固连在地面上。

2）运动分析。动点 A 随顶杆所作的直线运动为绝对运动；动点 A 沿凸轮表面的曲线运动为相对运动；凸轮向右作的直线平动为牵连运动。

3）用速度合成定理 $v_a = v_e + v_r$ 作速度矢量图，即作速度合成的平行四边形（图 14-15a）。由图中几何关系得

$$v_r = \frac{v_e}{\sin\varphi} = \frac{v_0}{\sin 60°} = \frac{2\sqrt{3}}{3}v_0$$

4）加速度分析。顶杆 AB 作直线平动，故求出动点 A 的加速度即为顶杆 AB 的加速度。由加速度合成定理 $a_a = a_e + a_r$，作加速度矢量图（图 14-15b）。

加速度合成定理中仅有 a_a、a_{rr} 两项的大小未知，为避免未知量 a_{rr} 在方程中出现，可向法线轴 x 列投影，得

$$a_a \sin\varphi = a_e \cos\varphi - a_{rn}$$

$$a_a = \frac{1}{\sin\varphi}(a_e\cos\varphi - a_{rn}) = \frac{1}{\sin\varphi}\left[a_0\cos\varphi - \frac{\left(\dfrac{2\sqrt{3}}{3}v_0\right)^2}{R}\right] = a_0\cot\varphi - \frac{4v_0^2}{3R\sin\varphi}$$

当 $\varphi = 60°$ 时，$a_a = \dfrac{\sqrt{3}}{3}\left(a_0 - \dfrac{8}{3}\dfrac{v_0^2}{R}\right)$。当 $a_a > 0$ 时，顶杆加速度向上；当 $a_a < 0$ 时，顶杆加速度向下。

二、牵连运动为转动时的加速度合成简介

当牵连运动为转动时的加速度合成定理为

$$a_a = a_e + a_r + a_k \tag{14-8}$$

式中，a_k 称为**哥氏加速度**（哥力奥利加速度）。其大小 $a_k = 2\omega v_r$，ω 是转动动系相对于定系的角速度，即牵连角速度。a_k 的方向是使 v_r 方向沿着 ω 转过 $90°$。

例 14-7　汽阀上的凸轮机构如图 14-16a 所示。顶杆 AB 可沿铅垂导向套筒运动，其端点 A 由弹簧紧压在凸轮表面上。当凸轮绕 O 轴转动时，推动顶杆上下平动。已知凸轮以角速度 ω 匀速转动。在图示瞬时，$OA = r$，凸轮轮廓曲线上 A 点的法线 An 与 OA 的夹角为 θ，曲率半径为 ρ。求该瞬时顶杆平动的速度和加速度。

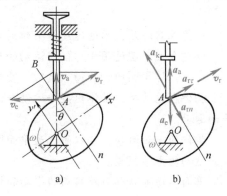

图　14-16

解　1）选取顶杆的端点 A 为动点；动系 $Ox'y'$ 固连在凸轮上；定系 Oxy 固连在地面上。动点 A 随顶杆 AB 所作的直线运动为绝对运动；动点 A 沿凸轮轮缘的曲线运动为相对运动；凸轮绕 O 轴的转动为牵连运动，动点 A 的牵连运动为转动。

2）求顶杆的平动速度。由速度合成定理 $v_a = v_e + v_r$ 作速度矢量图，即作速度合成的平行四边形（图 14-16a）。由图中几何关系得

$$v_r = \frac{v_e}{\cos\theta} = \frac{r\omega}{\cos\theta}$$

$$v_a = v_e \tan\theta = r\omega \tan\theta$$

3）求顶杆的平动加速度。由加速度合成定理 $a_a = a_e + a_r + a_k$，作加速度矢量图（图 14-16b）。其中牵连加速度 $a_e = r\omega^2$，指向转动中心 O；相对法向加速度 $a_{rn} = v_r^2/\rho$，指向轮缘 A 点的曲率中心；哥氏加速度 $a_k = 2\omega v_r$，将 v_r 按 ω 转动 $90°$，与 A 点法向共线。

应用投影法，将合成定理式在法线轴 n 上投影，得

$$-a_a\cos\theta = a_e\cos\theta + a_{rn} - a_k$$

整理并代入已知量，得

$$a_a = -\frac{1}{\cos\theta}\left(r\omega^2\cos\theta + \frac{r^2}{\rho}\omega^2\sec^2\theta - 2\,r\omega^2\sec\theta\right)$$

$$= -r\omega^2\left(1 + \frac{r}{\rho}\sec^3\theta - 2\sec^2\theta\right)$$

小　结

一、合成运动的概念

动点相对于不同参考系的运动不同，动点相对于定系的运动称为绝对运动，动点相对于动系的运动称为相对运动，动系相对于定系的运动称为牵连运动。

动点的绝对运动可看成是动点的相对运动与动点随动系的牵连运动的合成。因此，动点的绝对运动又称为点的合成运动。

动点、动系的选取原则是：动点和动系不能选在同一个构件上，一般取常接触点为动点。

二、速度合成定理

动点的绝对速度等于它的牵连速度与相对速度的矢量和。即动点的绝对速度可以由相对速度和牵连速度为邻边所组成的平行四边形的对角线来表示。即

$$v_a = v_e + v_r$$

值得注意的是：牵连速度是某瞬时动系上与动点的重合点（牵连点）相对于定系的速度。速度合成定理适用于作任何运动的动参考系。

三、构件平面运动的特点及力学模型

构件在运动时，若体内某一运动平面与一固定平面始终保持平行，这种运动称为构件的平面运动。

构件的平面运动，可以简化为平面图形 S 在其所选固定参考平面内的运动。此即为构件平面运动的力学模型。

平面运动可分解为随基点的平动和绕基点的转动，平动与基点的选取有关，而转动与基点的选取无关。

四、平面图形上点的速度合成法

（1）基点法　速度合成的基点法为

$$v_B = v_A + v_{BA}$$

（2）速度投影法　当构件作平面运动时，其上任意两点 A、B 的速度在其两点连线 AB 上的投影相等。

$$[v_B]_{AB} = [v_A]_{AB}$$

（3）速度瞬心法　构件作平面运动时，其平面图形内任一点 B 的速度等于该点绕瞬心 P 转动的速度。速度的大小等于构件的平面角速度 ω 与该点到瞬心距离 PB 的乘积，方向与转动半径垂直，并指向转动的一方。

$$v_B = PB\omega$$

思　考　题

14-1　牵连速度为什么不能说是动参考系的速度？

14-2　试用合成运动的概念分析图 14-17 中各机构指定动点 M 的运动。选其动点和动系，并说明三种运动。

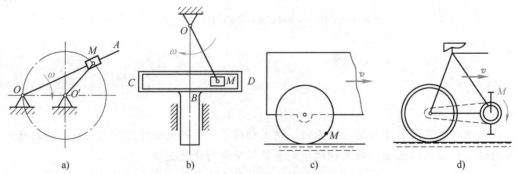

图　14-17

14-3　构件的平面运动通常分解为哪两个运动？它们与基点的选取有无关系？

14-4 作平面运动构件上各点的速度合成有基点法、速度投影法和速度瞬心法，什么情况下用速度投影法较为简便？什么情况下用速度瞬心法较为简便？

14-5 有人认为："瞬心 C 的速度为零，则 C 点的加速度亦为零"，对吗？

14-6 试确定图 14-18 中作平面运动的构件在图示位置时的速度瞬心位置。

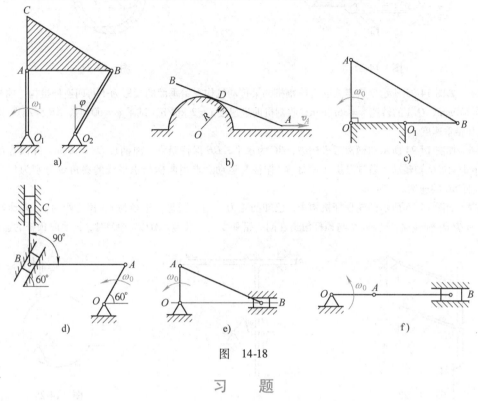

图 14-18

习 题

14-1 如图 14-19 所示，一汽船从 A 点离岸与水流成垂直方向前进，在水流作用下，经过 8min 到达对岸 C 点。已知 $AC = 160$m，AC 与河岸成 $60°$ 角，试求河水流速 v_1 及汽船航速 v_r。

14-2 裁纸机构如图 14-20 所示，纸由传送带以速度 $v_1 = 0.05$m/s 输送，裁纸刀 K 沿固定导杆 AB 以速度 $v_2 = 0.13$m/s 运动。欲使裁出的纸为矩形，试求导杆 AB 的安装角 $θ$ 应为多少。

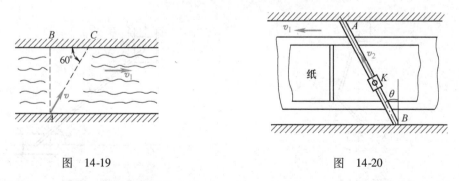

图 14-19　　　　　　　　　　　图 14-20

14-3 如图 14-21 所示，车床主轴的转速 $n = 30$r/min，工件直径 $d = 4$cm，车刀纵向进给速度为 $v_0 = 1$cm/s。试求车刀相对于工件的相对速度 v_r。

14-4 如图 14-22 所示，内圆磨床砂轮的直径 $d = 60$mm，转速 $n_1 = 1000$ r/min，工件的孔径 $D = 80$mm，转速 $n_2 = 500$r/min，n_2 与 n_1 转向相反。求磨削时砂轮与工件接触点之间的相对速度。

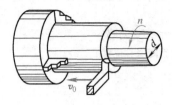

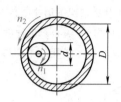

图　14-21　　　　　　　　　　　　　　　　图　14-22

14-5　如图 14-23 所示，自走式联合收割机的某传动机构在铅垂面的投影为平行四连杆机构。曲柄 O_1A = O_2B = 570mm，O_1A 的转速 $n = 36$r/min，收割机前进速度 $v = 2$ km/h，试求 $\varphi = 60°$ 时，AB 杆端点 M 的水平速度和铅垂速度。

14-6　如图 14-24 所示曲柄滑道机构中，BC 为水平，DE 保持铅直。曲柄长 $OA = 10$cm，并以等角速度 $\omega = 20$ rad/s 绕 O 轴转动，通过滑块 A 使杆 BC 作往复运动。求当曲柄与水平线的夹角 φ 分别为 $0°$、$30°$、$90°$ 时，杆 BC 的速度。

14-7　如图 14-25 所示凸轮顶杆机构中，已知凸轮为一偏心圆盘，半径为 r，偏心距为 e。若凸轮以匀角速度 ω 绕 O_1 轴转动，转轴 O_1 与顶杆滑道在同一铅垂线上。求当 $\angle AOO' = 90°$ 时，该瞬时顶杆的速度 v。

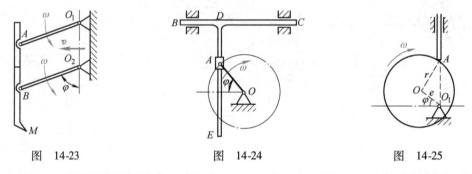

图　14-23　　　　　　　　　图　14-24　　　　　　　　　图　14-25

14-8　图 14-26 所示曲柄连杆机构中，曲柄 $OA = 0.8$m，转速 $n = 120$r/min，连杆 $AB = 1.6$m，求当 $\alpha = 0°$ 和 $\alpha = 90°$ 时，连杆 AB 的角速度及滑块 B 的速度。

14-9　如图 14-27 所示，椭圆规中滑块 A 以速度 v_A 沿水平向左运动，若 $AB = l$，试求当 AB 杆与水平线的夹角为 φ 时，滑块 B 的速度及杆 AB 的平面角速度。

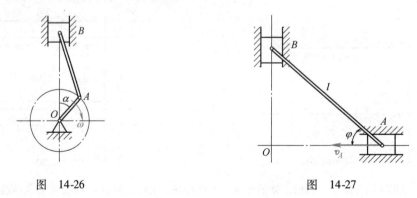

图　14-26　　　　　　　　　　　　　　　　图　14-27

14-10　图 14-28 所示两四杆机构，求该瞬时两机构中杆 AB 和 BC 的角速度。

14-11　如图 14-29 所示，曲柄 OA 以匀角速度 $\omega_0 = 2.5$ rad/s 绕 O 轴转动，并带动半径为 $r_1 = 5$cm 的齿轮使其在半径为 $r_2 = 15$cm 的固定齿轮上滚动。若直径 $CE \perp BD$，BD 与 OA 共线，求此时小齿轮上 A、B、

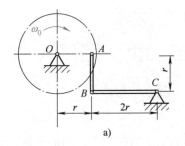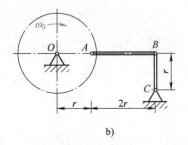

a)　　　　　　　　b)

图　14-28

C、D、E点的速度。

14-12　增速装置如图 14-30 所示，杆 O_1O_2 绕 O_1 轴转动，转速为 n_4。O_2 处用铰链连接一半径为 r_2 的活动齿轮 Ⅱ，杆 O_1O_2 转动时轮 Ⅱ 在半径为 r_3 的固定内齿轮上滚动，并带动半径为 r_1 的齿轮 Ⅰ 绕 O_1 轴转动。轮 Ⅰ 上装有砂轮，随同轮 Ⅰ 高速转动。已知：$r_3/r_1 = 11$，$n_4 = 900\mathrm{r/min}$，求砂轮的转速。

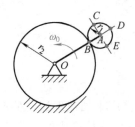

图　14-29

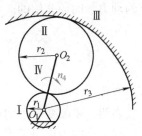

图　14-30

14-13　小型锻压机如图 14-31 所示。曲柄 $OA = O_1B = 10\mathrm{cm}$，转速 $n = 120\mathrm{r/min}$，$EB = BD = AD = 40\mathrm{cm}$，在图示瞬时，$OA \perp AD$，$O_1B \perp ED$，$O_1D$ 在水平位置，OD 在垂直位置，$ED \perp AD$，求锻锤 H 的速度。

14-14　如图 14-32 所示，曲柄 $OA = 0.3\mathrm{m}$，以角速度 $\omega_0 = 0.5\mathrm{rad/s}$ 绕 O 轴转动。半径 $R_2 = 0.2\mathrm{m}$ 的齿轮在半径 $R_1 = 0.1\mathrm{m}$ 的固定齿轮上滚动，并带动与其连接的连杆 BC，$BC = 1.02\mathrm{m}$。当半径 AB 垂直于曲柄 OA 时，求连杆 BC 的角速度及 C 点的速度。

14-15　如图 14-33 所示，两齿条以速度 $v_1 = 6\mathrm{\ m/s}$ 和 $v_2 = 2\mathrm{\ m/s}$ 作同方向运动，两齿条间夹有一齿轮，其半径 $r = 0.5\mathrm{m}$。求齿轮的角速度及其中心 O 点的速度。

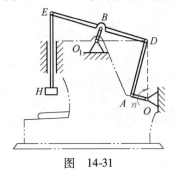

图　14-31

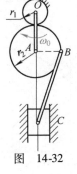

图　14-32

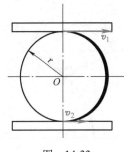

图　14-33

第十五章
构件动力学基础

本章主要介绍在不平衡的外力作用下，构件的运动与作用力之间的关系，为构件的动力学分析打下基础。

在研究构件动力学问题时，通常把工程构件抽象为不变的质点系（即刚体）。所谓**质点**，是指具有一定质量且忽略不计其几何尺寸的物质点；**质点系**是指由有限个或无限个质点组成的系统。所以，**质点和刚体**是构件动力学确立的**基本力学模型**。研究构件动力学问题是从研究质点的动力学问题开始的。

第一节　质点动力学基本方程

一、基本方程

实践经验表明，要改变一个物体的运动状态（即使物体产生加速度），必须对物体施加作用力，用同样大小的力作用于不同质量的物体，则质量大的物体产生的加速度小，质量小的物体产生的加速度大。这种作用力与运动变化的关系可用牛顿运动第二定律表示：**质点受力时所获得的加速度与作用力成正比，与质点的质量成反比，加速度与作用力方向相同。**

如图 15-1a 所示，设质点的质量为 m，作用力为 F，质点所获得的加速度为 a，用牛顿运动第二定律的矢量式表示为

$$F = ma \tag{15-1}$$

式（15-1）称为**质点动力学基本方程**。式中 F 表示作用于质点上力系的合力，加速度 a 的方向与质点合力 F 的方向相同。

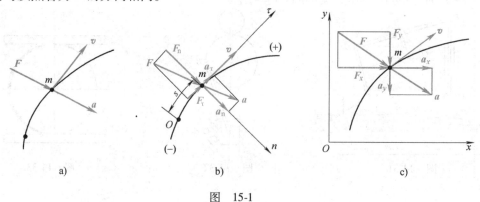

图　15-1

值得注意的是，基本方程虽指出了质点作用力与加速度的方向相同，但质点的速度方向并不一定与合力的方向一致。因此，合力的方向不一定就是质点运动的方向。

质点动力学基本方程给出了作用力与加速度之间的瞬时关系，即质点在任意瞬时有力作用就有加速度。不受作用力或力系合力为零，质点将保持原有的静止或匀速直线运动状态。

质点这种保持原有运动状态不变的特性，称为**惯性**。在相同的合外力作用下，质量大的质点获得的加速度小，而质量小的质点所获得的加速度大，即质点的惯性的大小取决于其质量，质量越大，其惯性也越大。因此，**质量是质点惯性的量度**。

需要指出的是，质量和重量是两个完全不同的概念。重量是地球对物体的作用力，也称为**重力**。在不同地域同一物体的重力略有不同。而质量是物体惯性的量度，是物体的固有属性，它不因地域而异，在古典力学中被看做不变的常量。质量为 m 的物体，其质量与重量的关系为

$$G = mg$$

式中，$g = 9.8\text{m/s}^2$ 是重力加速度。于是得出质量为 1kg 的物体，其重量为 $G = mg = 1 \times 9.8\text{N} = 9.8\text{N}$。

二、微分方程

1. 自然坐标式表示的微分方程

将质点动力学基本方程 $\boldsymbol{F} = m\boldsymbol{a}$ 沿自然坐标轴投影，如图 15-1b 所示，并由质点运动学的知识可推出，质点动力学**微分方程的自然坐标式**为

$$\left.\begin{aligned} F_\tau &= ma_\tau = m\frac{\mathrm{d}v}{\mathrm{d}t} = m\frac{\mathrm{d}^2 s}{\mathrm{d}t^2} \\ F_n &= ma_n = m\frac{v^2}{\rho} \end{aligned}\right\} \tag{15-2}$$

式中，F_τ 表示作用于质点上的合力在切向的投影，F_n 表示合力在法向的投影，a_τ 为切向加速度，a_n 为法向加速度。

2. 直角坐标式表示的微分方程

将质点动力学基本方程 $\boldsymbol{F} = m\boldsymbol{a}$ 沿直角坐标轴投影，如图 15-1c 所示，并由质点运动学的知识可推出，质点动力学微分方程的直角坐标式为

$$\left.\begin{aligned} F_x &= ma_x = m\frac{\mathrm{d}v_x}{\mathrm{d}t} = m\frac{\mathrm{d}^2 x}{\mathrm{d}t^2} \\ F_y &= ma_y = m\frac{\mathrm{d}v_y}{\mathrm{d}t} = m\frac{\mathrm{d}^2 y}{\mathrm{d}t^2} \end{aligned}\right\} \tag{15-3}$$

式中，F_x 表示作用于质点上的合力沿 x 轴方向的投影；F_y 表示合力在 y 轴方向的投影，a_x 为加速度在 x 轴方向的投影；a_y 为加速度在 y 轴方向的投影。

第二节　质点动力学的两类问题

以上所述的基本方程及微分方程可以求解质点动力学的两类问题。

一、已知运动求作用力

已知质点的运动（运动方程、速度方程和加速度），将运动方程或速度方程对时间求导得到加速度，将加速度代入基本方程，可求解出质点上的作用力。

例 15-1　图 15-2 所示为桥式起重机的平面力学简图，小车连同重 G 的重物沿横梁以匀速 v_0 向右运动。当小车因故紧急制动时，重物将向右摆动，已知钢绳长为 l，求紧急制动时钢绳的拉力 F。

解 取重物为研究对象，重物在制动后向右摆动作圆周曲线运动。任意瞬时法向加速度 $a_n = v^2/l$，选取自然坐标轴。其中有重力 G 和钢绳拉力 F 作用，画出受力图。由微分方程的自然坐标式向法向投影得

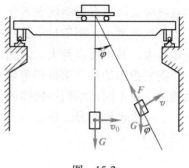

$$F - G\cos\varphi = \frac{G}{g}a_n$$

$$F = G\cos\varphi + \frac{G}{g}a_n = G\cos\varphi + \frac{G}{g}\frac{v^2}{l} = G\left(\cos\varphi + \frac{v^2}{gl}\right)$$

式中，v 及 φ 均为变量。由于制动后重物作减速运动，摆角 φ 越大速度 v 越小。因此，当 $\varphi = 0$ 时，即制动的一瞬时，钢绳中的拉力有最大值

$$F_{max} = G\left(1 + \frac{v_0^2}{gl}\right)$$

图 15-2

计算结果表明，紧急制动时钢绳拉力 F_{max} 是物重 G 的 $(1 + v_0^2/gl)$ 倍。因此，在实际操作中应尽量避免紧急制动，同时小车的行走速度也不宜太快。一般在不影响吊装工作安全的条件下，钢绳尽量放得长一些，以减小钢绳的最大拉力。

例 15-2 图 15-3a 所示质量为 m 的小圆环，将 AB 杆与半径为 R 的固定环套在一起，AB 杆绕 A 端铰链以匀角速度 ω 转动。求小圆环运动时受到的作用力 F。

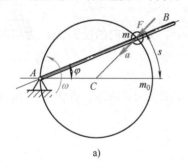

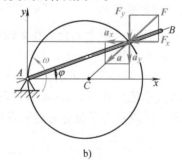

a)   b)

图 15-3

解 1）取小圆环为研究对象。小圆环套在固定环上作圆周曲线运动，选任意瞬时 t，小环的自然坐标 s（图 15-3a），t 瞬时 AB 杆与水平夹角 $\varphi = \omega t$，因此建立小圆环的运动方程为

$$s = 2R\omega t$$

由微分方程的自然坐标式得

$$F_\tau = ma_\tau = m\frac{d^2 s}{dt^2} = 0$$

$$F_n = ma_n = m\frac{(ds/dt)^2}{\rho} = m\frac{(2R\omega)^2}{R} = 4mR\omega^2$$

故

$$F = \sqrt{F_\tau^2 + F_n^2} = F_n = 4mR\omega^2$$

2）若选取图 15-3b 所示的直角坐标系，在任意瞬时 t，建立小环的运动方程为

$$x = R + R\cos 2\omega t, \quad y = R\sin 2\omega t$$

由微分方程的直角坐标式得

$$F_x = ma_x = m\frac{\mathrm{d}^2 x}{\mathrm{d}t^2} = -4mR\omega^2\cos 2\omega t$$

$$F_y = ma_y = m\frac{\mathrm{d}^2 y}{\mathrm{d}t^2} = -4mR\omega^2\sin 2\omega t$$

故

$$F = \sqrt{F_x^2 + F_y^2} = 4mR\omega^2$$

式中 F_x、F_y 为负值，表示小环在 x 轴、y 轴方向所受的分力与坐标轴方向相反。

二、已知作用力求运动

已知作用于质点上的力，求质点的运动状况，这类问题比较复杂，通常需将质点运动微分方程进行积分，由初始条件来确定积分常数。

所谓初始条件，就是质点的初始位置和初速度。

例 15-3　图 15-4 所示为炮弹以初速 v_0、发射角 α 离开炮膛。设炮弹的质量为 m，求炮弹的运动方程及速度方程。

解　取炮弹为研究对象，任意瞬时都受重力 mg 作用，画其受力图。选直角坐标系如图所示，列微分方程的直角坐标式得

$$F_x = 0 = m\frac{\mathrm{d}^2 x}{\mathrm{d}t^2} \qquad (a)$$

$$F_y = -mg = m\frac{\mathrm{d}^2 y}{\mathrm{d}t^2} \qquad (b)$$

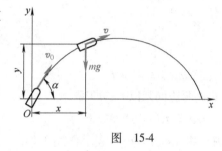

图　15-4

对式（a）分离变量进行积分并代入初始条件得

$$v_x = v_0\cos\alpha, \quad x = v_0\cos\alpha \cdot t$$

对式（b）分离变量进行积分并代入初始条件得

$$v_y = v_0\sin\alpha - gt, \quad y = v_0\sin\alpha \cdot t - \frac{1}{2}gt^2$$

所以，炮弹的运动方程为

$$x = v_0\cos\alpha \cdot t, \quad y = v_0\sin\alpha \cdot t - \frac{1}{2}gt^2$$

其任意瞬时的速度为

$$v = \sqrt{(v_0 t\cos\alpha)^2 + (v_0\sin\alpha - gt)^2}$$

第三节　构件定轴转动的动力学基本方程

由构件运动学知，工程构件有两种基本运动：平动和定轴转动。当构件作平动时，由于构件上各质点的运动轨迹、速度和加速度相同，因此，可以将构件全部质量集中在质心上，看作为一个质点，这样就把平动构件的动力学问题简化成一个质点的动力学问题。其动力学基本方程为 $F = ma_C$。

工程实际中，有大量绕定轴转动的构件，其转动状态的改变与作用于其上的外力偶矩有着密切的联系。例如，机床主轴的转动，在电动机起动力矩作用下，将改变原有的静止状

态，产生角加速度，越转越快；当电源关断后，主轴将在阻力矩作用下转速越来越小，直到停止转动。

本节将主要讨论构件绕定轴转动时，转动状态的变化规律与作用外力偶矩之间的关系。

一、定轴转动动力学基本方程

设一质量为 m 的构件，在外力 F_1^e，F_2^e，$\cdots$，F_n^e 作用下，绕 z 轴作定轴转动。图 15-5 所示为构件在垂直于 z 轴线的平面力学简图，任一瞬时构件转动的角速度为 ω，角加速度为 ε。设想构件是由 n 个质点组成的不变质点系，任取其中一个到转轴的距离为 r_i、质量为 m_i 的质点作为研究对象进行分析。该质点绕轴作圆周运动，其切向加速度 $a_{i\tau} = r_i \varepsilon$，法向加速度 $a_{in} = r_i \omega^2$。为了分析问题方便，将作用于质点 m_i 的所有力分为外力 F_i^e 和内力 F_i^i。外力 F_i^e 表示构件以外物体对质点 m_i 作用力的合力，内力 F_i^i 表示构件内其他质点对该质点 m_i 作用力的合力。

由质点动力学基本方程的自然坐标式，则有

$$m_i a_{i\tau} = F_{i\tau}^e + F_{i\tau}^i$$

即

$$m_i r_i \varepsilon = F_{i\tau}^e + F_{i\tau}^i$$

将此式两边同乘以 r_i，即得

$$m_i r_i^2 \varepsilon = M_z(F_{i\tau}^e) + M_z(F_{i\tau}^i)$$

式中，$M_z(F_{i\tau}^e) = F_{i\tau}^e r_i$ 表示作用于第 i 个质点上的合外力对 z 轴的力矩；

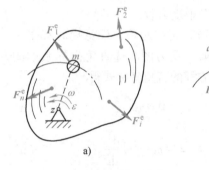

图　15-5

$M_z(F_{i\tau}^i) = F_{i\tau}^i r_i$ 表示作用于第 i 个质点上的合内力对 z 轴的力矩。

对于构件的 n 个质点，分别列出上式，然后求和可得

$$\sum m_i r_i^2 \varepsilon = \sum M_z(F_{i\tau}^e) + \sum M_z(F_{i\tau}^i)$$

由于构件的内力总是成对出现，所以各质点所有内力矩的代数和必为零，即 $\sum M_z(F_{i\tau}^i) = 0$。各质点上所有外力矩的代数和 $\sum M_z(F_{i\tau}^e)$，记作 $M_z = \sum M_z(F_{i\tau}^e)$。上式左边各项都含有 ε，可表示为 $\sum m_i r_i^2 \varepsilon = (\sum m_i r_i^2) \varepsilon$，并令式 $\sum m_i r_i^2 = J_z$，因此上述和式可写成

$$J_z \varepsilon = M_z \tag{15-4}$$

式（15-4）称为**定轴转动动力学基本方程**。式中，$J_z = \sum m_i r_i^2$ 称为**转动惯量**，表示转动构件内各质点的质量与到转轴距离平方乘积的总和。

定轴转动动力学基本方程式表明，**构件绕定轴转动时，其转动惯量与角加速度的乘积等于作用于构件上所有外力对转轴力矩的代数和**。

定轴转动动力学基本方程的微分形式可表示为

$$J_z \frac{\mathrm{d}\omega}{\mathrm{d}t} = M_z \quad \text{或} \quad J_z \frac{\mathrm{d}^2\varphi}{\mathrm{d}t^2} = M_z \tag{15-5}$$

由于构件定轴转动动力学基本方程与质点动力学基本方程在数学表达式上相类似，故将其相应的力学参数列成表 15-1，以便于比较和理解其力学意义。

二、转动惯量

1. 转动惯量的概念及计算

从式（15-4）可以看出，在相同外力矩作用下，转动惯量大的构件所获得的角加速度小，而转动惯量小的构件所获得的角加速度大。即转动惯量大的构件其转动惯性也大，不易改变其运动状态。因此，**转动惯量是构件转动惯性的量度。**

由上节所述知，构件绕定轴转动的转动惯量 $J_z = \sum m_i r_i^2$。可见转动惯量的大小不仅与构件质量的大小有关，而且还与质量相对于转轴的分布有关。质量越大，且离转轴分布越远，则其转动惯量就越大。机器中的飞轮，将边缘做得较厚，使质量尽量分布于轮缘，就是为了增大其转动惯量。反之，在一些仪器仪表中，人们希望仪表指针的反应灵敏，因而选用密度小的轻金属材料，做成纤小细长形，是为了减小其转动惯量。

表 15-1　定轴转动动力学基本方程与质点动力学基本方程比较

	质点的运动		构件绕定轴转动
基本方程	$\boldsymbol{F} = m\boldsymbol{a}$		$J_z \varepsilon = M_z$
运动状态的变化量度	加速度 $\left. \begin{array}{l} a_\tau = \dfrac{\mathrm{d}v}{\mathrm{d}t} = \dfrac{\mathrm{d}^2 s}{\mathrm{d}t^2} \\[2mm] a_n = \dfrac{v^2}{\rho} \end{array} \right\}$	$\left. \begin{array}{l} a_x = \dfrac{\mathrm{d}v_x}{\mathrm{d}t} = \dfrac{\mathrm{d}^2 x}{\mathrm{d}t^2} \\[2mm] a_y = \dfrac{\mathrm{d}v_y}{\mathrm{d}t} = \dfrac{\mathrm{d}^2 y}{\mathrm{d}t^2} \end{array} \right\}$	角加速度 $\varepsilon = \dfrac{\mathrm{d}\omega}{\mathrm{d}t} = \dfrac{\mathrm{d}^2 \varphi}{\mathrm{d}t^2}$
惯性的量度	质量 m		转动惯量 J_z
力的作用	合力 $\boldsymbol{F}$		合外力矩 M

工程实际中，构件的转动惯量一般是由实验方法测定的。对于简单形体构件，在理想化的均质状况下，式 $J_z = \sum m_i r_i^2$ 可通过积分法计算。其积分表达式为

$$J_z = \int_m r^2 \mathrm{d}m \tag{15-6}$$

现以均质等截面直杆为例说明积分法的应用。

如图 15-6 所示，设一均质杆长为 l，质量为 m，计算杆对通过质心且与杆垂直的 z 轴的转动惯量。

将杆长 l 分割为无限个微段 $\mathrm{d}x$，每个微段 $\mathrm{d}x$ 的质量 $\mathrm{d}m = (m/l)\,\mathrm{d}x$。设任一微段 $\mathrm{d}x$ 到 z 轴的距离为 x，则此微段 $\mathrm{d}x$ 的质量 $\mathrm{d}m$ 对 z 轴的二次矩为 $(m/l)\,x^2 \mathrm{d}x$。将每一个微小质量 $\mathrm{d}m$ 对 z 轴二次矩求和，即得以下积分表达式

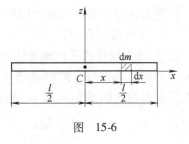

图　15-6

$$J_z = \int_m x^2 \mathrm{d}m = \int_{-l/2}^{l/2} \frac{m}{l} x^2 \mathrm{d}x = \frac{m}{l} \int_{-l/2}^{l/2} x^2 \mathrm{d}x = \frac{1}{12} m l^2$$

此即为均质细长直杆对其形心轴的转动惯量。对于一些简单形体的转动惯量可查阅工程设计手册。几种常见均质形体的转动惯量见表 15-2。

2. 回转半径

工程实际中，为了表达和运算方便，设想把构件的质量集中在一点上，此点到转轴 z 的距离用 ρ 表示，ρ 称为**回转半径**。则构件的转动惯量 J_z 就表示为构件的质量 m 与回转半径平方 ρ 的乘积，即

$$J_z = m\rho^2 \tag{15-7}$$

显然，已知构件的转动惯量和质量，其回转半径即为

$$\rho = \sqrt{\frac{J_z}{m}} \qquad\qquad (15\text{-}8)$$

表 15-2 简单形状均质物体的转动惯量

物体形状	转动惯量	回转半径
细长杆	$J_z = \dfrac{1}{12}ml^2$ $J_{z'} = \dfrac{1}{3}ml^2$	$\rho_z = \dfrac{\sqrt{3}}{6}l$ $\rho_{z'} = \dfrac{\sqrt{3}}{3}l$
细圆环	$J_C = mR^2$	$\rho_C = R$
薄圆板	$J_C = \dfrac{1}{2}mR^2$ $J_x = J_y = \dfrac{1}{4}mR^2$	$\rho_C = \dfrac{\sqrt{2}}{2}R$ $\rho_x = \rho_y = \dfrac{1}{2}R$

值得注意的是，回转半径只是一个抽象化的概念，并不是真实存在的一个半径。

3. 平行轴定理

表 15-2 仅给出了转轴通过质心构件的转动惯量。在工程中，有时需确定构件对质心以外某轴的转动惯量，例如图 15-7 所示均质等截面直杆，求与质心轴 z 平行的 z' 轴的转动惯量 $J_{z'}$，设两轴之间的距离为 a。根据转动惯量的定义

可得
$$\begin{aligned}
J_{z'} &= \int_m x'^2 \mathrm{d}m \\
&= \int_m (x+a)^2 \mathrm{d}m \\
&= \int_m x^2 \mathrm{d}m + 2a\int_m x\,\mathrm{d}m + a^2\int_m \mathrm{d}m
\end{aligned}$$

图 15-7

式中，$\int_m x^2 \mathrm{d}m = J_z$，$\int_m x\,\mathrm{d}m = 0$。由此可知，构件对任意轴的转动惯量为

$$J_{z'} = J_z + ma^2 \qquad\qquad (15\text{-}9)$$

此式称为转动惯量的**平行轴定理**。即构件对任意轴的转动惯量，等于构件对与该轴平行的质心轴的转动惯量，再加上质量与两平行轴距离平方的乘积。

由于 ma^2 为正值，故 $J_{z'}$ 总是大于 J_z，可见构件对诸多平行轴的转动惯量中，以对质心轴的转动惯量最小。

例15-4　图15-8所示材料冲击实验机的冲击摆由 OA 杆和 B 圆盘锤构成。设杆件和圆盘同为均质，杆长为 l，杆重为 G；圆盘的半径为 R，盘重为 $8G$，且 $l = 3R$，求冲击摆对 O 轴的转动惯量 J_O。

解　应用平行移轴定理得摆杆 OA 对 O 轴的转动惯量 J_{O1} 为

$$
\begin{aligned}
J_{O1} &= J_{C1} + m_1 d_1^2 \\
&= \frac{1}{12} \frac{G}{g} l^2 + \frac{G}{g} \left(\frac{l}{2}\right)^2 \\
&= \frac{1}{12} \frac{G}{g} (3R)^2 + \frac{G}{g} \left(\frac{3R}{2}\right)^2 \\
&= 3 \frac{G}{g} R^2
\end{aligned}
$$

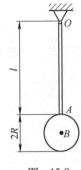

图　15-8

应用平行移轴定理得摆锤 B 对 O 轴的转动惯量 J_{O2} 为

$$
J_{O2} = J_{C2} + m_2 (l + R)^2 = \frac{1}{2} \frac{8G}{g} R^2 + \frac{8G}{g} (4R)^2 = 132 \frac{G}{g} R^2
$$

于是得冲击摆对 O 轴的转动惯量 J_O 为

$$
J_O = J_{O1} + J_{O2} = 135 \frac{G}{g} R^2
$$

第四节　构件定轴转动基本方程的应用

构件定轴转动的动力学基本方程，反映了作用外力矩与转动状态改变之间的关系。与质点动力学基本方程一样，也可以解决定轴转动构件动力学的两类问题：①已知构件的转动规律求作用于构件上的外力矩；②已知作用于构件的外力矩求构件的转动规律。

必须指出，构件定轴转动的动力学基本方程只适应于选单个构件为研究对象。对于具有多个固定转动轴的物系来说，需要将物系拆开，分别取各个构件为研究对象，列出基本方程。求解时要根据运动学知识进行运动量的统一。

例15-5　均质圆盘的质量 $m = 100\text{kg}$，半径 $R = 0.5\text{m}$，在不变转矩 M_z 作用下绕垂直于盘面质心轴 z 转动。圆盘由静止开始10s后使转速达到 $n = 240\text{r/min}$。不计轴承的摩擦，求作用于圆盘上的不变转矩 M_z。

解　取圆盘为研究对象，已知圆盘的转动规律求圆盘的外力矩。由构件运动学知，10s后圆盘的角速度 $\omega = n\pi/30 = 240\pi/30\text{rad/s} = 8\pi\text{rad/s}$，圆盘的角加速度 $\varepsilon = \omega/t = 8\pi/10\text{rad/s}^2 = 0.8\pi\text{rad/s}^2$。

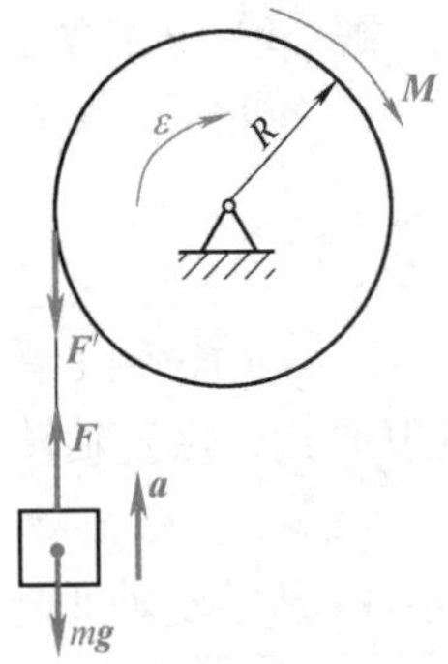

均质圆盘对质心 z 轴的转动惯量为

$$
J_z = \frac{1}{2} m R^2 = \frac{1}{2} \times 100 \times (0.5)^2 \text{kg} \cdot \text{m}^2 = 12.5 \text{kg} \cdot \text{m}^2
$$

由定轴转动动力学方程可得作用于圆盘上的不变转矩为

$$
M_z = J_z \varepsilon = 12.5 \times 0.8\pi \text{N} \cdot \text{m} = 31.4 \text{N} \cdot \text{m}
$$

图　15-9

例15-6　图15-9所示起吊机均质鼓轮的质量为 m_0，半径为 R，重物的质量为 m，作用于鼓轮上的主动转矩为 M，试求重物上升的加速度 a。

解　分别取鼓轮、重物为研究对象，重物作直线运动，鼓轮作定轴转动，画出受力图如图示。

对于重物，由质点动力学基本方程得

$$ma = F - mg$$

$$F = ma + mg$$

对于鼓轮，其转动惯量 $J_0 = m_0 R^2/2$，由定轴转动动力学基本方程得

$$J_0 \varepsilon = M - FR$$

联立求解上两式，且 $a = R\varepsilon$，得鼓轮的角加速度为

$$\varepsilon = \frac{M - mgR}{J_0 + mR^2} = \frac{2(M - mgR)}{(m_0 + 2m)R^2}$$

重物上升的加速度等于鼓轮边缘上任意点的切向加速度，故

$$a = R\varepsilon = \frac{2(M - mgR)}{(m_0 + 2m)R}$$

例 15-7　图 15-10a 所示为一电动绞车提升质量为 m 的重物，在其主轴上作用一不变的力矩 M，已知主动轮轴 I 与从动轮轴 II 对其各自转轴的转动惯量分别为 J_1 和 J_2，传动比 $i_{12} = i$，吊索绕在半径为 R 的鼓轮上。不计摩擦和吊索自重，试求重物上升的加速度 a。

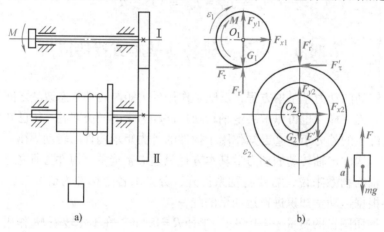

a)　　　　　　　　　　　　　　b)

图　15-10

解　1）分别取主动轮轴 I、从动轮轴 II、重物为研究对象。画出受力图（图 15-10b）。

2）重物受吊索拉力 F、重力 mg，由质点动力学基本方程得

$$ma = F - mg$$

$$F = ma + mg \tag{a}$$

3）主动轮轴 I 受重力 G_1、轴承约束力 F_{x1}、F_{y1}、齿轮间径向力 F_r、圆周力 F_τ、主动力矩 M 作用，由定轴转动动力学基本方程得

$$J_1 \varepsilon_1 = M - F_\tau r_1 \tag{b}$$

4）从动轮轴 II 受重力 G_2、轴承约束力 F_{x2}、F_{y2}、齿轮间径向力 F_r'、圆周力 F_τ'、吊索拉力 F' 作用，由定轴转动动力学基本方程得

$$J_2 \varepsilon_2 = F_\tau' r_2 - F'R \tag{c}$$

由运动学知

$$r_1\varepsilon_1 = r_2\varepsilon_2, \quad a = R\varepsilon_2, \quad i_{12} = \frac{\varepsilon_1}{\varepsilon_2} = \frac{r_2}{r_1} = i$$

可得

$$\varepsilon_2 = a/R, \quad \varepsilon_1 = i\varepsilon_2 = ia/R,$$

联立求解以上式（a）、（b）、（c），得从动轮轴 II 的角加速度为

$$\varepsilon_2 = \frac{Mi - mgR}{J_1 i^2 + J_2 + mR^2}$$

重物上升的加速度等于鼓轮边缘上任意点的切向加速度，即

$$a = R\varepsilon_2 = \frac{(Mi - mgR)\ R}{J_1 i^2 + J_2 + mR^2}$$

阅读与理解

超重与失重的现象

超重与失重是一种普通存在的物理现象。如飞机起降时，乘客会有一些不良的反应，感觉到头晕胸闷；宇航员必须经过专门训练，以适应航天飞行中的超重和失重状态。下面通过举例说明超重与失重现象。

例 15-8　图 15-11a 所示电梯携带重量为 G 的重物以匀加速度 a 上升，试求电梯地板受到的压力 F_N。

解　取重物为研究对象画受力图（图 15-11b）。选图示的坐标轴 x，由动力学基本方程得

$$F_N - G = \frac{G}{g}a$$

$$F_N = G + \frac{G}{g}a = G\left(1 + \frac{a}{g}\right)$$

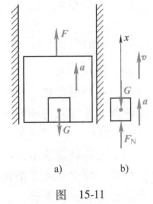

图　15-11

由计算结果知，重物对电梯地板的压力由两部分组成，一部分是重物的重量 G，它是电梯处于静止或匀速直线运动时的压力，一般称为**静压力**；另一部分是由于物体加速运动而附加产生的压力，称为**附加动压力**。全部压力 F_N 称作**动压力**。

若电梯加速上升时动压力大于静压力，这种现象称为**超重**。超重不仅使地板所受压力增大，而且也使物体内部压力增大。如人站在加速上升的电梯内，由于附加动压力使人体内部的压力增大，就会有沉重的感觉。飞机加速上升时，乘客因体内压力增大，就会感觉到头晕胸闷。

若电梯加速下降时，由于上述计算可知，动压力为 $F_N = G\left(1 - \dfrac{a}{g}\right)$，即动压力小于静压力。电梯加速下降，人体内部压力减小，会感觉轻飘飘的。

特别是当下降的加速度 $a = g$ 时，这相当于物体与电梯各自自由下落，同时物体内部由于重力引起的压力也随之消失，这种现象称为**失重**。

小 结

一、质点动力学基本方程

$$F = ma$$

（1）微分方程的自然坐标式

$$\left.\begin{aligned} F_\tau &= ma_\tau = m\frac{dv}{dt} = m\frac{d^2s}{dt^2} \\ F_n &= ma_n = m\frac{v^2}{\rho} \end{aligned}\right\}$$

（2）微分方程的直角坐标式

$$\left.\begin{aligned} F_x &= ma_x = m\frac{dv_x}{dt} = m\frac{d^2x}{dt^2} \\ F_y &= ma_y = m\frac{dv_y}{dt} = m\frac{d^2y}{dt^2} \end{aligned}\right\}$$

（3）质点动力学的两类问题：①已知运动求作用力；②已知作用力求运动。

二、定轴转动动力学基本方程

（1）基本方程 $\qquad J_z\varepsilon = M_z$

（2）微分形式 $\qquad J_z\dfrac{d\omega}{dt} = M_z$ 或 $J_z\dfrac{d^2\varphi}{dt^2} = M_z$

（3）转动惯量 $\qquad J_z = \sum m_i r_i^2,\ J_z = \int_m r^2 dm$

（4）回转半径 $\qquad J_z = m\rho^2$

（5）平行轴定理　构件对任意轴的转动惯量，等于构件对与该轴平行的质心轴的转动惯量，再加上质量与两平行轴距离平方的乘积。

$$J_{z'} = J_z + md^2$$

（6）定轴转动基本方程的应用　构件定轴转动的动力学基本方程只适应于选单个构件为研究对象。对于具有多个固定转动轴的物系来说，需要将物系拆开，分别取各个构件为研究对象列出基本方程求解。

思 考 题

15-1 何谓质量？质量与重量有什么区别？

15-2 作用于质点上的力的方向是否就是质点运动的方向？质点的加速度方向是否就是质点速度的方向？

15-3 图 15-12 所示一质点沿平面曲线 AB 运动时，试分析质点上所画出的合外力与加速度，哪一种是可能的？哪一种是不可能的？

15-4 质量相同的两质点受相同作用力，两质点的运动轨迹、同一瞬时的速度、加速度是否一定相同？为什么？

15-5 一圆环与一实心圆盘材料相同，质量相同，绕其质心作定轴转动，某一瞬时有相同的角加速度，问该瞬时作用于圆环和圆盘上的外力矩是否相同？

15-6 构件作定轴转动，当角速度很大时，是否外力矩也一定很大？当角速度为零时，是否外力矩也为零？外力矩的转向是否一定与角速度的转向一致？

15-7 图 15-13 所示两均质圆盘的质量均为 m，半径均为 R。一圆盘在力 F 作用下绕 O 转动，另一圆盘在重物 G 作用下绕 O 转动，且 $G = F$，试分析两圆盘的角加速度是否相同，两绳的拉力是否相同。

15-8 图 15-14 所示质量为 m 的均质鼓轮，两边受绳索拉力 F_1、F_2 作用。试分析_____时两绳拉力 $F_1 = F_2$；_____时两绳拉力 $F_1 > F_2$；_____时两绳拉力 $F_1 < F_2$。

　　A. $\varepsilon \neq 0$，鼓轮质量不计　　B. $\varepsilon > 0$　　C. $\varepsilon < 0$　　D. $\varepsilon = 0$

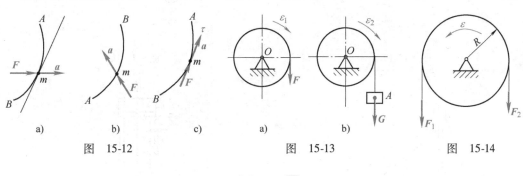

　　　　a)　　　　　b)　　　　　c)　　　　　　　　a)　　　　　b)

图　15-12　　　　　　　　　　　图　15-13　　　　　　　　　图　15-14

习　题

15-1 图 15-15 所示物块由静止开始沿倾角为 α 的斜面下滑。设物块重为 G，与斜面间的动摩擦因数为 μ，求物块下滑 s 距离后的速度 v 及所需的时间 t。

15-2 图 15-16 所示质量为 m 的物块放在匀速旋转的水平台面上，距转轴的距离为 r，若物块与台面间的静摩因数为 μ_s，求物块不致因台面旋转而滑出的最大转速 n。

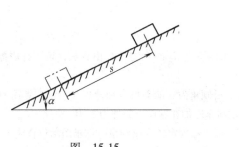

图　15-15

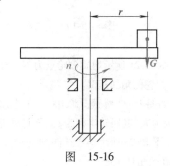

图　15-16

15-3 图 15-17 所示重 $G = 5\text{N}$ 的小球悬挂上端固定的绳子上，绳长 $l = 500\text{mm}$。当小球在水平面内作每秒一圈的匀速转动时，试求绳子与铅垂方向的夹角 α 以及绳子所受的拉力 F。

15-4 图 15-18 所示曲柄导杆机构中，活塞和滑槽的质量共为 $m = 50\text{kg}$。曲柄 OA 长 $r = 30\text{cm}$，绕 O 轴作匀速转动，转速 $n = 120\text{r/min}$，不计摩擦。求当曲柄在 $\varphi = 0$ 及 $\varphi = 90°$ 两个位置时，滑块分别作用在滑槽上的水平力。

15-5 图 15-19 所示质量为 m 的小球用两根长为 l 的细杆支承，杆自重不计。小球与细杆一起以匀角速度 ω 绕 AB 轴旋转，设 $AB = l$，试求两细杆所受的力。

15-6 图 15-20 所示凸轮导杆机构，凸轮以角速度 ω 绕 O 轴转动，推动导杆 AB 沿铅垂滑道运动，导杆顶部放一质量为 m 的物块随导杆运动。设凸轮偏心距 $OC = e$，开始时 OC 在水平线上。试求：1) 物块对导杆顶部的最大压力；2) 使物块不离开导杆的 ω 最大值。

15-7 半径为 $r = 1\text{m}$，质量为 $m = 10\text{kg}$ 的均质圆盘，绕定轴 O 以 $n = 1200\text{r/min}$ 的转速转动，制动时在轮缘作用一不变的摩擦力 F，经 60s 后转动停止，试求此摩擦力的大小。

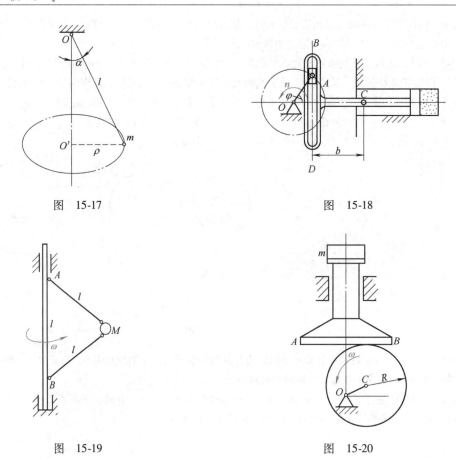

图 15-17　　　　　　　　　　　　图 15-18

图 15-19　　　　　　　　　　　　图 15-20

15-8　图 15-21 所示均质鼓轮重为 G，半径为 R，悬挂一重 G_1 的重物 A 自由释放，若不计摩擦力和绳子质量，求鼓轮的角加速度。

15-9　如图 15-22 所示，矿山料车的总质量为 m_1，沿倾角为 α 的斜坡以加速度 a 启动。卷筒 O 的质量为 m_2，半径为 r，其回转半径为 ρ。不计摩擦，求起动料车时加在卷筒上的外力矩 M。

15-10　图 15-23 所示均质杆件 AB 长为 l，重力 G，杆 A 端固定铰支座约束。试求图示位置绳子 BE 被割断时，杆 AB 的角加速度。

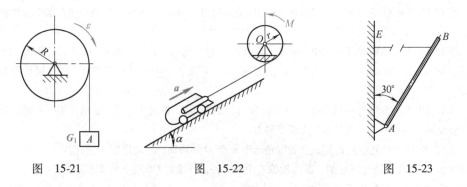

图 15-21　　　　　　　图 15-22　　　　　　　图 15-23

15-11　如图 15-24 所示，鼓轮两侧分别悬挂重物 A、B，已知鼓轮的转动惯量为 J_0、A 物重 G_1，B 物重 G_2，不计摩擦及绳重，求自由释放后鼓轮的角加速度。

15-12　图 15-25 所示传动轮系，已知轴 Ⅰ 和轴 Ⅱ 的转动惯量分别为 J_1 和 J_2，两轮轴的传动比 $i_{12} = R_2/R_1$，式中 R_1、R_2 为两啮合齿轮的节圆半径。若在主动轮轴 Ⅰ 上作用一转矩 M，试分别求两轮轴的角加速度。

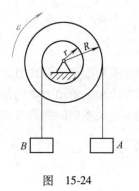

图　15-24

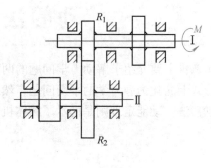

图　15-25

第十六章
动静法和动能定理

本章将主要介绍求解动力学问题的两种普遍方法。通过施加虚拟的惯性力，将动力学问题从形式上简化为静力学的平衡问题，然后应用静力学的方法来求解动力学问题。这种方法称为**动静法**。动能定理则是揭示了物体机械运动时，功能变化关系之间的普遍规律。

第一节　质点的动静法

一、惯性力的概念

任何物体都有保持静止或匀速直线运动的属性，称为惯性。当物体受到外力作用而产生运动状态改变时，物体会对施力物体产生反作用力，因反作用力是由于物体的惯性所引起的，故称为**惯性力**。显然，惯性力是作用在施力物体上的。

如图 16-1a 所示，工人沿光滑地面用力 F 推动一质量为 m 的小车，小车加速度为 a，根据质点动力学基本方程得 $F = ma$。由作用与反作用公理可知，工人必受到小车的反作用力 F'，F' 即为小车的惯性力。F 与 F' 等值、反向、共线，即惯性力 $F' = -ma$。惯性力是因力 F 作用而使小车运动状态改变，由小车的惯性而引起对人手的反作用力，其大小等于小车的质量与加速度的乘积，方向与加速度方向相反，作用在人手上。

如图 16-1b 所示，质量为 m 的小球作匀速圆周运动，小球在绳子拉力 F_T 的作用下产生向心加速度 a_n，小球由于惯性而给绳子的反作用力 F_T' 称为小球的惯性力。F_T 与 F_T' 等值、反向、共线，即惯性力 $F_T' = -ma_n$。作匀速圆周运动的小球，其惯性力 F_T' 总是沿法线而背离曲率中心，故称此惯性力为**离心力**。

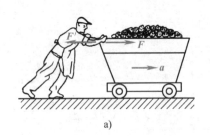
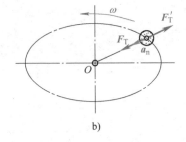

a)　　　　　　　　　　　　　　b)

图　16-1

综上所述，当质点受到作用力而产生加速度时，**质点由于惯性必然给施力体以反作用力，该反作用力即称为质点的惯性力。质点惯性力的大小等于质点的质量与其加速度的乘积，方向与加速度的方向相反。**

若用 F_g 表示质点的惯性力，则质点的惯性力为

$$F_g = -ma \tag{16-1}$$

二、质点的动静法

设一质量为 m 的质点，受主动力 $\boldsymbol{F}$、约束力 $\boldsymbol{F}_N$ 的作用，沿其轨迹曲线运动，如图 16-2 所示。由质点动力学基本方程得

$$\boldsymbol{F} + \boldsymbol{F}_N = m\boldsymbol{a}$$

将式中右边移项

$$\boldsymbol{F} + \boldsymbol{F}_N - m\boldsymbol{a} = 0$$

由惯性力的概念知，$\boldsymbol{F}_g = -m\boldsymbol{a}$，则上式可表示为

$$\boldsymbol{F} + \boldsymbol{F}_N + \boldsymbol{F}_g = 0 \tag{16-2}$$

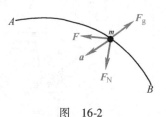

图 16-2

式（16-2）表明：如果在运动的质点上假想地加上惯性力，**则作用于质点上的主动力、约束力及惯性力，在形式上构成一平衡力系。**此式即为质点的达朗伯原理。

由质点的达朗伯原理知，作用于质点上的主动力、约束力与质点的惯性力构成形式上的平衡力系，那么质点动力学问题就可以运用静力学平衡方程来求解。这种将动力学问题应用静力学平衡方程求解的方法称为**动静法**。

必须强调指出：惯性力实际并不作用于质点，而是作用于施力体，在质点施加惯性力是假想的，其"平衡力系"是虚拟的。应用动静法时，并没有改变动力学问题的实质。但是动静法为我们提供了一个用静力学平衡方程解决动力学问题的普遍方法。这种方法使一些动力学问题的求解显得特别方便。

将式（16-2）在自然坐标轴投影，即得动静法的自然坐标式

$$\left.\begin{aligned} F_\tau + F_{N\tau} + F_{g\tau} = 0 \\ F_n + F_{Nn} + F_{gn} = 0 \end{aligned}\right\} \tag{16-3}$$

将式（16-2）在直角坐标轴投影，即得动静法的直角坐标式

$$\left.\begin{aligned} F_x + F_{Nx} + F_{gx} = 0 \\ F_y + F_{Ny} + F_{gy} = 0 \end{aligned}\right\} \tag{16-4}$$

应用质点动静法解题时，首先要确定研究对象，分析其受力并画出受力图。其中惯性力要根据质点运动条件及轨迹曲线确定。然后，列静力学平衡方程求解。

例 16-1 如图 16-3 所示重为 G 的小球系于长为 l 的绳子下端，绳上端固定，并与铅垂线成 α 夹角，小球在垂直于铅垂线平面内作匀速圆周运动。已知球的质量 $m = 1\text{kg}$，$l = 300\text{mm}$，$\alpha = 60°$，求小球的速度 v 及绳子所受的拉力。

解 1）取小球的研究对象，分析受力并画受力图。小球受主动力 $\boldsymbol{G}$、绳子拉力 $\boldsymbol{F}$ 作用。小球沿圆周曲线匀速运动，有加速度 $\boldsymbol{a}$ 指向曲率中心，则其惯性力 $\boldsymbol{F}_g$ 指向法向外侧。

2）由质点动静法知，作用于小球上的主动力 $\boldsymbol{G}$、约束力 $\boldsymbol{F}$、惯性力 $\boldsymbol{F}_g$ 组成了形式上的平衡力系。其中惯性力 $F_g = ma_n = m\dfrac{v^2}{l\sin\alpha}$。建立坐标系列平衡方程式

$\sum F_y = 0$ $\qquad\qquad F\cos\alpha - G = 0$

得 $\qquad\qquad F = \dfrac{G}{\cos\alpha} = \dfrac{1 \times 9.8}{\cos 60°}\text{N} = 19.6\text{N}$

$\sum F_n = 0$ $\qquad\qquad F\sin\alpha - F_g = 0$

即

$$F_{g} = ma = m\frac{v^2}{l\sin\alpha} = F\sin\alpha$$

得

$$v = \sqrt{\frac{Fl\sin^2\alpha}{m}} = \sqrt{\frac{19.62 \times 0.3 \times \sin^2 60°}{1}}\text{m/s} = 2.1\text{m/s}$$

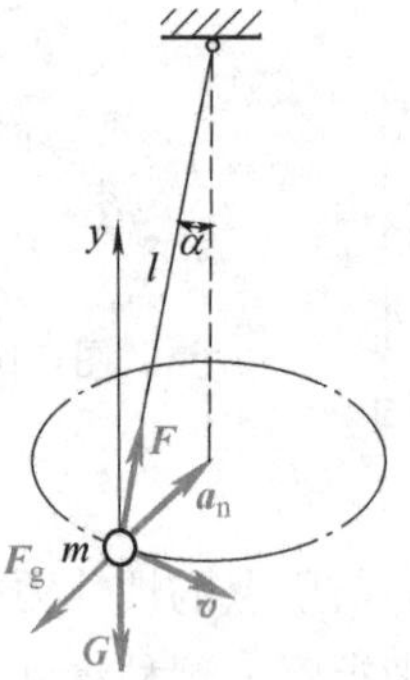

图　16-3 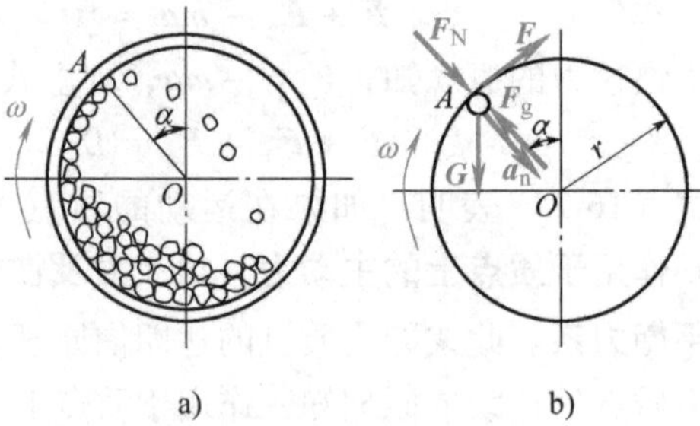　　　　　　图　16-4

例16-2　如图16-4a所示研磨矿石的球磨机的平面力学简图。当转筒绕轴 O 旋转时，依靠摩擦力带动筒内许多钢球一起转动，钢球转到一定角度 α 时，开始脱离筒壁而沿抛物线下落，以此打击矿石，打击力与 α 角有关。设圆筒的半径为 r，试求钢球脱离筒壁时的 α 角与圆筒角速度 ω 的关系。

解　1）取最外层一个钢球为研究对象（图16-4b），分析受力并画受力图。不考虑钢球间的相互作用力，则钢球受重力 G、筒壁摩擦力 F、正压力 F_N 作用。钢球作匀速圆周运动，只有法向加速度，因此虚加法向惯性力 $F_g = ma_n = Gr\omega^2/g$，其方向通过 A 点背向转筒中心 O。

2）由质点动静法，选自然坐标系列平衡方程

$\Sigma F_n = 0$　　　　　　$F_N + G\cos\alpha - F_g = 0$

得

$$F_N = G\left(\frac{r\omega^2}{g} - \cos\alpha\right)$$

钢球脱离筒壁的条件为 $F_N = 0$，代入上式，可求得脱离角

$$\alpha = \arccos\left(\frac{r\omega^2}{g}\right)$$

由上式的结果可以看出，当 $r\omega^2/g = 1$ 时，有 $\alpha = 0$，这相当于钢球始终不脱离筒壁。此时，转筒的角速度 $\omega_{lj} = \sqrt{\dfrac{g}{r}}$，称为**临界转速**。对于球磨机而言，应要求其 $\omega < \omega_{lj}$，否则球磨机就不能正常工作。工程实际中，一般 $\alpha = 50°40'$ 左右时，钢球具有最大的打击力。若转筒半径 $r = 1.6\text{m}$，代入上式即得对应的转筒转速为 $n = 18\text{r/min}$。

若对于离心浇铸机来说，为了使熔液在旋转的铸型内紧贴内壁成型，则要求 $\omega > \omega_{lj}$。

第二节　质点的动能定理

一、力的元功

设质量为 m 的质点，在力系合力作用下作平面曲线运动，如图16-5所示。由质点动力

学基本方程的自然坐标式知

$$ma_\tau = m\frac{dv}{dt} = F_\tau$$

在上式两边同乘以微段路程 ds 得

$$m\frac{dv}{dt}ds = mvdv = d\left(\frac{1}{2}mv^2\right) = F_\tau ds = dW$$

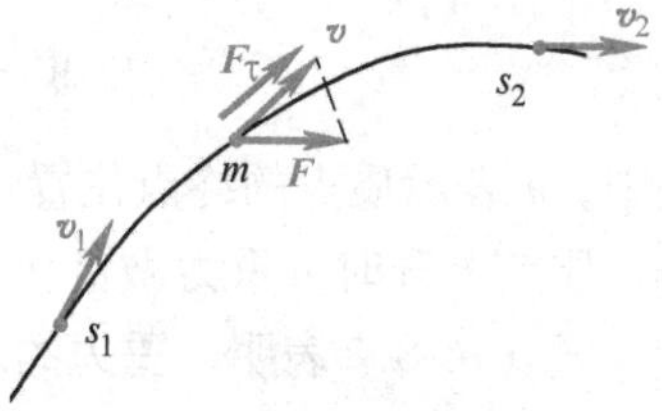

即得质点动能定理的微分形式

$$d\left(\frac{1}{2}mv^2\right) = dW \tag{16-5}$$

图 16-5

上式表明，**质点动能的微分等于作用于质点上作用力的元功。**

若质点从 s_1 运动至 s_2，其速度由 v_1 变为 v_2，质点走过路程为 $s = s_2 - s_1$。对式（16-5）进行积分运算，则

$$\int_{v_1}^{v_2} d\left(\frac{1}{2}mv^2\right) = \int_{s_1}^{s_2} F_\tau ds$$

即得质点动能定理的积分形式

$$\frac{1}{2}mv_2^2 - \frac{1}{2}mv_1^2 = W_{12} \tag{16-6}$$

上式表明，**在任一段路程中质点动能的改变量，等于质点上的作用力在同一路程上所做的功。**

需要指出的是，动能是描述质点运动强弱的物理量。功是力在一段路程中对物体作用的积累效应，其结果使质点的动能发生改变。正功使物体动能增加，运动增强；负功使物体动能减小，运动变弱。动能的改变是用功来度量的。

二、力的功

力的功表征了力在其作用点的位移路程上对物体的累积效应。下面讨论功的计算。

1. 常力的功

设质点 m 在大小、方向不变的常力 F 的作用下沿水平直线运动，力 F 与运动方向的夹角为 α，质点上力的作用点从 s_1 到 s_2 的直线位移为 s，如图 16-6 所示。力 F 在这一段路程上对质点 m 所累积的作用效应用功来度量。其定义为：**常力 F 在位移方向的投影与位移的乘积称为常力 F 在此位移上对质点所做的功**，用 W 表示。即

$$W = F\cos\alpha \cdot s = Fs\cos\alpha \tag{16-7}$$

显然，当 $\alpha < 90°$ 时，力做正功。这时 $F\cos\alpha$ 使物体产生与速度方向一致的加速度，可见正功使质点的运动由弱变强。当 $\alpha > 90°$ 时，力做负功。说明质点克服阻力做功，这时力 F 在速度方向的投影和速度方向相反，必然使运动速度降低，即负功使质点的运动由强变弱。当 $\alpha = 90°$ 时，$W = 0$，力 F 不做功，此时 F 垂直于运动方向，位移方向无加速度，质点速度值不变，运动强弱无变化。

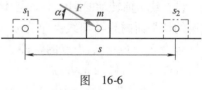

图 16-6

功是标量，其单位为 J（焦耳），$1J = 1N \cdot m$。

2. 重力的功

设重为 G 的质点沿一曲线轨迹由 s_1 运动到 s_2，如图 16-7 所示，现计算重力 G 所做的功，有

$$W = \int_{y_1}^{y_2} (- Gdy) = G(y_1 - y_2) = Gh \tag{16-8}$$

式中，h 表示质点的终点位置 y_1 和始点位置 y_2 的高度差。显然，若质点下落时，重力做正功；质点上升时，重力做负功。

式（16-8）表明，**重力的功等于质点的重量与起始位置和终了位置高度差的乘积，与质点的运动路程无关。**

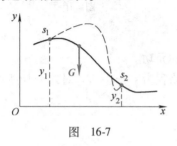

图 16-7

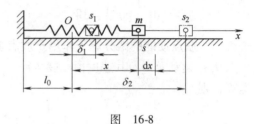

图 16-8

3. 弹性力的功

设一弹簧的一端固定，另一端系一质点 m，如图 16-8 所示。当弹簧原长为 l_0 时，质点 m 的位置 O 称为自然位置。以 O 点为坐标原点，弹簧中心线为坐标轴 x，并以弹簧伸长方向为正向，图中质点处于任一位置 s 处，此时弹簧有伸长变形量 x，据胡克定律可知，在比例极限内，弹性力与变形成正比，即 $F = - kx$，k 为弹簧的刚性系数，单位为 N/m，表示使弹簧伸长（或缩短）单位长度所需的作用力。弹性力 F 沿弹簧中心线，恒指向自然位置。当质点正向移动一微段距离 dx 时，弹性力的元功为 $dW = - kxdx$。质点由位置 s_1 至 s_2，即伸长量由 δ_1 增至 δ_2 过程中，弹性力做的功为

$$W = \int_{\delta_1}^{\delta_2} Fdx = \int_{\delta_1}^{\delta_2} (- kxdx) = \frac{k}{2}(\delta_1^2 - \delta_2^2) \tag{16-9}$$

式（16-9）表明，**弹性力的功等于弹簧始末位置变形量的平方差与刚度系数乘积的一半。**当初变形大于末变形时，弹性力做正功；反之弹性力做负功。弹性力的功只与弹簧初始位置和末了位置的变形量有关，而与质点的运动轨迹无关。

4. 常力矩的功

设在绕 z 轴转动的刚体上一点 A 作用一个力 F，力作用线在 A 点轨迹的切平面内且与切线夹角为 α，如图 16-9 所示，则力 F 在切线的投影为 $F_\tau = F\cos\alpha$，A 点的轨迹曲线 $ds = Rd\varphi$。因此力 F 在其作用点轨迹曲线上所做的元功为

$$dW = F\cos\alpha ds = F_\tau ds = F_\tau Rd\varphi = M_z(F)d\varphi$$

若 $M_z(F)$ 为常力矩，由此得常力矩的功为

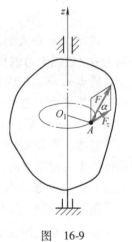

图 16-9

$$W = \int_{\varphi_1}^{\varphi_2} F_\tau Rd\varphi = \int_{\varphi_1}^{\varphi_2} M_z(F)d\varphi = M_z\varphi \tag{16-10}$$

式（16-10）表明，**作用于构件上常力矩的功等于常力矩与转角的乘积。**当力矩与转角同向，常力矩做正功；反之做负功。

三、动能的计算

1. 质点的动能

设运动质点的质量为 m，速度为 v，则质点的动能等于**质点的质量与速度平方乘积的一半**。

$$E = mv^2/2 \tag{16-11}$$

2. 平动构件的动能

构件平动时，任一瞬时，构件内各质点的速度都相等，且等于质点的速度 v_C，于是得平动构件的动能为

$$E = \sum \frac{1}{2} m_i v_i^2 = \frac{1}{2} m v_C^2 \tag{16-12}$$

上式表明，**平动构件的动能等于构件的质量与质心速度平方之积的一半**。

3. 定轴转动构件的动能

设构件绕定轴转动，某瞬时的角速度为 ω。构件上任一质点的质量为 m_i，其速度为 v_i，该点距转轴的距离为 r_i，则任一质点的速度 $v_i = r_i \omega$。故构件在该瞬时的动能为

$$E = \sum \frac{1}{2} m_i v_i^2 = \frac{1}{2} \left(\sum m_i r_i^2 \right) \omega^2 = \frac{1}{2} J_z \omega^2 \tag{16-13}$$

上式表明，**定轴转动构件的功能，等于构件对转轴的转动惯量与角速度平方之积的一半**。

第三节　构件的动能定理

质点的动能定理可以推广到构件或构件系统。设构件或构件系统由 n 个质点组成，任一质点的质量为 m_i，某瞬时的速度为 v_i，所受合外力为 $\boldsymbol{F}_i^e$，合内力为 $\boldsymbol{F}_i^i$，当质点有微小位移时，由质点动能定理得

$$d \left(\frac{1}{2} m_i v_i^2 \right) = dW_i^e + dW_i^i$$

式中，dW_i^e 和 dW_i^i 分别为作用于该质点上的外力和内力的元功。将质系内各质点的上述方程相加得

$$d \sum \left(\frac{1}{2} m_i v_i^2 \right) = \sum dW_i^e + \sum dW_i^i$$

即构件系统动能定理的微分表达式为

$$dE = \sum dW_i^e + \sum dW_i^i$$

将微分表达式进行积分，即得构件系统动能定理的积分表达式为

$$E_2 - E_1 = \sum W_i^e + \sum W_i^i \tag{16-14}$$

上式表明，**构件系统在某段路程上动能的改变量，等于所有外力和内力在该段路程上所做的总功**。

值得注意的是，在一般情况下，构件系统内力所做功的总和不一定等于零。例如，内燃机中燃气对活塞的推力是系统的内力，此内力做正功。又如车辆制动时，制动块与制动轮间的摩擦力是内力，但此内力做负功。

设构件内任意两点间的距离保持不变，构件为不变质点系（刚体），故构件内任意两点之间有相互作用的内力，此内力必然等值、反向、共线。所以构件运动时内力做功之和为零。因此，动能定理应用于这类构件时，只须考虑其外力的功。其动能定理的积分表达式为

$$E_2 - E_1 = \sum W \tag{16-15}$$

上式表明，**构件在某段路程上动能的改变量，等于作用于构件上所有外力在该段路程上所做的功之和。**

必须指出的是，构件在很多情况下受到的约束可简化为理想约束，如光滑面接触、固定铰支座、光滑圆柱铰链、柔索等。因此，构件的动能定理又可以表述为：在理想约束条件下，作用于构件上的主动力在任一段路程上所做的功等于构件在此段路程上动能的改变量。

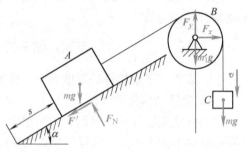

图 16-10

例16-3 图16-10所示绳子一端吊有物块 C，一端绕过均质滑轮 B，拉动物块 A 沿倾角为 α 的斜面运动，设滑轮的质量为 m_1，半径为 r，A、C 两物块的质量均为 m，A 物块与斜面间的动滑动摩擦因数为 μ，不计绳重。求物块沿斜面滑动路程 s 时的速度 v 和加速度 a。

解 取系统为研究对象。

1）求系统的动能。物块 C 作直线平动，B 轮作定轴转动，物块 A 作直线平动。设任一瞬时物块的速度为 v，则系统的动能为

$$E = \frac{1}{2}mv^2 + \frac{1}{2}J_B\omega^2 + \frac{1}{2}mv^2 = mv^2 + \frac{1}{2}\left(\frac{m_1 r^2}{2}\right)\omega^2 = \frac{1}{4}(4m + m_1)v^2$$

2）求系统外力所做的功。物块 A 上有重力 mg、法向反力 $F_N = mg\cos\alpha$、摩擦力 $F' = F_N\mu$ $= mg\cos\alpha\mu$。物块 C 上有重力 mg，滑轮 B 上有重力 $G = m_1 g$、约束力 F_x、F_y。则 A 物块在 s 段路程的这一过程中系统外力所做的功之和为

$$\sum W = -mgs\sin\alpha - F's + mgs$$
$$= -mgs\sin\alpha - mg\cos\alpha\mu s + mgs$$
$$= mgs\,(1 - \sin\alpha - \mu\cos\alpha)$$

3）求物块的速度 v、加速度 a。物块初始动能 $E_1 = 0$，末了动能 $E_2 = \frac{1}{4}(4m + m_1)v^2$，由构件系统的动能定理得

$$E_2 - E_1 = \sum W$$

即

$$\frac{1}{4}(4m + m_1)v^2 = mgs(1 - \sin\alpha - \mu\cos\alpha)$$

将此式表示成如下形式

$$v^2 = 2 \times \frac{2mg(1 - \sin\alpha - \mu\cos\alpha)}{4m + m_1}s$$

由匀变速运动公式 $v^2 = 2as$，可知物块 A、C 的加速度为

$$a = \frac{2mg(1 - \sin\alpha - \mu\cos\alpha)}{4m + m_1}$$

因此可得物块的速度为

$$v = 2\sqrt{\frac{mgs(1 - \sin\alpha - \mu\cos\alpha)}{4m + m_1}}$$

例 16-4　图 16-11 所示传动轮系 I 轴上装有轮 A 和齿轮 1，总质量为 m_1，回转半径为 ρ_1。II 轴上装有轮 B 和齿轮 2，总质量为 m_2，回转半径为 ρ_2，起动轮系时作用在 I 轴上的驱动力矩为 M_1，II 轴上作用的阻力矩为 M_2。已知 1、2 轮的节圆半径分别为 r_1、r_2，传动比 $i_{12} = r_2/r_1$，试求轮系起动时 II 轴所获得的角加速度 ε_2。

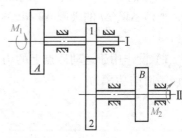

图　16-11

解　取系统为研究对象。

1）求系统的动能。I 轴、II 轴均作定轴转动，设起动后任一瞬时 t，II 轴的角速度为 ω_2，则 I 轴的角速度为 $\omega_1 = i_{12}\omega_2$。该瞬时 II 轴转动的转角为 φ_2，则 I 轴转动的转角为 $\varphi_1 = i_{12}\varphi_2$。I 轴的转动惯量 $J_1 = m_1\rho_1^2$，II 轴的转动惯量 $J_2 = m_2\rho_2^2$ 则任一瞬时 t 系统的动能为

$$E = \frac{1}{2}J_1\omega_1^2 + \frac{1}{2}J_2\omega_2^2 = \frac{1}{2}(m_1\rho_1^2\omega_1^2 + m_2\rho_2^2\omega_2^2)$$

$$= \frac{1}{2}(m_1\rho_1^2 i_{12}^2 + m_2\rho_2^2)\omega_2^2$$

2）求系统外力所做的功。I 轴作用常力矩 M_1，转动的转角为 φ_1。II 轴作用阻力矩 M_2，转动的转角为 φ_2。则轮系驱动力矩和阻力矩在其对应转角上所做的功之和为

$$\sum W = M_1\varphi_1 - M_2\varphi_2 = (M_1 i_{12} - M_2)\varphi_2$$

3）求 II 轴角加速度 ε_2。系统初始动能 $E_1 = 0$，任一瞬时 t 的动能已确定，由构件系统的动能定理得

$$E_2 - E_1 = \sum W$$

即

$$\frac{1}{2}(m_1\rho_1^2 i_{12}^2 + m_2\rho_2^2)\omega_2^2 = (M_1 i_{12} - M_2)\varphi_2$$

将此式表示成如下形式

$$\omega_2^2 = 2 \times \frac{M_1 i_{12} - M_2}{m_1\rho_1^2 i_{12}^2 + m_2\rho_2^2}\varphi_2$$

由匀变速转动公式 $\omega^2 = 2\varepsilon\varphi$，可知 II 轴角加速度 ε_2 为

$$\varepsilon_2 = \frac{M_1 i_{12} - M_2}{m_1\rho_1^2 i_{12}^2 + m_2\rho_2^2}$$

第四节 功率方程与机械效率

一、功率

力在单位时间内所做的功称为**功率**。功率表示做功的快慢程度。作用力在某一时间间隔 Δt 内所做的元功 ΔW 与时间间隔 Δt 的比值称为力在这段时间内的平均功率，当 Δt 趋于零时，比值 $\Delta W/\Delta t$ 的极限 $\mathrm{d}W/\mathrm{d}t$ 称为瞬时功率，用 P 来表示。功率的单位是 W（瓦特），$1\mathrm{W}=1\mathrm{J/s}$。

1）设作用于运动质点上的力为 F，某瞬时的速度为 v，力 F 的元功 $\mathrm{d}W = F_\tau \mathrm{d}s$，即力 F 在该瞬时的功率为

$$P = \frac{\mathrm{d}W}{\mathrm{d}t} = \frac{F_\tau \mathrm{d}s}{\mathrm{d}t} = F_\tau v \tag{16-16}$$

式（16-16）表明，**作用于质点上力的功率等于力在运动曲线切向的投影与速度大小的乘积**。

2）设作用于定轴转动构件上某瞬时的力矩为 M，其元功 $\mathrm{d}W = M\mathrm{d}\varphi$，若该瞬时构件的角速度为 ω，则力矩 M 在该瞬时的功率为

$$P = \frac{\mathrm{d}W}{\mathrm{d}t} = \frac{M\mathrm{d}\varphi}{\mathrm{d}t} = M\omega \tag{16-17}$$

式（16-17）表明，**作用于转动构件上力矩的功率等于力矩与角速度的乘积**。

3）若传动轮系用功率为 P（kW）、转速为 n（r/min）的电动机拖动，由式（16-17）可知，电动机作用于轮系的力矩 M（N·m）为

$$M = \frac{P}{\omega} = \frac{1000P}{2\pi n/60} = 9549\frac{P}{n} \tag{16-18}$$

二、功率方程

取构件系统动能定理的微分形式 $\mathrm{d}E = \sum \mathrm{d}W$，两端除以 $\mathrm{d}t$，得

$$\frac{\mathrm{d}E}{\mathrm{d}t} = \sum \frac{\mathrm{d}W}{\mathrm{d}t} = \sum P \tag{16-19}$$

式（16-19）表明，**物系动能随时间的变化率等于作用于物系的所有力的功率的代数和**。

机器工作时必须输入一定的功率，有用阻力将消耗一部分有用功率，无用阻力消耗一部分无用功率。如机床车削工件时，电动机为机床输入功率，车刀作用于工件的力消耗了有用功率，摩擦阻力消耗了无用功率。若将式中所有力的功率之和分为输入功率 P_0、有用功率 P_1、无用功率 P_2，则上式可表示为

$$\frac{\mathrm{d}E}{\mathrm{d}t} = P_0 - P_1 - P_2$$

将此式表示成下列形式，即

$$P_0 = \frac{\mathrm{d}E}{\mathrm{d}t} + P_1 + P_2 \tag{16-20}$$

由式（16-20）可知，机器系统的输入功率等于系统动能的变化率与有用功率及无用功率之总和。此式即称为**功率方程**。它表明了机器的输入功率与输出功率和机器动能变化之间

的关系。在机器起动或加速时，$\dfrac{\mathrm{d}E}{\mathrm{d}t}>0$，一般机器此时不消耗有用功率，即 $P_1=0$，机器的输入功率主要用于增加系统的动能和克服摩擦力做功；当机器正常运转（一般为匀速运动或匀速转动）时，系统动能不变化，即 $\dfrac{\mathrm{d}E}{\mathrm{d}t}=0$，输入功率主要用于克服有用阻力做功和克服摩擦力做功；在制动过程中，一般切断动力，即 $P_0=0$，这时系统动能在逐渐减小，$\dfrac{\mathrm{d}E}{\mathrm{d}t}<0$，摩擦阻力消耗系统动能做功。

三、机械效率

在工程实际中通常把机器正常运转时的有用功率 P_1 与输入功率 P_0 的比值称为**机械效率**，用 η 表示。即

$$\eta = \frac{P_1}{P_0} \tag{16-21}$$

可见，机械效率 η 表示了机器对输入功率的有效利用程度，它是评价机器质量好坏的重要指标。一般机械的机械效率可在设计手册中查阅。

例 16-5　图 16-12 所示车床车削直径 $d=18\mathrm{mm}$ 的工件，已知主轴的转速 $n=960\mathrm{r/min}$，主轴的转矩 $M=27\mathrm{N\cdot m}$，车床的机械效率 $\eta=0.8$。试求车床的切削力 F 和电动机的输出功率。

解　1）取车床主轴为研究对象，求切削力。

$$F = \frac{2M}{d} = \frac{2\times 27}{0.18}\mathrm{N} = 300\mathrm{N}$$

2）由功率计算式（16-18）求切削力消耗的有用功率为

$$P_1 = \frac{Mn}{9549} = \frac{27\times 960}{9549}\mathrm{kW} = 2.71\mathrm{kW}$$

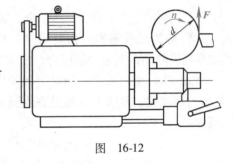

图　16-12

3）求电动机的输出功率（车床的输入功率）为

$$P_0 = \frac{P_1}{\eta} = \frac{2.71}{0.8}\mathrm{kW} \approx 3.4\mathrm{kW}$$

阅读与理解

一、构件作匀加速直线运动时的动应力

工程构件所承受的载荷，可分为静载荷和动载荷两大类。通常把具有缓慢而平稳地加载，其数值、方向和作用位置均不再变化的载荷称为**静载荷**。而把加载过程太快或构件由于运动引起的载荷称为**动载荷**。例如起重机加速提升重物时，吊索受到的载荷；汽锤锻打坯件时，坯件受到的载荷；汽轮机旋转时叶片中应力随转速而变化等。在工程实际中，构件承受的载荷是比较复杂的，必须充分考虑载荷本身的动力效应，不能简单地把动载荷问题按静载荷处理。

如图 16-13 所示的起吊机加速提升重量为 G 的重物，以加速度 a 上升，钢丝绳的横截面

面积为 A，材料的密度为 ρ。求钢丝绳任一截面上的动应力。

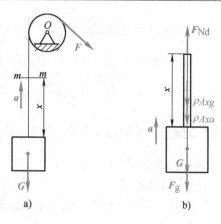

在距钢丝绳下端为 x 处取一横截面 $m\text{-}m$，假想地将其截开，取下部为研究对象，如图 16-13b 所示。其上的作用力有，钢绳横截面上的轴向内力 F_{Nd}，重物的重量 G，钢绳重量 ρAxg。应用动静法，假想地加上重物的惯性力 $F_g = Ga/g$ 和钢绳的惯性力 ρAxa 后，列平衡方程得

$$\Sigma F_x = 0 \qquad F_{Nd} - G - \rho Axg - \frac{G}{g}a - \rho Axa = 0$$

图 16-13

$$F_{Nd} = \left(1 + \frac{a}{g}\right)(G + \rho Axg) = \left(1 + \frac{a}{g}\right)F_{Nj} \qquad (a)$$

该截面上的动应力为

$$\sigma_d = \left(1 + \frac{a}{g}\right)\frac{F_{Nj}}{A} = \left(1 + \frac{a}{g}\right)\sigma_j \qquad (b)$$

式（a）、式（b）中的 $F_{Nj} = (G + \rho Axg)$，$\sigma_j = F_{Nj}/A$，分别为重物静止时钢绳 $m\text{-}m$ 截面上的静内力和静应力。若令 $K_d = (1 + a/g)$，则

$$\left.\begin{aligned} F_{Nd} &= K_d F_{Nj} \\ \sigma_d &= K_d \sigma_j \end{aligned}\right\} \qquad (16\text{-}22)$$

式中，K_d 称为**动荷系数**。由此可见，只要求出构件在动载作用下的动荷系数和静应力，便可求得动应力。

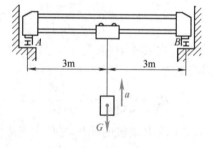

由式（b）可以看出，钢丝绳的动应力随截面位置 x 的改变而变化，危险截面显然在钢绳最上端，其强度准则为

$$\sigma_{dmax} = K_d \sigma_{jmax} \leqslant [\sigma] \qquad (16\text{-}23)$$

式中，$[\sigma]$ 是材料在静载作用下的许用应力。

图 16-14

例 16-6 图 16-14 所示桥式起重机以等加速度 a 提升一重物，已知物体重 $G = 10\text{kN}$，$a = 4\text{m/s}^2$，起重机横梁为 28a 工字钢，梁跨 $l = 6\text{m}$。不计横梁和钢绳的重量，求此时钢绳所受的拉力及梁的最大正应力。

解 求动荷系数为

$$K_d = (1 + a/g) = 1 + 4/9.8 = 1.41$$

查表得 28a 工字钢 $W_z = 508.15\text{cm}^3$，横梁的最大静应力在梁中点截面上、下边缘处，其值为

$$\sigma_{jmax} = \frac{M_{jmax}}{W_z} = \frac{Gl/4}{W_z} = \frac{10 \times 10^3 \times 6/4}{508.15 \times 10^{-6}}\text{Pa} = 29.5 \times 10^6\text{Pa} = 29.5\text{MPa}$$

梁的最大动应力为

$$\sigma_{dmax} = K_d \sigma_{jmax} = 1.41 \times 29.5\text{MPa} = 41.6\text{MPa}$$

二、构件作匀速转动时的动应力

图 16-15 所示飞轮，如果不考虑轮辐的质量，假定飞轮的质量主要集中在轮缘上，可将

飞轮简化为一个绕轴转动的圆环（图 16-15b）。设圆环的横截面面积为 A，平均直径为 D，材料的密度为 ρ，飞轮转动的角速度为 ω。由于环壁较薄，可认为圆环上各点具有相同的法向加速度，其值为 $a_n = D\omega^2/2$，圆环产生的惯性力集度 $q_d = \rho A a_n = \rho A D \omega^2/2$。

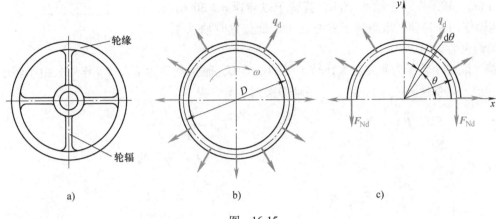

图　16-15

取圆环的上半部分为研究对象，如图 16-15c 所示。设 F_{Nd} 为圆环横截面上的内力，加上惯性力，由动静法列平衡方程得

$$\sum F_y = 0 \qquad \int_0^\pi q_d \frac{D}{2}\sin\theta d\theta - 2F_{Nd} = 0$$

$$F_{Nd} = \frac{Dq_d}{2} = \frac{\rho A D^2 \omega^2}{4}$$

圆环横截面上的应力为

$$\sigma_d = \frac{F_{Nd}}{A} = \frac{\rho D^2 \omega^2}{4} = \rho v^2$$

则圆环的强度准则为

$$\sigma_d = \rho v^2 \leqslant [\sigma] \qquad (16\text{-}24)$$

由此可见，飞轮轮缘内的应力仅与材料的密度和轮缘各点的线速度有关。为保证飞轮安全工作，飞轮允许的最大转速也称为**临界转速**。则飞轮的临界转速 n 为

$$n \leqslant \frac{60}{\pi D}\sqrt{\frac{[\sigma]}{\rho}}$$

例 16-7　一磨床上的砂轮，外径 $D = 300\,\text{mm}$，砂轮材料的密度 $\rho = 3 \times 10^3\,\text{kg/m}^3$，许用应力 $[\sigma] = 5\,\text{MPa}$。求砂轮的临界转速。

解　砂轮旋转时，其边缘的动应力最大。因此，当边缘处的材料失效时，相应的砂轮转速为其**临界转速**，即

$$n \leqslant \frac{60}{\pi D}\sqrt{\frac{[\sigma]}{\rho}} = \frac{60}{\pi \times 0.3}\sqrt{\frac{5 \times 10^6}{3 \times 10^3}}\,\text{r/min} = 2600\,\text{r/min}$$

三、构件定轴转动时对轴承的动约束力

定轴转动的构件，由于材质的不均匀性、加工制造和装配过程中的误差，不可避免地存在偏心，即质心不在转轴上。当转速较高时，就会引起很大的轴承动约束力。下面通过工程

实例说明这一问题。

例 16-8　图 16-16 所示传动轮质量为 $m = 10\text{kg}$，由于材质、制造或安装等原因，造成转子的质心偏离转轴，偏心距 $e = 0.1\text{mm}$，转子安装于轴的中部，若转子以转速 $n = 3000\text{r/min}$ 绕轴作匀速转动，求当转子重心处于最低位置时轴承 A、B 的动约束力。

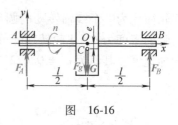

图 16-16

解　取整个转子为研究对象，转子受到重力 G、轴承约束力 F_A、F_B 作用。由于转子作匀速转动，其惯性力 $F_g = me\omega^2$，应用动静法列平衡方程

$$\sum M_A(F) = 0 \qquad\qquad F_B l - \frac{Gl}{2} - \frac{F_g l}{2} = 0$$

$$\sum F_y = 0 \qquad\qquad F_A + F_B - G - F_g = 0$$

解得

$$F_A = F_B = \frac{F_g}{2} + \frac{G}{2}$$

$$= \left[\frac{1}{2} \times 10 \times 0.1 \times 10^{-3} \times \left(3000 \times \frac{2\pi}{60}\right)^2 + \frac{1}{2} \times 10 \times 9.8\right]\text{N}$$

$$= 98.3\text{N}$$

由此可见，轴承 A、B 的约束力由两部分组成，统称为**动约束力**。一部分是由重力 G 引起的约束力称为**静约束力**，其大小为 49N；另一部分是由惯性力引起的约束力称为**附加动约束力**，其大小为 49.3N。由于转子偏心引起的动约束力，会加速轴承的磨损，并引起机械的振动而产生噪声。严重的转子偏心，将导致机械故障或使机械损坏。

四、静平衡与动平衡的概念

从上例分析可知，定轴转动构件若存在偏心，即使偏心距很小，在高速转动时也会产生很大的附加动约束力。动约束力太大将加速轴承的磨损，引起振动并导致机械故障。为了消除附加动反力，首先应消除转动构件的偏心现象。没有偏心的转子，其惯性主矢等于零（即 $F_g = 0$），转子仅受重力作用，无论转子自由转动到什么位置都能够静止。转子的这种随遇平衡称为**静平衡**。

为了测定或校正转动构件的静平衡，常采用图 16-17a 所示的试验方法，即：将转动构件放在静平衡试验架的水平刀口上，使其自由滚动或往复摆动。若有偏心，则停止转动时转动构件的重边总是朝下。这时可以在偏心的一侧去掉一些材料，或者在轻的一侧添加一些材料，从而减小偏心距。经多次反复校正，直到转动构件达到随遇平衡时为止，则偏心基本可得以消除。

必须指出的是，静平衡构件在转动时，有时也会引起附加动约束力。例如图 16-17b 所示的曲轴是静平衡的，其重心在转轴上。但由于曲拐的惯性力 F_{g1}、F_{g1}' 合成为一力偶，同样可以引起附加动约束力，这种静平衡转子由于惯性力引起附加动约束力的现象称为**动不平衡**。为了消除这种附加动约束力的影响，可以在转动构件的适当位置添加配重，用来产生一个与上述力偶等值、反向的惯性力偶，如图 16-17c 所示的惯性力偶 $M(F_{g2}, F_{g2}')$，可与原来的惯性力偶 $M(F_{g1}, F_{g1}')$ 相平衡。这种使所有惯性力自成平衡力系的现象称为**动平衡**。工程中常用动平衡试验机测定转动构件的动平衡。

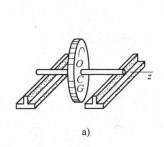
a)

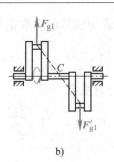
b)

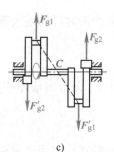
c)

图　16-17

五、冲击载荷

当运动物体（冲击物）以一定的速度作用于静止构件（被冲击物）而受到阻碍，其速度急剧下降，这种现象称为**冲击**。此时，由于冲击物的作用，被冲击物受到很大的冲击载荷。工程中的锻造、冲压等，就是利用了这种冲击作用。但是，一般工程构件都要求尽量避免或减小冲击，以免构件受损。

在冲击过程中，由于冲击物的速度在短时间内发生了很大的变化，而且冲击过程复杂，加速度不易测定，所以不能用动力学基本方程进行分析计算，通常采用能量法。下面主要分析构件受自由落体冲击时的冲击动应力和动变形的计算。

图 16-18 所示物体重量为 G，自高度为 h 处自由落下，冲击下面的直杆，使杆发生轴向压缩。为便于分析，通常假设：

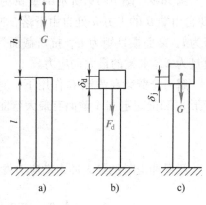

1）冲击物变形很小，可视为刚体。

2）直杆质量忽略不计，杆的力学性能是线弹性

图　16-18

的。即假设杆的材料满足胡克定律，用 δ_d 表示直杆受冲击动载荷 F_d 作用时的动变形，用 δ_j 表示直杆受静载 G 作用时的静变形，则 $F_d/\delta_d = G/\delta_j$。

3）冲击过程无能量损耗。即在冲击过程中，冲击物所作的功 W 等于被冲击物的变形能 U_d。

当物体自由下落时，其初速度为零；当冲击结束时，其速度也为零，而此时杆的受力已从零增加到 F_d，杆的缩短量达到最大值 δ_d。因此，在整个冲击过程中，冲击物的动能变化为零，冲击物所作的功和杆的变形能分别为

$$W = G(h + \delta_d), U_d = \frac{1}{2}F_d\delta_d = \frac{1}{2}\frac{G}{\delta_j}\delta_d^2$$

根据功能原理 $W = U_d$，则

$$G\left(h + \delta_d\right) = \frac{1}{2}\frac{G}{\delta_j}\delta_d^2$$

$$\delta_d^2 - 2\delta_j\delta_d - 2h\delta_j = 0$$

解此一元二次方程得

$$\delta_d = \delta_j \pm \sqrt{\delta_j^2 + 2h\delta_j} = \left(1 \pm \sqrt{1 + \frac{2h}{\delta_j}}\right)\delta_j$$

由于求冲击时杆的最大变形量，式中根号前应取正号，即

$$\delta_{\mathrm{d}} = \left(1 + \sqrt{1 + \frac{2h}{\delta_{\mathrm{j}}}}\right)\delta_{\mathrm{j}} = K_{\mathrm{d}}\delta_{\mathrm{j}}$$

上式中 K_{d} 为自由落体冲击时的动荷系数，即

$$K_{\mathrm{d}} = 1 + \sqrt{1 + \frac{2h}{\delta_{\mathrm{j}}}} \qquad (16\text{-}25)$$

冲击时的动应力强度准则为

$$\sigma_{\mathrm{dmax}} = K_{\mathrm{d}}\sigma_{\mathrm{jmax}} \leqslant [\sigma] \qquad (16\text{-}26)$$

由式（16-26）可见，当 $h = 0$ 时，$K_{\mathrm{d}} = 2$，即杆受到突然加载，其动应力和动变形都是静载下的两倍，故加载时应尽量缓慢平衡，避免突然加载。为提高构件抗冲击的能力，还应设法降低构件的刚度。当 h 一定时，构件的静变形增大，动荷系数即减小，构件抵抗冲击的能力增强。如汽车车身与车轴之间加上钢板弹簧，就是为了减小车身对轴的冲击作用。

例 16-9　图 16-19 所示一重量为 G 的物块，从悬臂梁 AB 自由端 B 的上方 h 处自由下落，冲击梁的 B 端。已知梁跨为 l，截面惯性矩为 I_z，抗弯截面系数为 W_z，材料的弹性模量为 E，求梁的最大动应力。

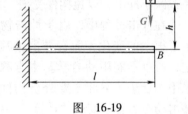

图　16-19

解　悬臂梁在静载 G 作用下，查变形表知冲击点的静变形 δ_{j} 和梁固定端 A 截面有最大弯曲正应力，分别为

$$\delta_{\mathrm{j}} = \frac{Gl^3}{3EI_z}, \quad \sigma_{\mathrm{jmax}} = \frac{Gl}{W_z}$$

梁受冲击时的最大冲击动应力发生在 A 截面的上、下边缘处。即

$$\sigma_{\mathrm{dmax}} = K_{\mathrm{d}}\sigma_{\mathrm{jmax}} = \sigma_{\mathrm{jmax}}\left(1 + \sqrt{1 + \frac{2h}{\delta_{\mathrm{j}}}}\right) = \frac{Gl}{W_z}\left(1 + \sqrt{1 + \frac{6EI_z h}{Gl^3}}\right)$$

小　结

一、质点的动静法

作用于质点上的主动力，约束力与质点的惯性力组成平衡力系，那么质点动力学问题就可以运用静力学平衡方程来求解，这种将动力学问题应用静力学平衡方程求解的方法称为动静法。其矢量表达式为

$$F + F_{\mathrm{N}} + F_{\mathrm{g}} = 0$$

动静法的自然坐标式和直角坐标式分别为

$$\left.\begin{array}{l} F_{\tau} + F_{\mathrm{N}\tau} + F_{\mathrm{g}\tau} = 0 \\ F_n + F_{\mathrm{N}n} + F_{\mathrm{g}n} = 0 \end{array}\right\}, \quad \left.\begin{array}{l} F_x + F_{\mathrm{N}x} + F_{\mathrm{g}x} = 0 \\ F_y + F_{\mathrm{N}y} + F_{\mathrm{g}y} = 0 \end{array}\right\}$$

二、质点的动能定理

1. 在任一段路程中质点动能的改变量，等于作用于质点上的力在同一路程上所作的功。

$$\frac{1}{2}mv_2^2 - \frac{1}{2}mv_1^2 = W_{12}$$

2. 功的计算

（1）常力的功　　　　　　　　$W = F\cos\alpha \cdot 4$

（2）重力的功　　　　　　　　$W = G(y_1 - y_2) = Gh$

（3）弹性力的功　　　　　　　$W = \dfrac{k}{2}(\delta_1^2 - \delta_2^2)$

（4）常力矩的功　　　　　　　$W = M_z\varphi$

3. 动能的计算

（1）质点的动能　　　　　　　$E = \dfrac{1}{2}mv^2$

（2）平动构件的动能　　　　　$E = \dfrac{1}{2}mv_C^2$

（3）定轴转动构件的动能　　　$E = \dfrac{1}{2}J_z\omega^2$

三、构件的动能定理

构件在某段路程上动能的改变量，等于作用于构件上所有外力在该段路程上所作的功之和。

$$E_2 - E_1 = \sum W$$

四、功率方程与机械效率

1）功率的计算。力的功率 $P = \dfrac{\mathrm{d}W}{\mathrm{d}t} = \dfrac{F_\tau \mathrm{d}S}{\mathrm{d}t} = F_\tau v$，常力矩的功率 $P = \dfrac{\mathrm{d}W}{\mathrm{d}t} = \dfrac{M\mathrm{d}\varphi}{\mathrm{d}t} = M\omega$。

2）功率方程 $P_0 = \dfrac{\mathrm{d}E}{\mathrm{d}t} + P_1 + P_2$。

3）机械效率 $\eta = \dfrac{P_1}{P_2}$。

思 考 题

16-1　是否运动物体都有惯性力？质点作匀速直线运动时有无惯性力？质点作匀速圆周运动时有无惯性力？

16-2　图 16-20 所示箱体内悬挂一质量为 m 的小球，当箱体沿图示三个方向匀加速运动时，试分别画出作用于小球上的主动力、约束力和虚加的惯性力。

16-3　图 16-21 所示物块重 $G = 400\mathrm{N}$，与地面间的摩擦因数为 $\mu_s = 0.15$。若 $F = 50\mathrm{N}$ 时，分析物块惯性力的大小和方向。若 $F = 80\mathrm{N}$ 时，分析物块惯性力的大小和方向。

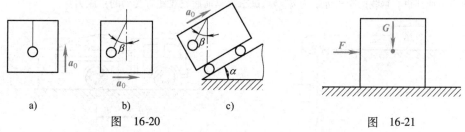

a)　　　　　　b)　　　　　　c)

图　16-20　　　　　　　　　　　图　16-21

16-4　图 16-22 所示载重卡车重为 G，以匀速 v 行驶，试分析卡车通过曲率半径为 R 的拱型桥面时，对桥面的压力大，还是通过曲率半径为 R 的凹型桥面时，对桥面的压力大。

16-5 图 16-23 所示质点 A 挂在弹簧一端，外力使质点沿任意轨道从 A 运动到 B 又回到 A。在这个过程中，重力和弹性力所作的功分别是多少？

16-6 图 16-24 所示传动轮系，已知链条速度为 v，小轮的半径为 r，对轴的转动惯量为 J_1；大轮的半径为 R，对轴的转动惯量为 J_2；链条的质量为 m。问整个系统的动能为多少？

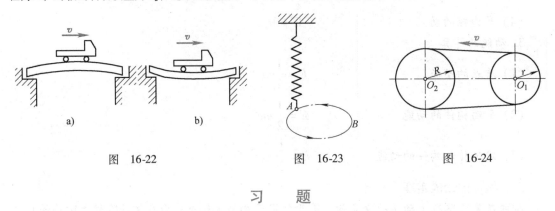

图 16-22   图 16-23   图 16-24

习　题

16-1 在车厢顶上悬挂一单摆，摆锤质量为 m，当车厢以等加速度 a 作水平直线运动时，摆将偏向一侧，试求摆线与铅垂线的夹角 θ。

16-2 如图 16-25 所示，重为 G 的圆柱体放在框架内，框架以加速度 a 向右作水平直线平动。已知 α 角，试求保持圆柱不沿斜面滚动时框架的最小加速度。

16-3 如图 16-26 所示，旋转平台绕其轴线以匀角速度 ω_0 转动，平台上距轴线为 r 处的物块质量为 m，物块与平台间的静摩擦因数为 μ_s，试用动静法求物块不滑动时平台的最大角速度。

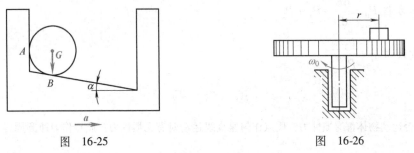

图 16-25   图 16-26

16-4 如图 16-27 所示，物块 A 的质量 $m_A = 20\text{kg}$，物块 B 的质量 $m_B = 10\text{kg}$，用绳子通过导轮连接。已知物块 B 与水平面间的动摩擦因数为 $\mu = 0.4$，不计导轮与绳子的质量，试求物块 A 下落的加速度及绳子所受的拉力（$g = 10 \text{ m/s}^2$）。

16-5 如图 16-28 所示，载重汽车重为 G，以加速度 a 作水平直线加速起动。已知汽车重心 C 离地面高度为 h，前后轮轴到重心垂线的距离分别为 d、b。试求汽车前后轮在此时受到的正压力。

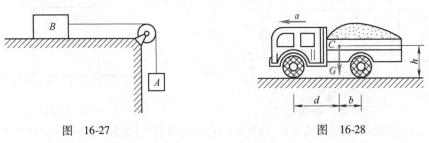

图 16-27   图 16-28

16-6 如图 16-29 所示，摆锤的质量为 m，$OA = r$，φ、θ 已知，求摆锤由 A 至最低位置 B，以及由 A 经 B 到 C 的过程中摆锤重力所做的功。

16-7 图 16-30 所示弹簧原长 l_0，刚度系数 $k = 1960\text{N/m}$，一端固定，另一端与质点 m 相连。试分别计算下列各种情况下弹性力的功：1）质点由 s_1 到 s_2；2）质点由 s_2 到 s_3；3）质点由 s_3 到 s_1。

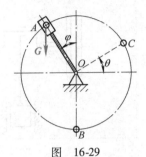

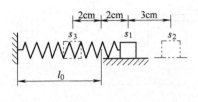

图 16-29 　　　　　　　图 16-30

16-8 图 16-31 所示各均质构件质量为 m，角速度为 ω，试求各构件的动能。

16-9 如图 16-32 所示，均质鼓轮重为 G，半径为 r，两侧悬吊重物 A、B 各重 G_A、G_B，不计绳索质量及摩擦。从静止开始释放，求重物移动 s 时的速度及加速度。

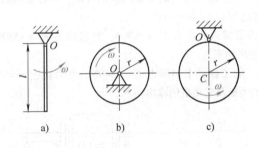

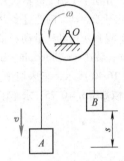

图 16-31 　　　　　　　图 16-32

16-10 图 16-33 所示带输送机输送质量为 m 的物体 A，已知两输送轮的质量均为 m_0，半径均为 r，可视为均质圆柱。输送带倾斜角为 α，作用于驱动轮上的驱动力矩为 M，设物体 A 与带间不产生相对滑动，且不计带重和轴承摩擦。试求物体 A 移动距离 s 时的速度和加速度。

16-11 图 16-34 所示制动手柄长 $l = 50\text{cm}$，$a = 10\text{ cm}$，设制动轮的质量分布于轮缘，轮的质量 $m = 20\text{kg}$，半径 $r = 10\text{cm}$，轮以转速 $n = 1000\text{r/min}$ 旋转，闸块与制动轮间的动摩擦因数 $\mu = 0.6$。欲使制动后轮转动 100 转后停止，求手柄上的压力 F。

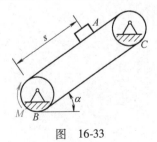

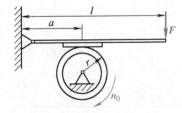

图 16-33 　　　　　　　图 16-34

16-12 图 16-35 所示重为 G、长为 l 的均质细杆 AB，其 A 端固定铰支座约束，B 端悬挂于绳上，使 AB 处于水平位置。试求当绳子剪断后，杆 AB 转到铅垂位置时的角速度。

16-13 图 16-36 所示一物块重为 G，自 A 点沿半径为 r 的半圆槽下滑，可忽略不计摩擦力，求物块滑动到图示位置所受的约束力 F_N。

16-14 图 16-37 所示冲床冲击工件时，冲头平均阻力为 $F = 520kN$。工作行程为 $s = 10mm$，飞轮轴的转动惯量 $J_0 = 39.2kg \cdot m^2$，转速为 $n = 416r/min$。设冲压工件所需能量全部由飞轮轴供给，求冲击结束后飞轮轴的转速。

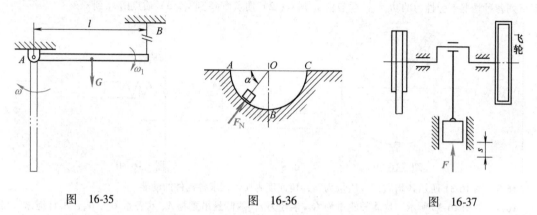

图 16-35   图 16-36   图 16-37

16-15 图 16-38 所示传动轮系 I 轴和 II 轴的转动惯量分别为 $J_1 = 5kg \cdot m^2$ 和 $J_2 = 4kg \cdot m^2$，传动比 $i_{12} = \omega_1/\omega_2 = 2/3$，作用于 I 轴上的驱动力矩为 $M = 50N \cdot m$。起动时切断 II 轴的输出力矩，不计轴承的摩擦，使轮系由静止开始起动。问经过多少转后轴的转速达到 $n_2 = 120r/min$？

16-16 图 16-39 所示电动机带动一带轮转动。测得带紧边的拉力 $F_1 = 3630N$，松边拉力 $F_2 = 1580N$，带轮半径 $r = 0.9m$，转速 $n = 200r/min$。试求电动机的输出功率。

16-17 如图 16-40 所示，车床切削直径 $d = 48mm$ 的工件，主切削力 $F = 7840N$，主轴转速 $n = 240r/min$，车床的机械效率 $\eta = 0.75$，求车床主轴所传递的力矩及电动机的输出功率。

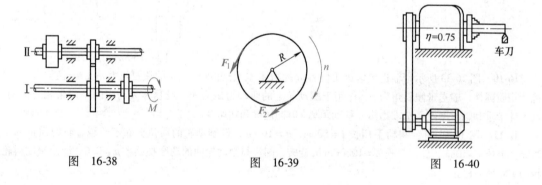

图 16-38   图 16-39   图 16-40

附　　录

附录 A　常用截面的几何性质

截面形状	惯性矩	抗弯截面系数
	$I_z = \dfrac{bh^3}{12}$ $I_y = \dfrac{hb^3}{12}$	$W_z = \dfrac{bh^2}{6}$
	$I_z = \dfrac{BH^3 - bh^3}{12}$ $I_y = \dfrac{HB^3 - hb^3}{12}$	$W_z = \dfrac{BH^3 - bh^3}{6H}$
	$I_z = \dfrac{BH^3 - bh^3}{12}$	$W_z = \dfrac{BH^3 - bh^3}{6H}$
	$I_z = I_y = \dfrac{\pi d^4}{64}$	$W_z = \dfrac{\pi d^3}{32}$
	$I_z = I_y = \dfrac{\pi D^4}{64}(1 - \alpha^4)$	$W_z = \dfrac{\pi D^3}{32}(1 - \alpha^4)$

附录 B 梁在简单载荷作用下的变形

序号	梁的简图	挠曲线方程	端截面转角	最大挠度
1		$y = -\dfrac{Mx^2}{2EI}$	$\theta_B = -\dfrac{Ml}{EI}$	$y_B = -\dfrac{Ml^2}{2EI}$
2		$y = -\dfrac{Fx^2}{6EI}(3l - x)$	$\theta_B = -\dfrac{Fl^2}{2EI}$	$y_B = -\dfrac{Fl^3}{3EI}$
3		$y = -\dfrac{Fx^2}{6EI}(3a - x)$ $(0 \leqslant x \leqslant a)$ $y = -\dfrac{Fa^2}{6EI}(3x - a)$ $(a \leqslant x \leqslant l)$	$\theta_B = -\dfrac{Fa^2}{2EI}$	$y_B = -\dfrac{Fa^2}{6EI}(3l - a)$
4		$y = -\dfrac{qx^2}{24EI}(x^2 - 4lx + 6l^2)$	$\theta_B = -\dfrac{ql^3}{6EI}$	$y_B = -\dfrac{ql^4}{8EI}$
5		$y = -\dfrac{Mx}{6EIl}(l - x)(2l - x)$	$\theta_A = -\dfrac{Ml}{3EI}$ $\theta_B = \dfrac{Ml}{6EI}$	$x = \left(1 - \dfrac{1}{\sqrt{3}}\right)l$ $y_{max} = -\dfrac{Ml^2}{9\sqrt{3}EI}$ $x = \dfrac{l}{2}, \ y_{l/2} = -\dfrac{Ml^2}{16EI}$
6		$y = -\dfrac{Mx}{6EIl}(l^2 - x^2)$	$\theta_A = -\dfrac{Ml}{6EI}$ $\theta_B = \dfrac{Ml}{3EI}$	$x = \dfrac{l}{\sqrt{3}}$ $y_{max} = -\dfrac{Ml^2}{9\sqrt{3}EI}$ $x = \dfrac{l}{2}, \ y_{l/2} = -\dfrac{Ml^2}{16EI}$
7		$y = \dfrac{Mx}{6EIl}(l^2 - 3b^2 - x^2)$ $(0 \leqslant x \leqslant a)$ $y = \dfrac{M}{6EIl}\big[-x^3 + 3l(x - a)^2 +$ $(l^2 - 3b^2)x \big]$ $(a \leqslant x \leqslant l)$	$\theta_A = \dfrac{M}{6EIl}(l^2 - 3b^2)$ $\theta_B = \dfrac{M}{6EIl}(l^2 - 3a^2)$	

（续）

序号	梁 的 简 图	挠曲线方程	端截面转角	最 大 挠 度
8		$y = -\dfrac{Fx}{48EI}(3l^2 - 4x^2)$ $\left(0 \leqslant x \leqslant \dfrac{l}{2}\right)$	$\theta_A = -\theta_B = -\dfrac{Fl^2}{16EI}$	$y_{\max} = -\dfrac{Fl^3}{48EI}$
9		$y = -\dfrac{Fbx}{6EIl}(l^2 - x^2 - b^2)$ $(0 \leqslant x \leqslant a)$ $y = -\dfrac{Fb}{6EIl}\left[\dfrac{l}{b}(x-a)^3 + (l^2 - b^2)x - x^3\right]$ $(a \leqslant x \leqslant l)$	$\theta_A = -\dfrac{Fab(l+b)}{6EIl}$ $\theta_B = \dfrac{Fab(l+a)}{6EIl}$	设 $a > b$, $x = \sqrt{\dfrac{l^2 - b^2}{3}}$ 处 $y_{\max} = -\dfrac{Fb\sqrt{(l^2-b^2)^3}}{9\sqrt{3}EIl}$ 在 $x = \dfrac{1}{2}$ 处, $y_{l/2} = -\dfrac{Fb(3l^2 - 4b^2)}{48EI}$
10		$y = -\dfrac{qx}{24EI}(l^3 - 2lx^2 + x^3)$	$\theta_A = -\theta_B = -\dfrac{ql^3}{24EI}$	$y_{\max} = -\dfrac{5ql^4}{384EI}$
11		$y = \dfrac{Fax}{6EIl}(l^2 - x^2)$ $(0 \leqslant x \leqslant l)$ $y = -\dfrac{F(x-l)}{6EI}$ $[a(3x-l) - (x-l)^2]$ $(l \leqslant x \leqslant (l+a))$	$\theta_A = -\dfrac{1}{2}\theta_B = \dfrac{Fal}{6EI}$ $\theta_B = -\dfrac{Fal}{3EI}$ $\theta_C = -\dfrac{Fa}{6EI}(2l + 3a)$	$y_C = -\dfrac{Fa^2}{3EI}(l+a)$
12		$y = -\dfrac{Mx}{6EIl}(x^2 - l^2)$ $(0 \leqslant x \leqslant l)$ $y = -\dfrac{M}{6EI}(3x^2 - 4xl + l^2)$ $(l \leqslant x \leqslant (l+a))$	$\theta_A = -\dfrac{1}{2}\theta_B = \dfrac{Ml}{6EI}$ $\theta_B = -\dfrac{Ml}{3EI}$ $\theta_C = -\dfrac{M}{3EI}(l + 3a)$	$y_C = -\dfrac{Ma}{6EI}(2l + 3a)$

附录 C 型 钢 表

1. 热轧等边角钢（GB/T 706—2008）

符号意义：
b —边宽度；
d —边厚度；
r —内圆弧半径；
r_1 —边端圆弧半径；

I —惯性矩；
i —惯性半径；
W —截面系数；
z_0 —重心距离。

型号	截面尺寸/mm			截面面积/cm²	理论重量/(kg/m)	外表面积/(m²/m)	惯性矩/cm⁴				惯性半径/cm			截面系数/cm³			重心距离/cm
	b	d	r				I_x	I_{x1}	I_{x0}	I_{y0}	i_x	i_{x0}	i_{y0}	W_x	W_{x0}	W_{y0}	z_0
2	20	3	3.5	1.132	0.889	0.078	0.40	0.81	0.63	0.17	0.59	0.75	0.39	0.29	0.45	0.20	0.60
		4		1.459	1.145	0.077	0.50	1.09	0.78	0.22	0.58	0.73	0.38	0.36	0.55	0.24	0.64
2.5	25	3	3.5	1.432	1.124	0.098	0.82	1.57	1.29	0.34	0.76	0.95	0.49	0.46	0.73	0.33	0.73
		4		1.859	1.459	0.097	1.03	2.11	1.62	0.43	0.74	0.93	0.48	0.59	0.92	0.40	0.76
3.0	30	3	4.5	1.749	1.373	0.117	1.46	2.71	2.31	0.61	0.91	1.15	0.59	0.68	1.09	0.51	0.85
		4		2.276	1.786	0.117	1.84	3.63	2.92	0.77	0.90	1.13	0.58	0.87	1.37	0.62	0.89
3.6	36	3	4.5	2.109	1.656	0.141	2.58	4.68	4.09	1.07	1.11	1.39	0.71	0.99	1.61	0.76	1.00
		4		2.756	2.163	0.141	3.29	6.25	5.22	1.37	1.09	1.38	0.70	1.28	2.05	0.93	1.04
		5		3.382	2.654	0.141	3.95	7.84	6.24	1.65	1.08	1.36	0.70	1.56	2.45	1.00	1.07
4	40	3	5	2.359	1.852	0.157	3.59	6.41	5.69	1.49	1.23	1.55	0.79	1.23	2.01	0.96	1.09
		4		3.086	2.422	0.157	4.60	8.56	7.29	1.91	1.22	1.54	0.79	1.60	2.58	1.19	1.13
		5		3.791	2.976	0.156	5.53	10.74	8.76	2.30	1.21	1.52	0.78	1.96	3.10	1.39	1.17

（续）

型号	截面尺寸/mm			截面面积/cm²	理论重量/(kg/m)	外表面积/(m²/m)	惯性矩/cm⁴				惯性半径/cm			截面系数/cm³			重心距离/cm
	b	d	r				I_x	I_{x1}	I_{x0}	I_{y0}	i_x	i_{x0}	i_{y0}	W_x	W_{x0}	W_{y0}	z_0
4.5	45	3	5	2.659	2.088	0.177	5.17	9.12	8.20	2.14	1.40	1.76	0.89	1.58	2.58	1.24	1.22
		4		3.486	2.736	0.177	6.65	12.18	10.56	2.75	1.38	1.74	0.89	2.05	3.32	1.54	1.26
		5		4.292	3.369	0.176	8.04	15.2	12.74	3.33	1.37	1.72	0.88	2.51	4.00	1.81	1.30
		6		5.076	3.985	0.176	9.33	18.36	14.76	3.89	1.36	1.70	0.8	2.95	4.64	2.06	1.33
5	50	3	5.5	2.971	2.332	0.197	7.18	12.5	11.37	2.98	1.55	1.96	1.00	1.96	3.22	1.57	1.34
		4		3.897	3.059	0.197	9.26	16.69	14.70	3.82	1.54	1.94	0.99	2.56	4.16	1.96	1.38
		5		4.803	3.770	0.196	11.21	20.90	17.79	4.64	1.53	1.92	0.98	3.13	5.03	2.31	1.42
		6		5.688	4.465	0.196	13.05	25.14	20.68	5.42	1.52	1.91	0.98	3.68	5.85	2.63	1.46
5.6	56	3	6	3.343	2.624	0.221	10.19	17.56	16.14	4.24	1.75	2.20	1.13	2.48	4.08	2.02	1.48
		4		4.390	3.446	0.220	13.18	23.43	20.92	5.46	1.73	2.18	1.11	3.24	5.28	2.52	1.53
		5		5.415	4.251	0.220	16.02	29.33	25.42	6.61	1.72	2.17	1.10	3.97	6.42	2.98	1.57
		6		6.420	5.040	0.220	18.69	35.26	29.66	7.73	1.71	2.15	1.10	4.68	7.49	3.40	1.61
		7		7.404	5.812	0.219	21.23	41.23	33.63	8.82	1.69	2.13	1.09	5.36	8.49	3.80	1.64
		8		8.367	6.568	0.219	23.63	47.24	37.37	9.89	1.68	2.11	1.09	6.03	9.44	4.16	1.68
6	60	5	6.5	5.829	4.576	0.236	19.89	36.05	31.57	8.21	1.85	2.33	1.19	4.59	7.44	3.48	1.67
		6		6.914	5.427	0.235	23.25	43.33	36.89	9.60	1.83	2.31	1.18	5.41	8.70	3.98	1.70
		7		7.977	6.262	0.235	26.44	50.65	41.92	10.96	1.82	2.29	1.17	6.21	9.88	4.45	1.74
		8		9.020	7.081	0.235	29.47	58.02	46.66	12.28	1.81	2.27	1.17	6.98	11.00	4.88	1.78
6.3	63	4	7	4.978	3.907	0.248	19.03	33.35	30.17	7.89	1.96	2.46	1.26	4.13	6.78	3.29	1.70
		5		6.143	4.822	0.248	23.17	41.73	36.77	9.57	1.94	2.45	1.25	5.08	8.25	3.90	1.74
		6		7.288	5.721	0.247	27.12	50.14	43.03	11.20	1.93	2.43	1.24	6.00	9.66	4.46	1.78
		7		8.412	6.603	0.247	30.87	58.60	48.96	12.79	1.92	2.41	1.23	6.88	10.99	4.98	1.82
		8		9.515	7.469	0.247	34.46	67.11	54.56	14.33	1.90	2.40	1.23	7.75	12.25	5.47	1.85
		10		11.657	9.151	0.246	41.09	84.31	64.85	17.33	1.88	2.36	1.22	9.39	14.56	6.36	1.93

（续）

型号	b	d	r	截面面积/cm²	理论重量/(kg/m)	外表面积/(m²/m)	I_x	I_{x1}	I_{x0}	I_{y0}	i_x	i_{x0}	i_{y0}	W_x	W_{x0}	W_{y0}	z_0
							惯性矩/cm⁴				惯性半径/cm			截面系数/cm³			重心距离/cm
7	70	4	8	5.570	4.372	0.275	26.39	45.74	41.80	10.99	2.18	2.74	1.40	5.14	8.44	4.17	1.86
		5		6.875	5.397	0.275	32.21	57.21	51.08	13.31	2.16	2.73	1.39	6.32	10.32	4.95	1.91
		6		8.160	6.406	0.275	37.77	68.73	59.93	15.61	2.15	2.71	1.38	7.48	12.11	5.67	1.95
		7		9.424	7.398	0.275	43.09	80.29	68.35	17.82	2.14	2.69	1.38	8.59	13.81	6.34	1.99
		8		10.667	8.373	0.274	48.17	91.92	76.37	19.98	2.12	2.68	1.37	9.68	15.43	6.98	2.03
7.5	75	5	9	7.412	5.818	0.295	39.97	70.56	63.30	16.63	2.33	2.92	1.50	7.32	11.94	5.77	2.04
		6		8.797	6.905	0.294	46.95	84.55	74.38	19.51	2.31	2.90	1.49	8.64	14.02	6.67	2.07
		7		10.160	7.976	0.294	53.57	98.71	84.96	22.18	2.30	2.89	1.48	9.93	16.02	7.44	2.11
		8		11.503	9.030	0.294	59.96	112.97	95.07	24.86	2.28	2.88	1.47	11.20	17.93	8.19	2.15
		9		12.825	10.068	0.294	66.10	127.30	104.71	27.48	2.27	2.86	1.46	12.43	19.75	8.89	2.18
		10		14.126	11.089	0.293	71.98	141.71	113.92	30.05	2.26	2.84	1.46	13.64	21.48	9.56	2.22
8	80	5	9	7.912	6.211	0.315	48.79	85.36	77.33	20.25	2.48	3.13	1.60	8.34	13.67	6.66	2.15
		6		9.397	7.376	0.314	57.35	102.50	90.98	23.72	2.47	3.11	1.59	9.87	16.08	7.65	2.19
		7		10.860	8.525	0.314	65.58	119.70	104.07	27.09	2.46	3.10	1.58	11.37	18.40	8.58	2.23
		8		12.303	9.658	0.314	73.49	136.97	116.60	30.39	2.44	3.08	1.57	12.83	20.61	9.46	2.27
		9		13.725	10.774	0.314	81.11	154.31	128.60	33.61	2.43	3.06	1.56	14.25	22.73	10.29	2.31
		10		15.126	11.874	0.313	88.43	171.74	140.09	36.77	2.42	3.04	1.56	15.64	24.76	11.08	2.35
9	90	6	10	10.637	8.350	0.354	82.77	145.87	131.26	34.28	2.79	3.51	1.80	12.61	20.63	9.95	2.44
		7		12.301	9.656	0.354	94.83	170.30	150.47	39.18	2.78	3.50	1.78	14.54	23.64	11.19	2.48
		8		13.944	10.946	0.353	106.47	194.80	168.97	43.97	2.76	3.48	1.78	16.42	26.55	12.35	2.52
		9		15.566	12.219	0.353	117.72	219.39	186.77	48.66	2.75	3.46	1.77	18.27	29.35	13.46	2.56
		10		17.167	13.476	0.353	128.58	244.07	203.90	53.26	2.74	3.45	1.76	20.07	32.04	14.52	2.59
		12		20.306	15.940	0.352	149.22	293.76	236.21	62.22	2.71	3.41	1.75	23.57	37.12	16.49	2.67

（续）

型号	截面尺寸/mm			截面面积/cm²	理论重量/(kg/m)	外表面积/(m²/m)	惯性矩/cm⁴				惯性半径/cm			截面系数/cm³			重心距离/cm
	b	d	r				I_x	I_{x1}	I_{x0}	I_{y0}	i_x	i_{x0}	i_{y0}	W_x	W_{x0}	W_{y0}	z_0
10	100	6	12	11.932	9.366	0.393	114.95	200.07	181.98	47.92	3.10	3.90	2.00	15.68	25.74	12.69	2.67
		7		13.796	10.830	0.393	131.86	233.54	208.97	54.74	3.09	3.89	1.99	18.10	29.55	14.26	2.71
		8		15.638	12.276	0.393	148.24	267.09	235.07	61.41	3.08	3.88	1.98	20.47	33.24	15.75	2.76
		9		17.462	13.708	0.392	164.12	300.73	260.30	67.95	3.07	3.86	1.97	22.79	36.81	17.18	2.80
		10		19.261	15.120	0.392	179.51	334.48	284.68	74.35	3.05	3.84	1.96	25.06	40.26	18.54	2.84
		12		22.800	17.898	0.391	208.90	402.34	330.95	86.84	3.03	3.81	1.95	29.48	46.80	21.08	2.91
		14		26.256	20.611	0.391	236.53	470.75	374.06	99.00	3.00	3.77	1.94	33.73	52.90	23.44	2.99
		16		29.627	23.257	0.390	262.53	539.80	414.16	110.89	2.98	3.74	1.94	37.82	58.57	25.63	3.06

注：截面图中的 $r_1 = 1/3d$ 及表中 r 的数据用于孔型设计，不做交货条件。

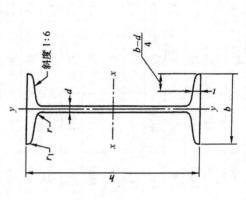

2. 热轧工字钢（GB/T 706—2008）

符号意义：

h—高度；

b—腿宽度；

d—腰厚度；

t—平均腿厚度；

r—内圆弧半径；

r_1—腿端圆弧半径；

I—惯性矩；

W—截面系数；

i—惯性半径。

（续）

型号	截面尺寸/mm						截面面积/cm²	理论重量/(kg/m)	惯性矩/cm⁴		惯性半径/cm		截面系数/cm³	
	h	b	d	t	r	r_1			I_x	I_y	i_x	i_y	W_x	W_y
10	100	68	4.5	7.6	6.5	3.3	14.345	11.261	245	33.0	4.14	1.52	49.0	9.72
12	120	74	5.0	8.4	7.0	3.5	17.818	13.987	436	46.9	4.95	1.62	72.7	12.7
12.6	126	74	5.0	8.4	7.0	3.5	18.118	14.223	488	46.9	5.20	1.61	77.5	12.7
14	140	80	5.5	9.1	7.5	3.8	21.516	16.890	712	64.4	5.76	1.73	102	16.1
16	160	88	6.0	9.9	8.0	4.0	26.131	20.513	1 130	93.1	6.58	1.89	141	21.2
18	180	94	6.5	10.7	8.5	4.3	30.756	24.143	1 660	122	7.36	2.00	185	26.0
20a	200	100	7.0	11.4	9.0	4.5	35.578	27.929	2 370	158	8.15	2.12	237	31.5
20b	200	102	9.0	11.4	9.0	4.5	39.578	31.069	2 500	169	7.96	2.06	250	33.1
22a	220	110	7.5	12.3	9.5	4.8	42.128	33.070	3 400	225	8.99	2.31	309	40.9
22b	220	112	9.5	12.3	9.5	4.8	46.528	36.524	3 570	239	8.78	2.27	325	42.7
24a	240	116	8.0	13.0	10.0	5.0	47.741	37.477	4 570	280	9.77	2.42	381	48.4
24b	240	118	10.0	13.0	10.0	5.0	52.541	41.245	4 800	297	9.57	2.38	400	50.4
25a	250	116	8.0	13.0	10.0	5.0	48.541	38.105	5 020	280	10.2	2.40	402	48.3
25b	250	118	10.0	13.0	10.0	5.0	53.541	42.030	5 280	309	9.94	2.40	423	52.4
27a	270	122	8.5	13.7	10.5	5.3	54.554	42.825	6 550	345	10.9	2.51	485	56.6
27b	270	124	10.5	13.7	10.5	5.3	59.954	47.064	6 870	366	10.7	2.47	509	58.9
28a	280	122	8.5	13.7	10.5	5.3	55.404	43.492	7 110	345	11.3	2.50	508	56.6
28b	280	124	10.5	13.7	10.5	5.3	61.004	47.888	7 480	379	11.1	2.49	534	61.2
30a	300	126	9.0	14.4	11.0	5.5	61.254	48.084	8 950	400	12.1	2.55	597	63.5
30b	300	128	11.0	14.4	11.0	5.5	67.254	52.794	9 400	422	11.8	2.50	627	65.9
30c	300	130	13.0	14.4	11.0	5.5	73.254	57.504	9 850	445	11.6	2.46	657	68.5
32a	320	130	9.5	15.0	11.5	5.8	67.156	52.717	11 100	460	12.8	2.62	692	70.8
32b	320	132	11.5	15.0	11.5	5.8	73.556	57.741	11 600	502	12.6	2.61	726	76.0
32c	320	134	13.5	15.0	11.5	5.8	79.956	62.765	12 200	544	12.3	2.61	760	81.2

（续）

型号	截面尺寸/mm						截面面积/cm²	理论重量/(kg/m)	惯性矩/cm⁴		惯性半径/cm		截面系数/cm³	
	h	b	d	t	r	r_1			I_x	I_y	i_x	i_y	W_x	W_y
36a	360	136	10.0	15.8	12.0	6.0	76.480	60.037	15 800	552	14.4	2.69	875	81.2
36b		138	12.0				83.680	65.689	16 500	582	14.1	2.64	919	84.3
36c		140	14.0				90.880	71.341	17 300	612	13.8	2.60	962	87.4
40a	400	142	10.5	16.5	12.5	6.3	86.112	67.598	21 700	660	15.9	2.77	1 090	93.2
40b		144	12.5				94.112	73.878	22 800	692	15.6	2.71	1 140	96.2
40c		146	14.5				102.112	80.158	23 900	727	15.2	2.65	1 190	99.6
45a	450	150	11.5	18.0	13.5	6.8	102.446	80.420	32 200	855	17.7	2.89	1 430	114
45b		152	13.5				111.446	87.485	33 800	894	17.4	2.84	1 500	118
45c		154	15.5				120.446	94.550	35 300	938	17.1	2.79	1 570	122
50a	500	158	12.0	20.0	14.0	7.0	119.304	93.654	46 500	1 120	19.7	3.07	1 860	142
50b		160	14.0				129.304	101.504	48 600	1 170	19.4	3.01	1 940	146
50c		162	16.0				139.304	109.354	50 600	1 220	19.0	2.96	2 080	151
55a	550	166	12.5	21.0	14.5	7.3	134.185	105.335	62 900	1 370	21.6	3.19	2 290	164
55b		168	14.5				145.185	113.970	65 600	1 420	21.2	3.14	2 390	170
55c		170	16.5				156.185	122.605	68 400	1 480	20.9	3.08	2 490	175
56a	560	166	12.5	21.0	14.5	7.3	135.435	106.316	65 600	1 370	22.0	3.18	2 340	165
56b		168	14.5				146.635	115.108	68 500	1 490	21.6	3.16	2 450	174
56c		170	16.5				157.835	123.900	71 400	1 560	21.3	3.16	2 550	183
63a	630	176	13.0	22.0	15.0	7.5	154.658	121.407	93 900	1 700	24.5	3.31	2 980	193
63b		178	15.0				167.258	131.298	98 100	1 810	24.2	3.29	3 160	204
63c		180	17.0				179.858	141.189	102 000	1 920	23.8	3.27	3 300	214

注：表中 r、r_1 的数据用于孔型设计，不做交货条件。

3. 热轧槽钢（GB/T 706—2008）

符号意义：

h—高度；
b—腿宽度；
d—腰厚度；
t—平均腿厚度；
r—内圆弧半径；
r_1—腿端圆弧半径；
I—惯性矩；
W—截面系数；
i—惯性半径；
z_0—yy 轴与 y_1y_1 轴间距。

型号	截面尺寸/mm						截面面积/cm²	理论重量/(kg/m)	惯性矩/cm⁴			惯性半径/cm		截面系数/cm³		重心距离/cm
	h	b	d	t	r	r_1			I_x	I_y	I_{y1}	i_x	i_y	W_x	W_y	z_0
5	50	37	4.5	7.0	7.0	3.5	6.928	5.438	26.0	8.30	20.9	1.94	1.10	10.4	3.55	1.35
6.3	63	40	4.8	7.5	7.5	3.8	8.451	6.634	50.8	11.9	28.4	2.45	1.19	16.1	4.50	1.36
6.5	65	40	4.3	7.5	7.5	3.8	8.547	6.709	55.2	12.0	28.3	2.54	1.19	17.0	4.59	1.38
8	80	43	5.0	8.0	8.0	4.0	10.248	8.045	101	16.6	37.4	3.15	1.27	25.3	5.79	1.43
10	100	48	5.3	8.5	8.5	4.2	12.748	10.007	198	25.6	54.9	3.95	1.41	39.7	7.80	1.52
12	120	53	5.5	9.0	9.0	4.5	15.362	12.059	346	37.4	77.7	4.75	1.56	57.7	10.2	1.62
12.6	126	53	5.5	9.0	9.0	4.5	15.692	12.318	391	38.0	77.1	4.95	1.57	62.1	10.2	1.59
14a	140	58	6.0	9.5	9.5	4.8	18.516	14.535	564	53.2	107	5.52	1.70	80.5	13.0	1.71
14b	140	60	8.0	9.5	9.5	4.8	21.316	16.733	609	61.1	123	5.35	1.69	87.1	14.1	1.67
16a	160	63	6.5	10.0	10.0	5.0	21.962	17.24	866	73.3	144	6.28	1.83	108	16.3	1.80
16b	160	65	8.5	10.0	10.0	5.0	25.162	19.752	935	83.4	161	6.10	1.82	117	17.6	1.75
18a	180	68	7.0	10.5	10.5	5.2	25.699	20.174	1 270	98.6	190	7.04	1.96	141	20.0	1.88
18b	180	70	9.0	10.5	10.5	5.2	29.299	23.000	1 370	111	210	6.84	1.95	152	21.5	1.84

（续）

型号	截面尺寸/mm						截面面积/cm²	理论重量/(kg/m)	惯性矩/cm⁴			惯性半径/cm		截面系数/cm³		重心距离/cm
	h	b	d	t	r	r_1			I_x	I_y	I_{y1}	i_x	i_y	W_x	W_y	z_0
20a	200	73	7.0	11.0	11.0	5.5	28.837	22.637	1 780	128	244	7.86	2.11	178	24.2	2.01
20b		75	9.0				32.837	25.777	1 910	144	268	7.64	2.09	191	25.9	1.95
22a	220	77	7.0	11.5	11.5	5.8	31.846	24.999	2 390	158	298	8.67	2.23	218	28.2	2.10
22b		79	9.0				36.246	28.453	2 570	176	326	8.42	2.21	234	30.1	2.03
24a	240	78	7.0	12.0	12.0	6.0	34.217	26.860	3 050	174	325	9.45	2.25	254	30.5	2.10
24b		80	9.0				39.017	30.628	3 280	194	355	9.17	2.23	274	32.5	2.03
24c		82	11.0				43.817	34.396	3 510	213	388	8.96	2.21	293	34.4	2.00
25a	250	78	7.0				34.917	27.410	3 370	176	322	9.82	2.24	270	30.6	2.07
25b		80	9.0				39.917	31.335	3 530	196	353	9.41	2.22	282	32.7	1.98
25c		82	11.0				44.917	35.260	3 690	218	384	9.07	2.21	295	35.9	1.92
27a	270	82	7.5	12.5	12.5	6.2	39.284	30.838	4 360	216	393	10.5	2.34	323	35.5	2.13
27b		84	9.5				44.684	35.077	4 690	239	428	10.3	2.31	347	37.7	2.06
27c		86	11.5				50.084	39.316	5 020	261	467	10.1	2.28	372	39.8	2.03
28a	280	82	7.5				40.034	31.427	4 760	218	388	10.9	2.33	340	35.7	2.10
28b		84	9.5				45.634	35.823	5 130	242	428	10.6	2.30	366	37.9	2.02
28c		86	11.5				51.234	40.219	5 500	268	463	10.4	2.29	393	40.3	1.95
30a	300	85	7.5	13.5	13.5	6.8	43.902	34.463	6 050	260	467	11.7	2.43	403	41.1	2.17
30b		87	9.5				49.902	39.173	6 500	289	515	11.4	2.41	433	44.0	2.13
30c		89	11.5				55.902	43.883	6 950	316	560	11.2	2.38	463	46.4	2.09
32a	320	88	8.0	14.0	14.0	7.0	48.513	38.083	7 600	305	552	12.5	2.50	475	46.5	2.24
32b		90	10.0				54.913	43.107	8 140	336	593	12.2	2.47	509	49.2	2.16
32c		92	12.0				61.313	48.131	8 690	374	643	11.9	2.47	543	52.6	2.09
36a	360	96	9.0	16.0	16.0	8.0	60.910	47.814	11 900	455	818	14.0	2.73	660	63.5	2.44
36b		98	11.0				68.110	53.466	12 700	497	880	13.6	2.70	703	66.9	2.37
36c		100	13.0				75.310	59.118	13 400	536	948	13.4	2.67	746	70.0	2.34
40a	400	100	10.5	18.0	18.0	9.0	75.068	58.928	17 600	592	1 070	15.3	2.81	879	78.8	2.49
40b		102	12.5				83.068	65.208	18 600	640	114	15.0	2.78	932	82.5	2.44
40c		104	14.5				91.068	71.488	19 700	688	1 220	14.7	2.75	986	86.2	2.42

注：表中 r、r_1 的数据用于孔型设计，不做交货条件。

附录 D　习题答案

第二章

2-1　$F = 7\text{kN}$, $\alpha = 0°$

2-2　$F = 322.49\text{N}$, $\alpha_0 = 60.3°$

2-3　$F_A = 346.42\text{N}$, $F_B = 200\text{N}$

2-4　a) $F_{AB} = \dfrac{\sqrt{3}}{3}G$, $F_{AC} = -\dfrac{2\sqrt{3}}{3}G$,

　　b) $F_{AB} = F_{AC} = \dfrac{\sqrt{3}}{3}G$

2-5　（略）

2-6　（略）

2-7　a) $M_0 = Fl\sin\beta$

　　b) $M_0 = Fl\sin\beta$

　　c) $M_0 = F\sqrt{a^2 + b^2}\sin\alpha$

　　d) $M_0 = F\sqrt{a^2 + b^2}\sin\alpha$

2-8　$M_A(\boldsymbol{F}_1) = -F_1(b\sin\alpha + a\cos\alpha - r)$
　　　$M_A(\boldsymbol{F}_2) = -F_2(b\sin\beta + a\cos\beta + r)$

2-9　$F_A = F_B = 485.7\text{N}$

2-10　$F_N = 100\text{kN}$

2-11　（略）

第三章

3-1　$F_R = 2F$

3-2　a) $F_{Ax} = 2G$, $F_{Ay} = -G$, $F_{CD} = 2\sqrt{2}G$

　　b) $F_{Ax} = -G$, $F_{Ay} = 0$, $F_{CD} = \sqrt{2}G$

3-3　a) $F_{Ax} = 0$, $F_{Ay} = -\dfrac{1}{3}F$, $F_B = \dfrac{2}{3}F$

　　b) $F_{Ax} = 0$, $F_{Ay} = -F$, $F_B = 2F$

　　c) $F_A = 2F$, $F_{Bx} = -2F$, $F_{By} = F$

　　d) $F_{Ax} = 0$, $F_{Ay} = F$, $F_B = 0$

3-4　a) $F_{Ax} = 0$, $F_{Ay} = qa$, $F_B = 2qa$

　　b) $F_{Ax} = 0$, $F_{Ay} = \dfrac{11}{6}qa$, $F_B = \dfrac{13}{6}qa$

　　c) $F_{Bx} = 0$, $F_{By} = 2qa$, $M_B = \dfrac{7}{2}qa^2$

　　d) $F_{Ax} = 0$, $F_{Ay} = 3qa$, $M_A = 3qa^2$

3-5　$F = 194\text{N}$

3-6　$G_{P\max} = 7.41\text{kN}$

3-7　$l_{\min} = 25.2\text{m}$

3-8　$F_{Ax} = -\dfrac{4}{3}F$ ($\rightarrow$), $F_{Ay} = \dfrac{1}{2}F$ ($\uparrow$),

　　$F_{Bx} = \dfrac{1}{3}F$ ($\rightarrow$), $F_{By} = \dfrac{1}{2}F$ ($\uparrow$),

3-9　a) $F_A = \dfrac{1}{2}qa$ ($\downarrow$), $F_B = qa$ ($\uparrow$),

　　$F_C = \dfrac{1}{2}qa$ ($\uparrow$), $F_D = \dfrac{1}{2}qa$ ($\uparrow$),

　　b) $F_A = -\dfrac{3}{2}qa$ ($\downarrow$), $F_B = 3qa$ ($\uparrow$),

　　$F_C = \dfrac{1}{2}qa$ ($\uparrow$), $F_D = \dfrac{1}{2}qa$ ($\uparrow$)

3-10　$M = 60\text{N} \cdot \text{m}$

3-11　$G = \dfrac{Pl}{a}$

3-12　（略）

3-13　a) 下滑

　　b) $F \geqslant 0.83G$

3-14　$\alpha_{\min} = \arctan\dfrac{1}{2\mu_s}$

3-15　$F_{\min} = 425\text{N}$

3-16　（略）

3-17　$F_{\min} = \dfrac{Gr(b - \mu_s c)}{aR\mu_s}$

3-18　$a = \dfrac{b}{2\mu_s}$

第四章

4-1　$F_{1x} = 0$, $F_{1y} = 0$, $F_{1z} = 2\text{kN}$
　　$F_{2x} = -0.89\text{kN}$, $F_{2y} = 1.43\text{kN}$,
　　$F_{2z} = -1.07\text{kN}$

$F_{3x} = 0$, $F_{3y} = 3.2\text{kN}$, $F_{3z} = -2.4\text{kN}$

4-2 $F_\tau = 907.7\text{N}$, $F_r = 342\text{N}$, $F_a = 243.2\text{N}$

4-3 $M_z = -101.5\text{N} \cdot \text{m}$

4-4 $F_x = 176.8\text{N}$, $F_y = -176.8\text{N}$

$F_z = -433\text{N}$

$M_x = -34.6\text{N} \cdot \text{m}$

$M_y = -108.3\text{N} \cdot \text{m}$

$M_z = 30.1\text{N} \cdot \text{m}$

4-5 $F_{Ax} = 3.71\text{kN}$, $F_{Az} = -1.34\text{kN}$

$F_{Bx} = 7.4\text{kN}$, $F_{Bz} = -2.68\text{kN}$

4-6 $F_\tau = 1.67\text{kN}$, $F_r = 0.6\text{kN}$

$F_{Ax} = -0.83\text{kN}$, $F_{Az} = 4.8\text{kN}$

$F_{Bx} = -0.83\text{kN}$, $F_{Bz} = -1.2\text{kN}$

4-7 $F_{2\tau} = 1000\text{N}$, $F_{1r} = 182\text{N}$, $F_{2r} = 364\text{N}$

$F_{Ax} = 148\text{N}$

4-8 $F_{Ax} = -1.37\text{kN}$, $F_{Az} = 793\text{kN}$

$F_{Bx} = -1.38\text{kN}$, $F_{Bz} = -1.98\text{kN}$

$F_\tau = 2.75\text{kN}$

4-9 a) $x_C = 0$, $y_C = 75\text{mm}$

b) $x_C = 53.5\text{mm}$, $y_C = 0$

c) $x_C = 2.12\text{mm}$, $y_C = 7.12\text{mm}$

4-10 $x_C = \dfrac{r_1 r_2^2}{2(r_1^2 - r_2^2)}$, $y_C = 0$

4-11 $x_C = 1.68\text{m}$（距 B 端）

$y_C = 0.659\text{m}$（距底边）

第五章

5-1 a) $F_{N1} = 12\text{kN}$; $F_{N2} = -8\text{kN}$

b) $F_{N1} = 8\text{kN}$; $F_{N2} = -12\text{kN}$; $F_{N3} = -2\text{kN}$

5-2 a) $F_{NAB} = 10\text{kN}$, $F_{NBC} = -30\text{kN}$

b) $F_{NAB} = -5\text{kN}$, $F_{NBC} = 10\text{kN}$

$F_{NCD} = 4\text{kN}$

5-3 $\sigma_1 = 50\text{MPa}$; $\sigma_2 = -100\text{MPa}$

5-4 $\sigma_{max} = 40\text{MPa}$

5-5 $\sigma_{max} = 133.3\text{MPa} < [\sigma]$，强度满足

5-6 $b = 20\text{mm}$, $h = 40\text{mm}$

5-7 $d = 20\text{mm}$

5-8 对于钢杆 $G_1 = 83.1\text{kN}$;

对于木杆 $G_2 = 86.6\text{kN}$;

所以 $[G] = 83.1\text{kN}$

5-9 $[F] = 36.4\text{kN}$

5-10 $\Delta l = -0.025\text{mm}$

5-11 $\sigma = 60\text{MPa}$, $F = 48\text{kN}$

$\Delta l = 0.15\text{mm}$

5-12 1) $x = 1.2\text{m}$

2) $\sigma_1 = 30\text{MPa}$, $\sigma_2 = 22.5\text{MPa}$

5-13 $E = 204.6\text{GPa}$, $\sigma_s = 216.5\text{MPa}$

$\sigma_b = 407.4\text{MPa}$, $\delta = 24\%$

$\psi = 52.4\%$

5-14 $[\sigma] = 120\text{MPa}$

$\sigma_{max} = 63.7\text{MPa} < [\sigma]$，强度满足

5-15 按强度准则设计 $A_1 \geqslant 200\text{mm}^2$；按变形条件设计 $A_2 \geqslant 180\text{mm}^2$；所以 $A = 200\text{mm}^2$

5-16 $\sigma_{BC} = 20\text{MPa}$; $\sigma_{CA} = 40\text{MPa}$

5-17 $[F] = 681.5\text{kN}$

5-18 $[F] = 80\text{kN}$

5-19 $\delta = 5\text{mm}$

第六章

6-1 $F = 36.2\text{kN}$

6-2 $\tau = 44.8\text{MPa} < [\tau]$

$\sigma_{jy} = 140.6\text{MPa} < [\sigma_{jy}]$，强度满足

6-3 $l = 31.7\text{mm}$

6-4 $\tau = 105\text{MPa} < [\tau]$

$\sigma_{jy} = 141.2\text{MPa} < [\sigma_{jy}]$，强度满足

6-5 $[F] = 900\text{N}$

6-6 $l = 166.2\text{mm}$

6-7 $d = 34\text{mm}$, $t = 10.4\text{mm}$

6-8 按挤压强度设计 $b = 20\text{mm}$

按剪切强度设计 $h = 40\text{mm}$

第七章

7-3 $P = 18.9\text{kW}$

7-4 1) $\tau_{max} = 46.9\text{MPa}$

2) $\tau_1 = 29.3\text{MPa}$

7-6　$d_1 = 50.6 \text{mm}$，$D = 59.6 \text{mm}$

　　$d = 47.7 \text{mm}$，$\dfrac{A_实}{A_空} = 1.96$

7-7　$[M] = 1.57 \text{kN} \cdot \text{m}$

7-8　$\tau_{max} = 80 \text{MPa}$

　　$\varphi_{AB} = 0.004 \text{rad}$，$\varphi_{BC} = -0.005 \text{rad}$

　　$\varphi_{AC} = -0.001 \text{rad}$

7-9　$d = 58.8 \text{mm}$

7-10　$P_{max} = 7.24 \text{kW}$

第 八 章

8-5　$\sigma_{max} = 120 \text{MPa} < [\sigma]$，梁的强度满足

8-6　$[F] = 17 \text{kN}$

8-7　$\alpha = 0.899$，$d = 53.9 \text{mm}$

8-8　$W_z = 125 \text{cm}^3$，选 16 号工字钢

8-9　$\sigma_{max} = 153.2 \text{MPa} < [\sigma]$，压板强度满足

8-10　$h_1 = 87.6 \text{mm}$，$b_1 = 29.2 \text{mm}$

　　　$h_2 = 83.7 \text{mm}$，$b_2 = 27.9 \text{mm}$

8-11　$\sigma_{max}^+ = 37.5 \text{MPa} < [\sigma^+]$，$\sigma_{max}^- = 112.5 \text{MPa} < [\sigma^-]$，托架强度满足

8-12　$\sigma_{max}^+ = 27 \text{MPa} < [\sigma^+]$，$\sigma_{max}^- = 63 \text{MPa} < [\sigma^-]$，梁的强度满足

8-13　$[q] = 114.3 \text{kN/m}$

8-14　$\sigma_{max} = 144.5 \text{MPa} < [\sigma]$，

　　　$\tau_{max} = 9.1 \text{MPa} < [\tau]$，梁的强度满足

8-15　$x = \dfrac{l}{5}$

8-16　$x = 5 \text{m}$

8-17　a) $y_{max} = y_C = \dfrac{Fl^3}{24EI}$；$\theta_{max} = \theta_B = \dfrac{13Fl^2}{48EI}$

　　　b) $y_{max} = y_B = \dfrac{7Fl^3}{48EI}$；$\theta_{max} = \theta_B = \dfrac{3Fl^2}{8EI}$

　　　c) $y_{max} = y_C = \dfrac{43ql^4}{384EI}$；$\theta_{max} = \theta_A = \dfrac{15ql^3}{24EI}$

　　　d) $y_{max} = y_D = \dfrac{Fl^3}{6EI}$；$\theta_{max} = \theta_D = \dfrac{13Fl^2}{24EI}$

8-18　$y_{max} = 9.7 \text{mm} < [y]$，梁的刚度满足

8-19　$I_z = 1500 \text{cm}^4$，选 20a 槽钢

8-20　a) $F_A = \dfrac{5ql}{8}$，$F_B = \dfrac{3ql}{8}$，$M_A = \dfrac{ql^2}{8}$

　　　b) $F_A = \dfrac{59F}{16}$，$F_B = -\dfrac{43F}{16}$，$M_A = \dfrac{19Fl}{16}$

8-21　$F_A = \dfrac{11ql}{17}$，$F_C = F_D = \dfrac{3ql}{17}$

8-22　$\sigma_{max} = 180 \text{MPa}$

第 九 章

9-1　A 点，单向应力状态

　　　B、C、D 点，二向应力状态

　　　E 点，单向应力状态

9-2　a) $\sigma_\alpha = 0.5 \text{MPa}$，$\tau_\alpha = -20.5 \text{MPa}$

　　　b) $\sigma_\alpha = 35 \text{MPa}$，$\tau_\alpha = -8.7 \text{MPa}$

9-3　a) $\sigma_1 = 48.3 \text{MPa}$，$\sigma_2 = 0$，$\sigma_3 = -8.3$ MPa

　　　$\sigma_{xd3} = 56.6 \text{MPa}$，$\sigma_{xd4} = 52.9 \text{MPa}$

　　　b) $\sigma_1 = 40 \text{MPa}$，$\sigma_2 = 0$，$\sigma_3 = -10 \text{MPa}$

　　　$\sigma_{xd3} = 50 \text{MPa}$，$\sigma_{xd4} = 45.8 \text{MPa}$

9-4　a) $\sigma_1 = 60 \text{MPa}$，$\sigma_2 = 30 \text{MPa}$，$\sigma_3 = -70 \text{MPa}$

　　　$\tau_{max} = 65 \text{MPa}$

　　　b) $\sigma_1 = 50 \text{MPa}$，$\sigma_2 = 30 \text{MPa}$，$\sigma_3 = -50 \text{MPa}$

　　　$\tau_{max} = 50 \text{MPa}$

第 十 章

10-1　8 倍

10-2　$\sigma_{max}^+ = 6.51 \text{MPa}$，$\sigma_{max}^- = 6.99 \text{MPa}$

10-3　$\sigma_{max} = 160 \text{MPa} = [\sigma]$，强度满足

10-4　$F \leqslant 16.87 \text{kN}$

10-5　初选 $W_z = 84.7 \text{cm}^3$，选 14 号工字钢；校核 $\sigma_{max} = 146.7 \text{MPa} < [\sigma]$，强度满足

10-6　$\sigma_{xd3} = 166.7 \text{MPa} < [\sigma]$，强度满足

10-7　$[G] = 1.7 \text{kN}$

10-8　取 $d = 27 \text{mm}$

10-9　C 截面为危险截面

$\sigma_{xd4} = 132.3\text{MPa} < [\sigma]$，强度满足

第十一章

11-1　$\sigma_{cr1} = 235\text{MPa}$

　　　$\sigma_{cr2} = 214.4\text{MPa}$

　　　$\sigma_{cr3} = 137.1\text{MPa}$

11-2　1）$F_{cr} = 37.8\text{kN}$

　　　2）$F_{cr} = 52.6\text{kN}$

　　　3）$F_{cr} = 460\text{kN}$

11-3　$\sigma_{cr} = 5.14\text{MPa}$

11-4　$\sigma_{cr} = 54.9\text{MPa}$，$F_{cr} = 195\text{kN}$

11-5　$n_w = 3.58 > [n_w]$，稳定性满足

11-6　$n_w = 4.11$

11-7　$[F] = 150\text{kN}$

11-8　$n_w = 3.72 > [n_w]$，稳定性满足

第十三章

13-1　$v = 12\text{m/s}$，$a = 1\text{m/s}^2$，$s = 70\text{m}$

13-2　1）$y = \dfrac{1}{3}(4x - 25)$，$v_0 = 0$

　　　　　$a_0 = 10\text{m/s}^2$

　　　2）$(x - 3)^2 + y^2 = 5^2$

　　　　　$v_0 = 5\text{m/s}$

　　　　　$a_0 = 5\text{m/s}^2$

13-3　$x_B = 2r\cos\omega t$

　　　$v_B = -2r\omega\sin\omega t$

　　　$a_B = -2r\omega^2\cos\omega t$

13-4　$y = 8 - \sqrt{64 - t^2}$，$v = 0.64\text{cm/s}$

13-5　$x = 10\cos 20t$，$y = 10\sin 20t$

　　　$v = 2\text{m/s}$，$a = 40\text{m/s}^2$

13-6　$x = 120\cos 2t$，$y = 360\sin 2t$

　　　$y^2 = 360^2 - 9x^2$

　　　当 $\varphi = 45°$，$v \approx 0.54\text{m/s}$

13-7　$y = 60 + 40\sin 5t$

　　　$v = -200\cos 5t\,\text{mm/s}$

　　　$a = -1000\sin 5t\,\text{mm/s}^2$

13-8　$\varphi = \arctan\dfrac{vt}{H}$，$v_C = \dfrac{lHv}{H^2 - v^2t^2}$

13-9　$v = 15\text{m/s}$，$a_\tau = 1\text{m/s}^2$

　　　$a_n = 112.5\text{m/s}^2$

13-10　$\omega = 0$，$\varepsilon = -26.7\text{rad/s}^2$

13-11　$v = 3\text{m/s}$，$a = 60\text{m/s}^2$

13-12　$v = 0.8\text{m/s}$，$a = 3.22\text{m/s}^2$

13-13　$t = 31.4\text{s}$

13-14　1）$\varphi = \dfrac{1}{2}t^2$，$v = 20\text{cm/s}$

　　　　　$a_\tau = 10\text{cm/s}^2$

　　　2）$y_B = \dfrac{5}{2}t^2$

第十四章

14-1　$v_1 = 10\ \text{m/min}$，$v_r = 17.32\ \text{m/min}$

14-2　$\theta = 22.62°$

14-3　$v_r = 6.36\ \text{cm/s}$

14-4　$v_r = 5.24\ \text{m/s}$

14-5　$v_x = 0.52\ \text{m/s}$，$v_y = -1.86\ \text{m/s}$

14-6　$\varphi = 0°$时，$v = 0$；$\varphi = 30°$时，$v = 1\ \text{m/s}$

　　　$\varphi = 90°$时，$v = 2\ \text{m/s}$

14-7　$v = \dfrac{e\sqrt{r^2 + e^2}}{r}\omega$

14-8　当 $\alpha = 0°$时，$\omega_{AB} = 6.3\ \text{rad/s}$，$v_B = 0$

　　　当 $\alpha = 90°$时，$\omega_{AB} = 0$，$v_B = 10.1\ \text{m/s}$

14-9　$v_B = \dfrac{v_A}{\tan\varphi}$，$\omega_{AB} = \dfrac{v_A}{l\sin\varphi}$

14-10　a）$\omega_{AB} = 0$，$\omega_{BC} = \dfrac{\omega_0}{2}$　b）$\omega_{AB} = \dfrac{\omega_0}{2}$，

　　　$\omega_{BC} = 0$

14-11　$v_A = 0.5\ \text{m/s}$，$v_B = 0$

　　　$v_C = v_E = 0.707\ \text{m/s}$，$v_D = 1\text{m/s}$

14-12　$n = 10800\ \text{r/min}$

14-13　$v_H = 122\ \text{cm/s}$

14-14　$\omega_{BC} = 0.15\ \text{rad/s}$，$v_C = 0.18\ \text{m/s}$

14-15　$\omega = 4\ \text{rad/s}$，$v_0 = 4\ \text{m/s}$

第十五章

15-1　$v = \sqrt{2gs(\sin\alpha - \mu\cos\alpha)}$

$$t = \sqrt{\frac{2s}{g\ (\sin\alpha - \mu\cos\alpha)}}$$

15-2 $\quad n = \dfrac{30}{\pi}\sqrt{\dfrac{\mu g}{r}}$

15-3 $\quad \alpha = 60°,\ F = 10N$

15-4 $\quad \varphi = 0$ 时,$F_1 = 241.7N$

$\qquad \varphi = 90°$时,$F_2 = 0$

15-5 $\quad F_{AM} = m\left(\dfrac{1}{2}l\omega^2 + g\right)$

$\qquad F_{BM} = m\left(\dfrac{1}{2}l\omega^2 - g\right)$

15-6 $\quad$ 1)$\ F_{Nmax} = m\ (g + e\omega^2)$

$\qquad$ 2)$\ \omega_{max} = \sqrt{\dfrac{g}{e}}$

15-7 $\quad F = 10.47N$

15-8 $\quad \varepsilon = \dfrac{2G_1 g}{(G + 2G_1)\ R}$

15-9 $\quad M = m_2\rho^2\dfrac{a}{r} + m_1 r\ (a + g\sin\alpha)$

15-10 $\quad \varepsilon = \dfrac{3g}{4l}$

15-11 $\quad \varepsilon = \dfrac{(G_1 R - G_2 r)\ g}{J_0 g + G_1 R^2 + G_2 r^2}$

15-12 $\quad \varepsilon_1 = \dfrac{MR_2^2}{J_1 R_2^2 + J_2 R_1^2};\ \varepsilon_2 = \dfrac{MR_1 R_2}{J_1 R_2^2 + J_2 R_1^2}$

第十六章

16-1 $\quad \theta = \arctan\dfrac{a}{g}$

16-2 $\quad a \geqslant g\tan\alpha$

16-3 $\quad \omega_{max} = \sqrt{\dfrac{g\mu_s}{r}}$

16-4 $\quad a = 5.33m/s^2;\ F_T = 93.3N$

16-5 $\quad F_{N前} = \dfrac{G\ (gb - ah)}{g\ (d + b)}$

$\qquad F_{N后} = \dfrac{G\ (gd + ah)}{g\ (d + b)}$

16-6 $\quad W_{AB} = mgr\ (1 + \cos\varphi)$

$\qquad W_{ABC} = mgr\ (\cos\varphi - \sin\theta)$

16-7 $\quad W_{12} = -2.058J,\ W_{23} = 2.058J$

$\qquad W_{31} = 0$

16-8 $\quad$ a)$\ E = \dfrac{1}{6}ml^2\omega^2$,$\quad$ b)$\ E = \dfrac{1}{4}mr^2\omega^2$

$\qquad$ c)$\ E = \dfrac{3}{4}mr^2\omega^2$

16-9 $\quad v = 2\sqrt{\dfrac{g\ (G_A - G_B)\ s}{G + 2G_A + 2G_B}}$

$\qquad a = \dfrac{2g\ (G_A - G_B)}{G + 2G_A + 2G_B}$

16-10 $\quad v = 2\sqrt{\dfrac{2\ (M - mgr\sin\alpha)\ s}{r\ (m + m_0)}}$

$\qquad a = \dfrac{M - mgr\sin\alpha}{r\ (m + m_0)}$

16-11 $\quad F = 5.82N$

16-12 $\quad \omega = \sqrt{\dfrac{3g}{l}}$

16-13 $\quad F_N = 3G\sin\alpha$

16-14 $\quad n = 385r/min$

16-15 $\quad N_2 = 2.34$ 转

16-16 $\quad P = 38.6kW$

16-17 $\quad M_{机床} = 188N \cdot m,\ P = 6.3kW$

参 考 文 献

[1] 范钦珊，唐静静，刘荣梅. 工程力学 [M]. 2 版. 北京：清华大学出版社，2012.

[2] 张秉荣. 工程力学 [M]. 4 版. 北京：机械工业出版社，2011.

[3] 刘鸿文. 材料力学 I [M]. 6 版. 北京：高等教育出版社，2017.

[4] 孙训方，等. 材料力学 [M]. 5 版. 北京：高等教育出版社，2011.

[5] 陈位宫. 工程力学 [M]. 3 版. 北京：高等教育出版社，2012.

[6] 张定华. 工程力学（少学时）[M]. 2 版. 北京：高等教育出版社，2010.

[7] 邱家骏. 工程力学 [M]. 2 版. 北京：机械工业出版社，2012.

[8] 顾晓勤. 工程力学 [M]. 3 版. 北京：机械工业出版社，2018.